How to Do Maths so Your Children Can Too:
The Essential Parents' Guide

陪孩子成长系列丛书

帮助孩子学习数学

[英] 娜奥米·萨尼（Naomi Sani） 著
王琼常 蔡秋文 译
程可拉 胡庆芳 校

中国人民大学出版社
·北京·

总 序

我偶然在网上读到一对父母写给孩子的一封信，字里行间饱含对孩子无限的关爱与期盼，这让我真切感受到父母之爱的伟大与深厚。现在与各位一起分享这封信：

亲爱的孩子，真的好感谢上苍把你带进我们的生活，有你的日子总是充满了欢乐和希望！随着你慢慢懂事和逐渐融入社会，作为过来人，我们总是好像有许多的感悟和体会要讲给你听，以避免你再去经历我们曾经走过的弯路。可每次面对面讲述的时候又总觉得意犹未尽，于是提起笔把这些零零碎碎的人生心得写下来等你慢慢品味和体悟。

1. 爱自己。孩子，在这个世界上爱自己是第一重要的事，爱自己是你一生幸福的基石。爱自己就是在内心深处完全地接受自己，既接受自己的长处和拥有，也接受自己的短处和缺少。完全接受自己的人，不刻意地张扬和炫耀自己的长处，也不刻意地遮掩和庇护自己的短处；既不妒忌别人的拥有，也不为自己的缺少而悲怨。

每个人都非常需要被他人接受和重视。一个完全接受自己的人，也容易接受和重视他人。人不接受他人，主要是因为他人有这样或那样的短处。人能接受自己有这样或那样的短处，也就能容得下他人的各种不足。当你接受和重视别人时，你也就被别人接受和重视。当你完全接受自己时，你也能够接受世界是不够完美的、人间不总是温暖的、人生的路不总是平坦的。

人的一生是一个不断接受自己与不断完善自己的过程。只有完全地接受了自己，你才能够不断地完善和提高自己。完全接受自己的人心中踏实、有信心，知道自己有价值，懂得珍重自己、爱惜自己和保护自己，也能做到体谅别人、关心别人和宽恕别人。完全接受自己，你就好像给自己编织了一件万能的衣裳，穿上它，在你人生的历程中不论遇到什么样的狂风暴雨、酷暑严寒，它都能为你挡风遮雨、避暑御寒。

写首诗送你吧：我喜欢我，一个不完美的我。由于不完美，那才是我。完美的我不是我，那只是一个雕塑。

2. 负责任。孩子，要做一个负责任的人，不论发生了什么事，只要与你有关，你就要勇敢地承担你那部分责任，不要找借口去推卸。只要担起你那部分责任，你就不会怨天怨地，你就会正确对待发生的一切事。承担了你的责任，你就掌握了事态的主动权，你就能够更好地解决你所遇到的困难和问题。承担了你那部分责任，你就能从坎坷中吸取教训、积累经验。将来，你就能够担得起生命中更大的责任。一个勇于承担责任的人，也是一个守信用的人、一个诚实的人、一个有自尊的人和一个公正的人。

3. 好身体。孩子，身体是人生的本钱。有个好身体，你才能更好地经历和享受人生。有个好身体不是一朝一夕的事，是不断努力的结果。你的健康受三个方面因素的影响：饮食的营养、身体的锻炼和心理的健康。

在饮食上不要偏食，多吃蔬菜和水果。在锻炼身体方面，你最好作个长久的计划，坚持长年的身体锻炼。保持心理健康也是个不断学习和努力的过程。心理若不健康会直接影响身体的健康。不要让负面的、消极的和低级的信息进入你的大脑，那会污染你的心灵，降低你的心理健康水平。悲观和消极的信息会使人情绪变坏。坏情绪会使人的免疫力下降，人就容易生病。如果头脑中肮脏的信息进多了，人也容易染上不良的习惯和嗜好。不良的习惯和嗜好会极大地损坏人的身体健康。一旦不小心，头脑中进来了一些不好的信息，你要及时地把它们清扫掉。

4. 恋爱。孩子，在找恋人的事情上，我们不想你有任何条条框框，我们只想提出一些我们的看法供你参考。人与人之间差异很大，每个人都有自己的价值观——简单来说，就是人内心深处最看重的东西或者是最想得到的东西。有的人就想得到钱，只要能有钱，不管用什么手段都行；有的人就想出名，只要能出名，干什么都行。人的性格也各不相同。有人好静，有人好动。由于每个人都生长在不同的家庭中，每个人都受各自家庭背景的影响，所以，每个人的思维方式和行为习惯都不一样。在温馨家庭中长大的孩子爱多善也多；在暴力家庭中育出的孩子仇大恨也深。男人与女人除了生理上有不同外，在情感调控和理性思维方面也不一样。一般来说，男人比较趋向理性，女人比较趋向感性。

人与人之间的这些不同是矛盾的发源地。不同越多，矛盾越多；不同越大，矛盾越大。矛盾是造成爱情不美满的主要因素。为了有一份和谐美满的爱情，男女之间的不同越少、越小就越好。找一个性格相投、人生价值观相同、文化程度相近、家庭背景相似的人，彼此走进对方的心灵，你的爱情路上就会少坎坷、多幸福。

5. 找工作。孩子，在选择工作时，首先要考虑的是兴趣而不是金钱。找一份你愿意干的工作，你才能干好它。只为了钱而工作，你会常常敷衍你的工作。这样的话，你什么也干不好，也就不会做出令人满意的成绩，你在工作中也得不到乐趣。如果找一份你喜欢的工作，你就会调动你的才智把它干好，你也就获得了一份成功的喜悦和满足。

孩子，我们会尽我们最大的智力、体力和精力去呵护和培养你。我们不但希望你有一个美好快乐的童年，还希望你有愉快幸福的一生。我们是平常人，我们的能力和智慧是有限的。在我们关照和教育你的过程中，肯定犯了不少的错误。我们有脾气，有时还很固执、很死板。我们肯定有很多照顾不周的地方。我们有时也会坚持我们认为是正确的事情，也许在感情上伤到了你，我们请你原谅。只要你觉得在感情上我们有伤到你的地方，那一定是我们做错的地方，我们向你道歉。

孩子，我们万分地感谢你降生到我们家。我们一生中最大的幸运和幸福就是有了你。你丰富了我们人生旅程中的风景和感受，你使我们明白来世上这一回太值了。你给我们的远远超过我们所能给你的很多很多倍，我们会每天从心底里感谢你。

永远爱你、支持你的人：你的爸爸妈妈。

掩卷深思，心中的共鸣与感慨良多。

孩子是父母最宠爱的宝贝。孩子的第一声啼哭或许是初为人父母听到的最让人兴奋、最让人激动，也最让人爱怜的天籁之音。孩子咿呀学语地第一次叫出“妈妈”“爸爸”会让每一对父母顿时感受到无限的亲情与柔情。孩子第一次完整地表达出自己的想法与意思，会让爸爸妈妈们对从此可以直接洞察孩子的心灵感到无限的欣喜与期待。孩子第一次以充满感恩的心给爸爸妈妈倒上一杯水或用小手捶捶父母正酸痛着的肩背，会让每一位父母从心底生起幸福与安慰……孩子在成长过程中带给父母的许许多多的第一次，会串联成一组平淡而欢快的生活乐章！

孩子也是父母一生的牵挂。当孩子还在妈妈腹中生长发育时，父母就开始牵挂孩子的健康；当看到孩子出生头发还不是很密，家长就开始担心孩子长大一点，头发会不会长得浓密一些；当看到孩子一岁了牙齿还没有长全，家长就开始担心孩子是不是营养不良；当察觉到孩子很胆小而不敢和陌生的小朋友一起玩儿时，家长又会担心这会不会影响孩子的社会交往；当孩子慢慢长大，家长又开始下决心不能让孩子的教育输在起跑线；当孩子从幼儿园到读到大学，家长又开始牵挂他们将来的工作是不是理想；当孩子开始自食其力走上工作岗位，家长便开始牵挂他们的恋爱与婚姻；当昔日的孩子也为人父母时，家长则又开始牵挂起他们孩子的新一轮循环……父母真的好伟大，父母真的很辛苦！

孩子对于我们来说是如此重要，那么如何能教育好孩子呢？除了在生活中更多地关爱孩子外，最重要的是要同孩子一起成长。而这套“陪孩子成长系列丛书”，就是为孩子家长、学校教师以及关心孩子的教育人士专门打造的一套家教宝典。从中您可以汲取育儿的智慧、体验优质教育带来的显著成效，还可以体悟如何做一位好家长或好老师。

在此，我们衷心感谢中国人民大学出版社的王雪颖老师以职业的眼光和市场的敏锐跟我们预约了这样一个非常有意义的翻译合作项目！同时还要衷心感谢各位译者在繁忙的教学科研之余，保持高度的合作热情，远离浮躁与功利，安心于书斋，孜孜不倦于教育智慧的传递！

最后，真诚地希望“陪孩子成长系列丛书”让各位读者开卷有益。

胡庆芳　程可拉

2014 年 10 月

前 言

数学是一门能让人产生不同情绪的学科：有人钟爱，有人厌恶；人人都必须学习这门功课，几乎人人都觉得数学重要，却没有几个人能弄清楚为什么重要。

自己的孩子如果能够轻松地、毫不费力地学好数学，许多家长就会备感欣慰。虽然他们没有把成为爱因斯坦式的人物设定为孩子的奋斗目标，但还是期望自己的孩子在考试中能获得好成绩。

当询问成年人当年在学校学习数学的经历时，大多数人想到的词是：拼命、困难、挣扎、打拼、痛苦，等等。每当人们知道我是数学教师时，他们都会毫不例外地说我肯定非常聪明。其实我并没有人们想象得那么聪明，只不过我喜欢数学并非常幸运从小就得到出色的数学教学方法的熏陶。我坚信这是学好数学的关键。如果能简单地把数学的某一内容讲解清楚，那么数学不仅是一门“可学好”的科目，也是一门非常有趣的课程。

近几年数学课堂教学的方法已经发生了巨大的变化，这一教学尝试的目的就是使数学变得更加容易“学好”和更加有乐趣，但事实上，许多家长依然停留在传统的观念上，极力想了解数学教了些什么，而完全不知道数学是如何教的。

这就是编写本书的目的——简单清楚地讲解数学术语，突出新的数学教学方法和教学理念。我既是一个年轻的妈妈，孩子还在读小学，又是一位老师，曾经有无数家长问我，能否给他们推荐一本帮助他们小孩学习数学的书，可确实没有——所以我决定自己写一本。当我把自己写书的想法告诉他们时，他们都非常热情并给予极大的鼓励。

本书的读者是谁?

本书的主要读者当然是小学生的家长（也包括小孩的监护人、看护人、祖父母及对此方面有兴趣的成年人）。本书对家有 5～12 岁小孩的家长的帮助最有针对性，当然对其他家长来说，如果自己的孩子在数学的学习方面依然需要帮助，本书还是能够提供恰当的辅导方法的。

本书专门为那些能读懂数字而不熟知数学运算方法的家长提供帮助，同时也能给受训教师及非数学专业和没有课堂经验的教师提供帮助。

本书的主要目的?

本书要达到如下三个目的：

- 用简单的方法一步一步解释数学问题；
- 解说数学课堂新的运算方法；
- 提高家长帮助小孩数学运算的能力。

从我的经验看，对其他任何学科的辅导书的需求都比不上对数学的——为什么会这样呢？我想主要原因可以归结为人们对数学的恐惧：

- 我们大多数人自认为数学学得很差；
- 我们都觉得数学对孩子将来的发展很重要；
- 很多过去在课堂上运用的数学术语和方法都改变了。

家长对数学的感觉

很多家长都认为自己的数学很差，然而事实并非如此。数学的教学方法往往非常呆板，大部分学生都无法发挥他们的潜能。然而，我知道一些成年人在数学考试中达到了普通水平，他们还觉得这一学科没有学好，这完全不合情理。

如果一个学生的数学成绩不错，却还自认为失败，那这里肯定有误区。我认为，这并不是小孩自己的感受，而是成年人促使他们形成了这种悲观的感觉。这些家长对自己所干的事情缺乏信心，因为不喜欢这一学科，也就弄不懂学科的关键要点。

如果成绩最好的学生都有失败的感觉，那更不用说其他的普通学生了。

不要传递悲观情绪

有成千上万的成年人，他们大部分都成为家长了，这些家长都认为他们的数学成绩非常糟糕，就此，我要宣布一条既简单又极其重要的原则：

> 千万，千万不要在能影响到你孩子的范围内说你的数学成绩差。

作为家长，大家都清楚自己就是小孩的行为模范，对孩子影响的程度不言而喻。如果你说自己过去数学成绩很差——等于给小孩一个非常明显而清晰的提示，他的数学成绩差也正常。而我们都知道这是错误的。我们要明智地运用我们的影响，至少我们这代人不要把悲观的情绪传递给下一代。

当然，你不必撒谎，也不必假装自己是火箭科学家。你大可以说自己希望学得更好些，学得更多些。

这种态度对我们老师来说也非常重要。很多优秀和杰出的老师都对学生说（几乎夸张）自己的数学成绩不好。我认为他们的意图是诚实，并希望能使学生放心学习，然而，这种行为往往会适得其反，不但没有帮助到学生学习，反而阻碍学生学习；不但没有让学生安心学习，反而给学生添加负面的情绪——数学成绩差很正常，而这本身就不正常。

然而，数学为什么如此重要?

这确实是一个很好的问题，但很难三言两语就回答得了。

数学学科历史悠久，是最古老的学术学科之一。数学探讨事物的模式、结构及规则——人类一直对所能想象到的问题进行着不懈探究，期望找到其中的结构和规则。例如，运用计算机程序设计制作的动画片就是依靠数学的知识完成的。在第一部《玩具总动员》电影中，没有水的画面，因为当时数学家还没有方法模仿设计出并不存在的水。经过几年的努力，在动画电影《海底总动员》的画面中，出现了水与水波。通过数学模仿设计水的方法终于找到了。

在当今的世界里，数学无处不在：当我们开车时，可以依据车速和路程估计所需要的时间；银行为了账目平衡，必须清楚地知道进账及出账的数字；要进行财产抵押，就必须知道银行利率；就算我们搞个婚礼计划、家庭度假或其他的什么活动，都离不开数学——预算。

数学是现代科学和技术的基础。没有数学，就没有现代化的飞机送你到远方度假；也没有超声波让你看到还未出生的婴儿；更没有火箭送飞船上太空——这些已经存在的人类文明都是难以想象的；同样，现代的互联网在日常生活中的运用也就不存在了。整个世界的生活就完全不同了。

现实生活中有庞大的职业以数学为核心：电脑制图、工程建筑、气象科学、医学、零售业与银行业等。还有许多看似与数学无关却关联密切的行业，如法律、政治或市场营销，这些行业都需要数字能力才能胜任较高职位。

对于数学的本质美是没有异议的。对某些人来说，学习数学就是为了追寻这种美，一旦解决某一数学问题，他们就会高兴和激动得叫起来。

我完全赞同学习数学能促进大脑的发展：数学是一种智力活动。数学能为大脑提供有益的活动，为你提出新的挑战和拓展你的思维。事实上大脑和人的身体一样，用即进，不用即退。

所有这些因素能否促使我们的小孩学习数学直到16岁？虽然大家清楚，没有高深的数学水平，就不可能有技术的进步，但如果我们并不希望我们的子孙后代个个成为技术神童，那又怎么样？

正如每个人都可以精通文学一样，每个人也可以精通数字。精通文学能开阔人的思维和境界，精通数学一样能做到这点。精通数学会使人们的生活更加容易，机会之门更加宽广。我们生活在快节奏、技术密集、瞬息万变的世界——无知早被时代抛弃。

近几年来，课堂教学已发生了巨大的变化，这使得我们能够把大批数学水平低的小孩的运算能力提高。

课堂的变化

数学课堂到底发生了什么变化？事实上，现在的数学课堂提倡教学创新，再加上不断改进的教学方法和教学水平的提高，普通小孩的数学能力从来没有这么好过。然而，新的教学方法却给许多家长带来了更大的困惑。对大部分家长来说，“现在的课堂完全不像过去的”，甚至许多运算能力较好的家长也弄不明白现代的教学方法是如何让小孩掌握数学的。

我的父亲——智商比我高很多的科学家——过去总是主动帮助我做物理作业，可是每次我都泪流满面，因为我爸爸根本不会像老师那样辅导我，我一点儿也弄不明白。

最近，一位出色的小学教师到我儿子的学校给一群家长作报告，这位老师提到家庭作业，特别是数学作业对家长来说非常重要，家长关键要明白教师在课堂上是如何教孩子的，而学生又是如何学习的。如果家长对这些都不知道，一旦小孩有问题需要帮助时，他们就会显得惊慌失措、烦躁甚至干脆不帮孩子做家庭作业了。

新的教学方法效果相当好，并且与我们过去在学校里应该学到的相近。我们只需要认知和掌握小孩准备运用的数学公式即可，这样就可以心平气和地把相关的公式向小孩解说。

理解数学就像建造一座大厦一样，一开始的基础就要牢固正确，这样才能自豪地达到高层顶端；若一开始的基础就是错的，达到高层时只能出现歪歪斜斜的情况。没有良好的基础，小孩难以建成高塔。

有了本书的指导，我们会更有能力帮助自己的孩子从数学最简单的运算能力开始，给他们打下深厚的基础，并帮助他们在初中数学的早期学习中取得较好的成绩。

如何使用本书

第一章“数字工具箱”介绍其他章节有关数字的普通的概念和观点。所以本章是起点，了解本章之后，可以根据自己个人的需要自由挑选细读哪一部分、略读哪一节，哪一部分可以跳过、哪一部分还要重读等。

本书可以伴随着你孩子的成长，在学习数学的不同学年提供必要的帮助。你可以运用书中所提供的方法强化小孩在课堂里所学到的内容，并提高孩子的自信心，因为书中介绍的例子都有一步一步的具体运算过程，这与现代课堂教学的方法是一致的。

每章的指导分为三部分：

- 理解基础部分，适合小班及 1、2 年级或 5～7 岁的小孩；
- 发展提升部分，适合 3、4 年级或 7～9 岁的小孩；
- 追求卓越部分，适合 5、6 年级甚至初中或 9～12 岁的小孩。

理解基础部分不仅适用于低年级数学课堂教学（1、2 年级），而且对高年级学生数学知识的复习和巩固也有很大的帮助。

发展提升部分既能帮助 3、4 年级学生掌握思维方法，也能为高年级学生提供必要的帮助。

追求卓越部分专门帮助小孩在 5、6 年级或刚刚进入初中的家长。

学年与年龄的关系在本书附录中已详细标明。

小孩会随着年龄的增长而发展。在某一年龄阶段是否“应该”

做什么并不重要，重要的是当他们需要时，你能帮助他们完全掌握数学原则和运算的技巧。谨记，不要因为别的孩子的成绩比你的小孩的好，就深感压力而不断催促自己的小孩拼命往前赶，这样弊大于利，你的小孩会因此错过彻底掌握基础知识的机会。

数学是一门宽广而深奥的学科。本书仅仅关注小学数学的运算问题，着重帮助家长记起早已遗忘的数学要点及完全改变了的课堂教学方法。本书不可能包罗数学的所有问题。小学数学课程中较为重要的三个方面——图表、测量和统计也没有详细地讨论，但许多有用的定义、术语和格式都收集在专业术语汇总表里。

至此，非常有必要了解一下贯穿本书的主题思想。

给孩子充分的思考时间

要求小孩回答问题前，要给他充分的时间思考和计算，对于数学这门课程来说，这点更为重要。因为数学问题不仅仅是记忆的事情，解决数学问题需要必要的思考时间。匆匆地让小孩默写出数学答案，是对小孩的抑制，同时也会让小孩觉得被剥夺了成就感，因为稍微给点时间，小孩就能计算出答案。作为家长，看到自己小孩不能正确计算，也会感到失望。不给小孩充分的思考时间还会产生另一负面影响：小孩会逐渐养成不思考的习惯。

以上的情景在数学课堂中经常出现，因为数学教师总是急于保持课堂教学节奏并完成一定的教学内容，所以在课堂上基本不给学生沉默的思考时间。要么教师自己提问自己回答，要么总是提问班上那几个反应较快、准备好了的并且想取悦老师而举手的学生。根据我的教学经验，“不用举手回答问题的策略”效果最好，因为全班学生都要“准备”。

等待有时确实比想象得还要难耐，无论对自己的小孩还是对我教的学生，我通常强迫自己做些别的事情来等待——最简单的方法就是默默地从 1 数到 10。往往你会惊讶地发现大部分情况下小孩都能正确“运算”。

动觉学习

动觉学习听起来有点复杂，其实就是通过触摸和活动的方式学习。小孩，特别是小学阶段的小孩喜欢到处走动，只要涉及身体活动相关的学习，大部分小孩掌握得又快又好，对这一点家长都不会感到意外。如果每一节课都设计成为唱歌、跳舞的形式，小孩的学习动机及热情都不成问题，也不用担心疲惫的教师会逐渐跳槽离开资源早已枯竭的教育领域。同时，那些热情好动的学生的求知欲更加容易得到满足。

例如，当我们教小孩加法运算时，可以让小孩沿着“数字格”进行来回跳格想象，让他们看着数字格子想象跨过一格、跳过另一格，或跃过几格，鼓励他们想象着自己像青蛙或长颈鹿那样跳跃。如果让小孩从小就练习这种跳跃，教学效果会更好。

你的小孩有自己的风格——学习风格

学者普遍认同三种学习方法或学习风格，你的孩子属于如下描述的哪一种？

视觉型学习者

视觉型学习者最佳的学习方式是通过视觉，他们能通过图片思考，可以从海报、图表、绘画或影视镜头展示出的画面中学习。这类小孩学习的过程中还希望看到教师的肢体语言及面部表情以完全理解教师所教的内容。视觉型的学生上课时坐在前排得益更多，因为前面没有任何障碍物，他们既可以看清也能听清楚老师所说，必要时还能记录笔记甚至随意涂画。

听觉型学习者

听觉型的学生通过听说的方式学习效果最好，通过与他人的交流和讨论能加深他们的理解。在教师的讲解教导中，听觉型学生更加关注老师的语音语调、音高及节奏，而书写的信息对他们帮助不大，除非他们大声朗读出来。

动觉型学习者

动觉型或触觉型学习者的最佳学习方式就是通过运动、亲自动手的方法。他们需要触摸和动手做才能掌握所要学习的东西。动觉型的学生很难长时间静静地坐着听讲，必须给他们提供积极探索的机会，他们方能理解和掌握所学习的知识。

在所有的学科课堂上，对这三种学习风格的学生都要鼓励，然而要完全做到这点确实不易，但了解自己的小孩喜欢如何学习非常必要。弄清小孩的学习风格后，你会发现，任何细微的改变（如教室里座位的调整），都能给小孩带来巨大的变化，甚至有助于家庭作业的完成。给小孩提供一本涂鸦的本子，许多孩子就能聚精会神地听讲。现在已有些初中学校要求给学生发放涂鸦小本子。

一般来说，大部分小学生属于动觉型的学习风格，尤其男孩，这种现象在很多小学里你都能见到。小学生进入初中之后，提供这种动觉型学习的机会越来越少，要解决这一问题，作为家长，可以提供其他有效的学习形式。

全部记在脑海里

在小学的头几年里，我们必须坚持“脑力解决的方法”。坚持这一教学方法的原因是，在小孩还没有运算压力之前，让小孩更好地理解、鉴别和想象数字的隐含意义。

心算能力对所有学科都非常重要——而现在要明确教导学生有效的心算策略，绝对不能错过掌握心算方法的最佳时期。随着心算方法的掌握和心算能力的提高，小孩会运用心算方法替代正规的书写形式。心算方法显得有效及简洁之后，又能促进小孩规范的书写能力。

我们一直追求的目标，即小学六年的数学教学，是要让小孩掌握一整套方法（心算和笔算的方法），并能够正确理解和运用这一套方法，任何孩子都不依赖计算器。他们完全理解这一方法之后，再给孩子们介绍数学符号（如“＋”、“－”、“×”、“÷”及“＝”）或其他的运算语言。由于这些涉及小孩的心智发展，有些小孩可能比其他小孩更早就能理解这些数学符号和运算语言。刚上小学的那几年，你的小孩几乎没有带数学作业回来要你帮助，因为你的小孩非常聪明，这时不停地想方设法地跟孩子讲他们在课堂上学习的数学是一个不错的策略，但是向你的小孩说说发生在他们身边的数学可能更有效，你肯定清楚这些事情：

- 如果你已有4块糖果，我再给你1块（2块或3块……），你会有几块糖果？
- 如果把你的烤面包对半切开（或四等分），那你有几块面包？每一块又对半切开，你又有多少块了？
- 你能想象发射火箭从10开始倒计时吗？

● 你能与你的弟弟平分这些饼干吗？

● 你能分清这些骰子点数吗？这些点数加起来一共是多少？

● 你能数清楚自己爬了多少级台阶吗？你能一次跳两级台阶吗？

● 薯片要56便士，饼干要1.25英镑，你要多少钱才能买回这两样东西？

● 我有5英镑，是否足够给你们4人买冰激凌？

● 从我们这里去丹尼尔的家花的时间是去祖母家的两倍，到祖母家的时间是2小时（1.5小时或1小时45分钟），要多长时间才能到丹尼尔的家？

由于一切与数学相关的事情，都可以用不同的方法找到正确的答案，如果你的小孩开始以自己的方式感悟数字，就让他们自由地尝试——不要担心他们出错。运用这种方法，不同能力的小孩都能依照自己的方式找到答案，这就是我们人类理解和学习的最好方式。

什么时候开始最恰当？

掌握计算方法和学会阅读一样重要。我们都知道，要想尽快让小孩学会阅读，从幼年开始就要给他们朗读或让他们听大孩子讲故事，然而很少人知道如何启迪小孩的数学天赋。大家都知道，让学龄前儿童大量朗读是促进他们语言能力发展的良好开端，非常巧合，许多研究已证明，让小孩从幼年开始接触图书朗读，也能提高他们今后的数学运算能力，毫无疑问，这是因为学龄前儿童的图书涉及数数、辨认图案、数字游戏等。

无论多么幼小的孩子，只要对数字和图案感兴趣，就是很好的开始。蹒跚走路的小孩喜欢念唱歌谣，若能从 1 到 10 把数字念唱出来，周围的家人都给他们鼓掌！学龄前儿童在外面走动玩耍时，都喜欢看看门牌数字，或辨认他们所爬过的楼梯级数是否对。不管什么事情，只要碰到与数字有关的都可以和小孩说，如单数、双数、大数字、小数字、负数或系列数字，就当作普通的谈话，谁也不知道小孩能听懂多少，将来对他们有多大的影响。

数学很重要

大量的研究表明，许多成人认为如果在中小学时没有学会数学运算方法，会对他们的一生造成负面影响，如将来收入偏低，甚至健康受损等；如没有掌握好高等数学，则许多通往高薪职位的道路会被阻断。当你拿起本书时，心中不必完全相信这点，因为我们都知道学好数学对小孩至关重要，现在就是培养小孩成功的感觉。成功的感觉源于自信、乐趣和目标感。我们必须想办法让小孩在课堂上和课后都能体验到这种感觉。

我真心希望本书能帮助你，并给你带来快乐！同时也能给你们带来幸运。

目 录

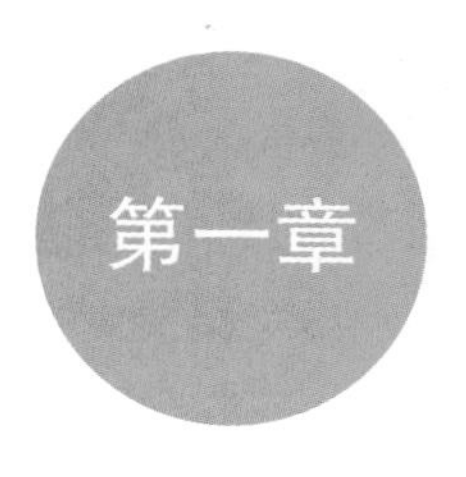

第一章

数字工具箱

第一章讨论一些数学的基本原则及介绍本书其他部分都要用上的工具和技能。其他章节开始深入探讨相关的专题，本章概括了一些既简单而又重要的原则，这些原则可以从多个角度帮助你的小孩学好数学。

小学时期的学生更喜欢称此门课程为“算术”而不是“数学”，他们可能还没听说过“数学”一词，这一点也没关系。

大部分数学课或算术课都以“智力竞赛”开始第一堂课。你可能也听说过“智力热身”“脑力挑战”“脑筋急转弯”等说法，这些都是促使小孩开始思考的方法，以促进他们完成其他算术的运算。教师和学生都熟悉数学方面的“智力竞赛”，既可以运用在课堂上复习过去所学的内容，也可以重复练习刚刚学到的知识，加以巩固，同时也可以给学生发出信号，做好准备学习新的东西！

下面就是一道典型的小学3年级的数学“智力竞赛”题：

- 运用2、3和9三个数字，你能构成多少组三位数？注意，在每一组数字里这三个数只能出现一次。

答案：6组　239、293、329、392、923和932

这还可以拓展成为更富挑战性的问题：

- 你所组成的数字中最大的是多少？

答案：932

这种竞赛还可以替换不同的数字反复进行，如替换成：4、6和8。鼓励小孩运用逻辑方法寻找答案，逻辑的方法不仅能有效

找到答案，并能保证找到所有答案。以上例子的逻辑寻找过程如下：

- 找出以 2 开头的所有组合，然后找出以 3 开头的所有组合，再找出以 9 开头的所有组合。

小学生通常使用小型白板记录竞赛的答案，在课堂上用白板笔写出答案后，会马上举起来让老师看，做下一题目时才擦掉原来的答案。现在明白了你的小孩回家为什么要你给他准备一个小型白板写算术了吧。

第一节　理解基础部分
（适合 1、2 年级，年龄 5～7 岁）

小孩要想在上述的智力竞赛中取得好成绩，一定得清楚“数字”（digit）和“数”（number）这两者的区别。整个记数系统总共十个数字，就是：0、1、2、3、4、5、6、7、8、9。具体的某一个数是这些数字组成的。一个数根据它的“位值”（place value）个、十、百等能体现出它是如何组成的，它的总值是多少。

位值

位值是小学生要掌握的重要概念之一。位值是什么呢？简单地说，位值就是指运用十个数字（0、1、2、3、4、5、6、7、8、9）以不同的方式构成不同的数。例如，数字 **6** 本身表示个数为六，但在不同的“位置” **6** 所表示的值不一样，**60** 中的 6 已经不是 6 而是六个十；如写成 **600**，这时的 6 表示为六个百。通过介绍百位（hundreds）、十位（tens）和个位（units）的方法让小学生掌握位值的概念。

从较早时期开始，小孩通过朗读和书写完整的数就会逐渐了解数和位值的含义。到了小学 2 年级，经过不断地朗读和书写 **1** 到 **100** 或者更多的数，小孩会逐渐建立起数的概念。这一目的就是让小孩理解数例及其语言上的意义，例如：

数例	语言意义
37	三十七
38	三十八
39	三十九
40	四十
41	四十一
42	四十二

要使所有的小孩都正确无误地写出数例并不容易。许多小孩往往要经过几年的磨炼才能完全掌握正确的书写。小孩练习书写数字的难度与练习书写字母一样。而练习书写字母的方法也可以运用在书写数字的方面，如描摹、连接点形的数字、抄写数字等。正确读数——小孩要正确无误朗读数例也需要经过一定的时间，如 5 岁的小孩要分辨出 **21** 和 **12** 确实需要时间思考。

一旦小孩学会正确朗读书写数字，大人会非常容易误以为小孩已经理解数的含义了，其实不然。真正理解数的含义是一个相当复杂的过程，还有很多东西要了解学习。

最好的方法就是一开始按照数的大小顺序排列让小孩辨认和理解数的含义和数的值。例如，列出一组数：4、7、1、9、2、6，小孩能按从小到大的顺序把这组数排列出来吗？这能让你判断小孩是否真正理解数的含义和数所代表的值。制作系列纸板卡片，把数写在卡片上，然后让小孩动手按照卡片中数的大小排列出来，这也是一个常用的好方法。另一方法可以通过提问的方式查看你的小孩是否理解数的含义，下面是一些常见的问题：

- 比 12 多 1 的数是多少？
- 比 17 少 1 的数是多少？
- 比 20 多 10 的数是多少？
- 比 25 少 10 的数是多少？

许多家长经常颇感自豪地夸耀说，他们学龄前的小孩已经认得 1 到 20（或者 50、100 或其他的数字）的数了。其实他们的小孩这一时期所做的只不过是背诵“声音”，鹦鹉学舌地读出这些数，并没有完全理解 12 是比 11 多 1 的数，也没有理解 16 是比 17 少 1 的数。一些聪明的学龄前小孩听过无数次“ABC”字母歌谣之后，显然能背诵出英语的 26 个字母，因为他们能伴随着音乐哼唱出这些字母，这并不表明他们理解字母的意义，认得数字和背诵字母一样不能误认为小孩已经明白其中的含义。然而，小孩能认得这些数字和背诵这些字母是相当重要的，我们必须把这些看作学习的起点。

百数方格

另一较为有效的方法是利用**百数方格**（又称为百位数字图），这一数字表能帮助小孩理解数字的顺序。百数方格按照数的大小顺序排列了一百以内的数，每一列十个数，图表如下：

1	2	3	4	5	6	7	8	9	10
11	12	13	14	15	16	17	18	19	20
21	22	23	24	25	26	27	28	29	30
31	32	33	34	35	36	37	38	39	40
41	42	43	44	45	46	47	48	49	50
51	52	53	54	55	56	57	58	59	60
61	62	63	64	65	66	67	68	69	70
71	72	73	74	75	76	77	78	79	80
81	82	83	84	85	86	87	88	89	90
91	92	93	94	95	96	97	98	99	100

你的小孩在课堂上肯定见过这种图表——很可能是用大幅的彩色海报纸制作成图表贴在课室的墙壁上。很多小孩还复制这种数字图表贴在自己的铅笔盒里。在小孩学习数数和练习写数字时，这种百数方格是非常有用的工具，对将来的加减乘除运算非常有用。

在自己家里也贴上一张百数方格让小孩对数字直接感觉，这帮助很大，而图表必须贴在小孩能看得到摸得着的地方。这样小孩就能看到哪个数紧跟哪一个；或哪个数比哪一个大 1，比哪一个小 1；哪个数比哪一个大 10 或小 10——借助图表，小孩就能一目了然。小孩还需要不断地查看图表，因为任何东西只看一遍就明白是不可能的。

如果大幅的百数方格还用文字标明每个数，对小孩的帮助会更大。

数轴

展示数字顺序另一有效的方式是数轴，数轴可以简单做成如下样式：

0 1 2 3 4 5 6 7 8 9 10 11

数轴可以随意两端延伸（小学 2 年级的学生可以运用 0～30 的排列线）。

数轴是简单而高效的工具。之所以简单，只不过沿着一条线把数字按顺序列出。可以画水平线，如上所示，把数字列在下方（像尺子一样），也可以划垂直线，把数字写在一边（像温度计一样）。可以通过简单的练习把数字数轴介绍给小孩，例如，给一组小孩每人派一个号码，号码从 1 到 10，然后让小孩依照号码的顺序站好队，数字表格线就出来了。

一开始，数轴是让小孩明白数字的顺序和方便数数，但你会慢慢发现在本书里它有许许多多的用处。

你的小孩可能开始明白**序数**的含义。小孩开始时可以不必完全明白序数词的含义，**序数词**简单来说就是指一个数的位置或顺序。序数词有：

- 第一、第二、第三、第四、第五、第六、第七、第八、第九、第十、第十一……

这对成年人来说再直接不过了——但要记住，对小孩来说，这是全新的。其他与序数词相关的词还有：

- 最后
- 倒数第二
- 日期是……

在课堂上可以提问学生如下的问题：

- 今天是谁排在队伍的第一个？
- 体育课是谁最后一个做准备动作的？
- 第四个字母是什么？
- 你的生日是哪一天？
- 在参加用汤匙端鸡蛋的赛跑中，如果你得第三名，那还有多少人比你早到达？
- 一共 9 人排队，杰克你排在第三，那还有多少小孩在你的前面？又有多少小孩在你的后面？

到了小学 2 年级末，小学生运用的序数词就可以突破第一百了，而且逐步接触其他数字名称，如“基数”“计数”“名义数”“负数”“整数”等。请看如下解释：

数字名称

计数或基数是我们用来计算的数字！这类数字表示数量，告诉我们“多少”，如3粒葡萄干、10个礼物、5位朋友、4个朔望月、15头牛、28天等。所以计数或基数是从1、2、3、4、5、6……开始。

如果基数从0开始，即0、1、2、3、4、5、6……那么这一系列数字又有新的名称：**全数**。

如果把**负数**加入全数系列，这一系列数字又被称为**整数**。整数是：－6、－5、－4、－3、－2、－1、0、1、2、3、4、5、6……

序数并不表示数量或总量，而表示级别或位置，如：第一、第二、第三、第四等。

名称数字是对某一事物的称谓。我们运用名称数字的情形很多：电话号码、足球衣的号码、飞机航班编号、公共汽车编号，像4号公交车等。名称数字既不表示数量也不表示级别，只是为了辨认事物。当然，你的小孩不必一下子全部明白这些分类——我们只是想帮助他们明白数字有很多不同的用法。

你的小孩马上就要学习数的个位和十位，然后再学习百位。例如：

16	1是十位，而6是个位
27	2是十位，而7是个位
73	7是十位，而3是个位
40	4是十位，而0是个位

个位有时就是指**多少个**，两者的意思完全一样。

要帮助小孩理解十位和个位的概念，可以借助计数器或其他的教具。

16＝1 个十和 **6** 个一，在计数器上表示如下：

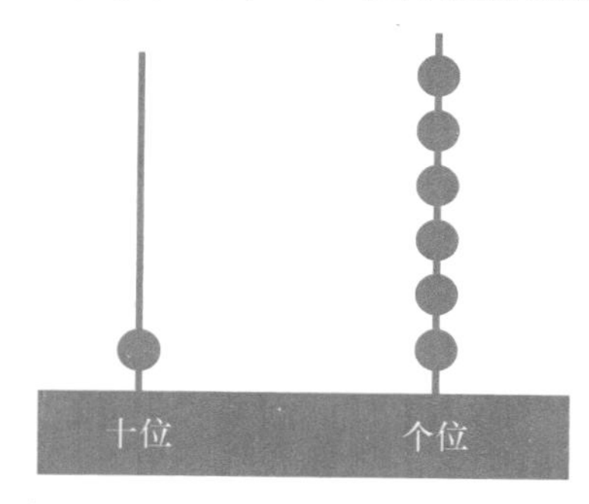

还记得链接方木吗？1 厘米大小的不同形状的小木块连串在一起，如右图：

10　＋　6　＝　16

也可以要求小孩按照下面的表格把系列数字填写在正确的栏目，例如把下面一组数字：15、8、36、40 和 55 填写在正确的十位和个位上：

十位	个位
1	5
	8
3	6
4	0
5	5

这种练习也可以拓展到百位，例如要求学生练习正确填写下面

几组数字 165、38、9、360、400 和 505：

百位	十位	个位
1	6	5
	3	8
		9
3	6	0
4	0	0
5	0	5

百十个的表格还可以不断向左扩大，如在原来的表格栏目里再扩大十倍如下：

一百个千（十万）	十个千（一万）	千	百	十	个
100 000	10 000	1 000	100	10	1
← ×10	×10	×10	×10	×10	

也可以以一位数、两位数或三位数的方式让小孩理解数的概念，如：

一位数：2、8、6、3…… （只有个位）
两位数：13、37、99、83…… （十位和个位）
三位数：238、472、791…… （百位、十位和个位）

0（零或没有）充当补位数字。例如在 40 这一数里 0 处于个位，就能让 4 占据十位，表示四个十，这就是 0 在个位的意义。

十位	个位
4	0

大约 3 000 年前，人们第一次提出 0（零）的概念时，只把它当作补位数字或分隔符。而现在 0 作为一个数和作为补位数字的意义是可以互换的，如在 306 这一数里，中间的 0 不仅仅能让 3 站在正

确的位置，同时告诉我们**十位**为 0，即没有。

当小孩开始理解一个数的值时，他们也就能学会如何把一个数分割出十位和个位。这有助于加深小孩对十位和个位的理解，进而帮助小孩理解所唱读出的数。

例如：

16＝10＋6

12＝10＋2

21＝20＋1

83＝80＋3

在比较两个数的教学活动中，要经常向小孩介绍**多**或**少**，**更大**或**更小**的意思。下面的练习能帮助小孩从数学的意义上理解这几个词的意思：

- 12 和 21 比较，哪一个更小？
- 14 和 18 比较，哪一个更大？
- 你和杰米玛比较，谁拥有珠子的数量更多？
- 25 和 52 比较，哪一个更小？

接着这种练习，可以继续提问学生两个数之间的其他数。

- 你能想出 28 和 32 之间的其他数吗？
- 在 28 和 32 之间还有哪几个数？
- 在 10 和 20 之间的中间那个数是什么？
- 在 19 和 23 之间的中间那个数是什么？

“猜猜我的数字 ”是非常好的游戏。这是两个人玩的游戏，两个小孩可以轮换着开始。第一个学生想好一个数后说“我的数字是在……和……之间”，然后对另一同学的猜测只能回答“是”或“否”。

例如，鲁比和伊登玩这个游戏：

鲁比：我的数是在 20 和 100 之间。

伊登：少于 60 吗？
鲁比：是的。
伊登：大于 40 吗？
鲁比：不是。
伊登：大于 30 吗？
鲁比：是的。

可以这样继续玩下去。

非常明显，只要对这种游戏稍微修改和调整，各个年龄段的小孩都适用。年龄小的学生可以同年龄大的学生玩猜测间隔不大且较小的数字；而可以让数学较好的学生玩猜测间隔较大的数字。你还可以进一步挑战自己的孩子，看他们能否用最少的问题猜出那神秘的数字。

到小学 2 年级给小孩介绍等号“＝”（即两个数的值相同）的时候，也可以介绍**大于**（＞）和**小于**（＜）的符号。例如：

- 8＞3　意为 8 比 3 多（或大）
- 2＜7　意为 2 比 7 少（或小）

估算和凑整数

估算是另一重要的技能。估算作为数学方面的重要技能，在我们日常生活中应用十分广泛。下面许多项目都离不开估算：

- 钱的总数
- 时间
- 距离
- 人的、动物的或物体的高度/长度/重量

当我们到街头小店买牛奶和报纸时，必须知道自己的钱是否大

致足够。又比如我们最好能知道，在 1 月的销售中大概能“赚”多少钱。你带着年仅 6 岁的儿子长途开车到祖母家，如果能知道所需要的大概时间，这是非常有用的，因为你的儿子会不断地问你“还要多长时间才到?”

能够较为准确地估算的人对数字相当“敏感”。这类人博闻强识，对周围的一切事情都能想象出“大概的轮廓”。而估算能力的形成源于早期的猜测（比如猜测你能看清多少个东西），然后通过计算来检测自己的猜测。

随着猜测练习的不断检测，“猜测”会越发准确——尤其是小学生建立起自己的猜测策略之后。当涉及估算“多少”时，他们在大脑中形成自己对事物分组归类的方式，可能是 **5** 个数字或 **10** 个数字为一组。例如小孩已经知道播放自己喜欢的电视节目所需要的时长，当被问及开车到祖母家需要多长时间，如果你向小孩解释说可以看完 4 场所喜欢的节目，小孩就能“感觉”出到祖母家需要多长时间了。

小孩子接触到与估算相关的词汇很多，包括：

- 大体上，差不多，差不多一样，足够，不足，接近，太多，太少，仅仅超一点，仅仅少一点，大概，非常接近。

小孩子开始从较小的数目练习估算，小学 2 年级的学生一般只估算 50 以内的数字或事物较为符合实际。也可以要求小孩在数轴上估算某一点的数值，例如：

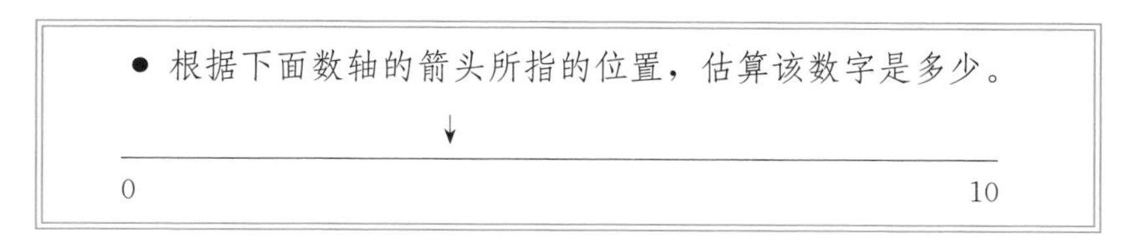

在这种情况下，小孩子运用的策略通常是，首先找出数轴的中

点，然后再看看箭头所指的位置是接近、差不多相同、不够还是超出中点线。以上例子的正确估算应该是**4**。

凑整数是小孩必须学习的另一数学技能。像估算一样，凑整数能帮助小孩更好地处理数字。到了小学2年级，小孩子开始学习如何凑整数（100之内的数）。例如：

- 把下面的数凑到最接近的整数：
  23、48、35。

首先要让小孩明白以十为单位的整数：

10、20、30、40、50、60、70……

现在看如何依次把上面的数归入整数。

- 23比20多又比30少，但更加接近哪一个？
  答案：20
- 48比40多而又比50少，但更加接近哪一个？
  答案：50
- 35比30多，比40少，但更加接近哪一个？这有点难处理，因为35实际是30和40的中间，那应该把它凑在哪一个呢？一般来说，处在中间的数要按照四舍五入的原则，所以……
  答案：40

第二节　发展提升部分

（适合3、4年级，年龄7～9岁）

本节和其他部分一样，我们必须循序渐进，一部分一部分进行

辅导，下面的观点值得铭记：不要以为教过小孩一些概念和技巧之后他就已经理解和掌握了。每次讲授新的内容，都需要复习和大量的重复练习。在本节中，我们可以看到小孩子从前一节**“理解基础部分”**所掌握的方法和技巧。

计算尺是许多教师喜欢使用的教具。可能你在小学 4 年级看到的计算尺和 7 年级所见到的一样。说白了计算尺就是一条约 1 米长的小木棒，分成 10 等份，每一份涂上了不同的颜色：

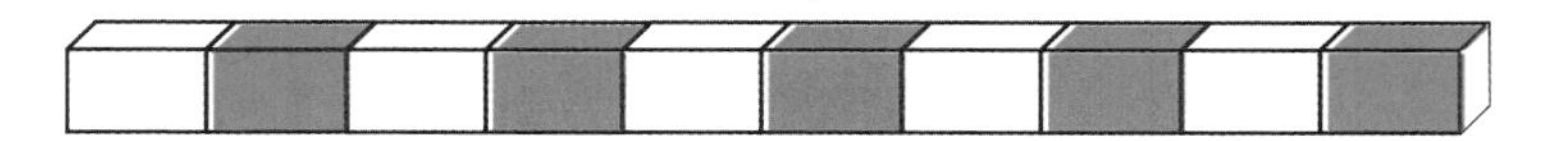

计算尺用途很多。例如，尺子一端是 0，而另一端是 10，可以让小孩指认 7 的位置；一端是 0，另一端是 100，可以让小孩指认 80 的位置；另一端还可以是 1 000，这样就可以问学生：“600 在哪个位置?”

还有，尺子的始端也可以改为 13，末端即为 23，如此，“19 在哪个位置呢”；一端还可以表示 482，另一端为 582；或一端为 7 865，另一端为 8 865。

小数也可运用计算尺表示，一端为 0，另一端为 1。

- 那每一间隔代表多少？
  答案： 0.1

- 计算尺的中间位置在哪？此时它表示的小数是多少？
  答案： 0.5

小孩到了 3 年级，就必须教会他们掌握至少到 1 000（一千）的数字，到 4 年级结束时有些小孩就能够掌握 10 000（一万）以上

的数字的读写。这是一个巨大的进步，但仅仅读写数字还不够，还必须明白**位值**和每个数字所表示的值。

正如前面所示，一个数可以分解出其组成部分。现在可以让小孩做分解**千位**、**百位**、**十位**和**个位**的练习（千、百、十、个），这种练习有助于小孩朗读和理解数字。例如：

14＝10＋4
56＝50＋6
99＝90＋9
125＝100＋20＋5
586＝500＋80＋6
803＝800＋ 0＋3
900＝900＋ 0＋0
999＝900＋90＋9
1 234＝1 000＋200＋30＋4
3 875＝3 000＋800＋70＋5

给小孩发三张单个数字的卡片，比如写着 3、8 和 2，要求小孩运用这三个数字组成最大的数，“你能说出这个最大的数吗？最小的数是多少？”这种练习大部分小学生都觉得相当有趣，是练习位值的好方法。

- 在这种情况下，最大的数是：832（八百三十二）
  而最小的数是：238（二百三十八）

这种练习确实能帮助学生理解一个数字在不同位置对该数的大小和价值的影响。

一个专门为 4 年级（甚至 5 年级或 6 年级）的小学生设计的练习如下：

- 一共十个数字：0、1、2、3、4、5、6、7、8、9。任何一个数字在四位数中只能使用一次，最大的两个四位数之和是多少？最小的两个四位数之和是多少？

答案应该是（可能还有别的方法，但总数是相同的）：

最大的：	最小的：	或还有更小的?：
9 753	1 046	0 246
+8 642	+2 357	+1 357
18 395	3 403	1 603

整数是全数的另一名称，小孩必须熟悉这些名称。

乘以整数 10 或 100

乘以整数 10 或 100 是小孩要掌握的技能。但如何计算呢？

在你的脑海里是如何计算这一乘数的：

24×10？ 或者 38×100？

如果你不太肯定，也不用担心。

当你在大脑中计算这些算式时，如果乘以 10，在后面加一个零，乘以 100 时在后面加上两个零，结果分别是 **240** 和 **3 800**？我确实是这样计算的——但我们能否直接这样告诉小孩呢？

从学科知识上来说，“不能”。也不能在课堂上这样教导学生，至少一开始的时候不行。为什么不行？因为当乘以的不是整数而是其他的数时，这个方法会出现严重的错误。

看看这些算式：

$2.4\times10=24$

$0.38\times100=38$

$2\frac{1}{4}\times10=22\frac{1}{2}$

在这些算式中，简单地直接加一个或两个零都不对。

那如何教导小孩呢？下面的表格展现得非常清楚，要求学生认真观看这一表格，看他们能否看出或已经注意到下一行的数是上一行数乘以 10 的结果。

1	2	3	4	5	6	7	8	9
10	20	30	40	50	60	70	80	90
100	200	300	400	500	600	700	800	900
1 000	2 000	3 000	4 000	5 000	6 000	7 000	8 000	9 000

这一表格的目的是让小孩明白：

- 当一个整数乘以 10 时，这个数要往左边移动一个位置。
- 当一个整数乘以 100 时，就把它看成乘以 10 之后再乘以 10，即往左边移动两个位置。

这点可以通过如下的**百十个**表格体现：

例如：28×10：

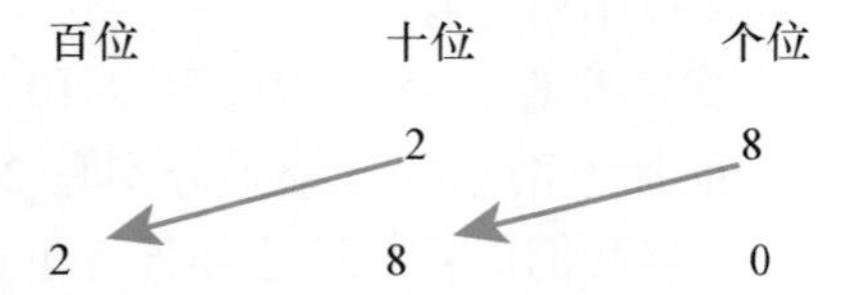

零（**0**）放在个位就是充当补位的作用。

例如：28×100

零放在十位和个位也是充当补位的作用。这种移动位置的方法对基数乘以 10 和乘以 100 都一样有效。

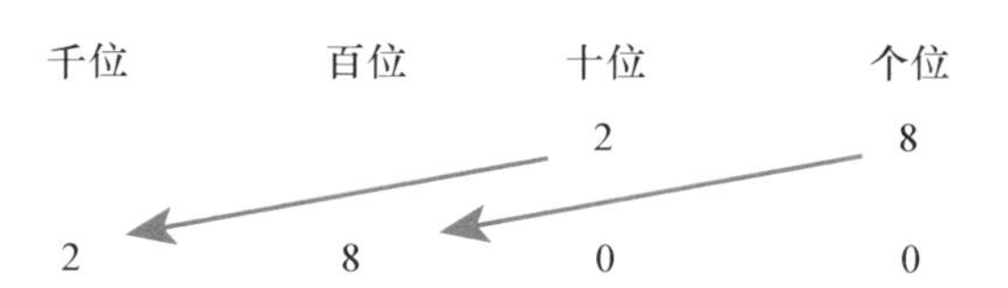

整数除以 10 和 100

记得除法是乘法相反的方式或解除乘法的方法，所以除以一个整数实际上与乘以一个整数的技巧是相同的——只不过要倒转过来。

所以有必要再回顾一下前面刚刚出现过的乘法表格：

1	2	3	4	5	6	7	8	9
10	20	30	40	50	60	70	80	90
100	200	300	400	500	600	700	800	900
1 000	2 000	3 000	4 000	5 000	6 000	7 000	8 000	9 000

现在我们要求学生从表格的底行开始往上一行看，每一行除以 10 之后，结果就是上一行的数，这样可以让学生自己看懂：

- 当一个整数除以 10 时，这个数的位置向右移动一位。
- 当一个整数除以 100 时，以相同的方式先除以 10 再除以 10，这样这个数就向右移动两位。

这也可以通过**百十个**表格展现出来：

例如：2 800÷10

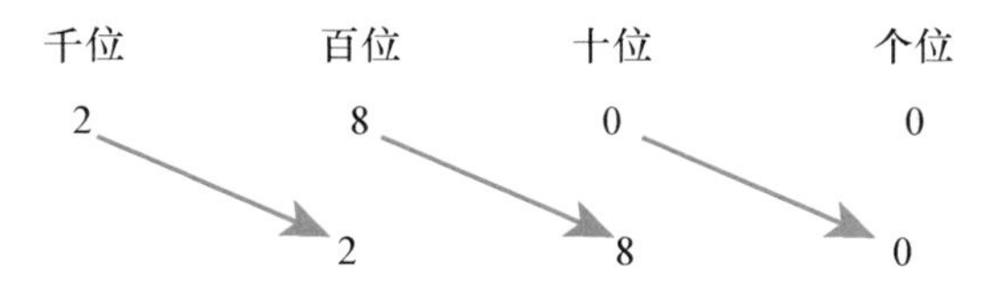

例如：2 800÷100

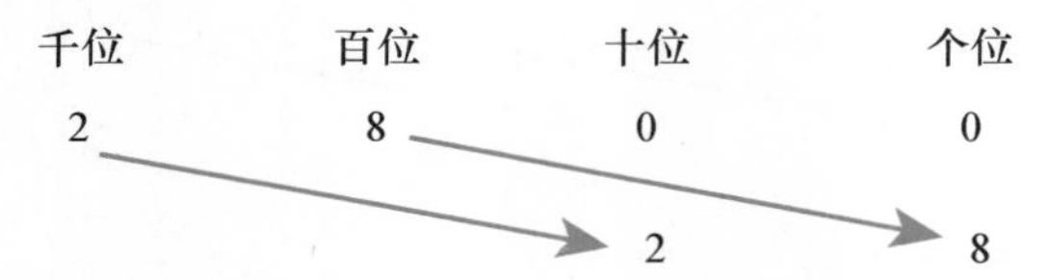

要尽可能在小学 3 年级或 4 年级之前给小学生介绍 1/10 和 1/100的**小数符号**。

我们知道**百十个**的数字表格可以不断地向左延伸到千、万、十万等数位，这一数字表格一样可以向右不断延伸到小数的位置。小数点把个位和其他小数分开，往右每隔一位，就比前面的小 10 倍，也就是前一位的 1/10，这也相当于除以 10。

百位	十位	个位	小数点	十分之一位	百分之一位	千分之一位
100	10	1	.	$\frac{1}{10}$	$\frac{1}{100}$	$\frac{1}{1\,000}$
÷10	÷10		÷10	÷10	÷10	→

第一次把 1/10 和 1/100 的概念介绍给小学生应该联系与钱和计量相关的话题，例如，要求学生把下面的价钱数目填写在表格里：£2.50、£15.25、£4.05、£124、£230.50。

百位	十位	个位	小数点	十分之一位	百分之一位
		2	.	5	0
	1	5	.	2	5
		4	.	0	5
1	2	4	.	0	0
2	3	0	.	5	0

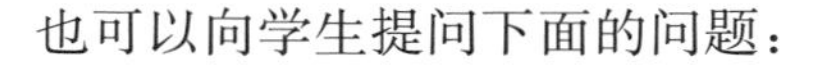
也可以向学生提问下面的问题：

- ￡2.50 和￡2.05，哪个多？
为什么？
- 1.50m 和 1.05m，哪一个更长？
为什么？

运用价钱和事物计量的数据介绍小数的表达方式非常明智，这样就能把数学课程与现实生活联系起来，小孩子就更加容易理解所教的内容，因为他们熟悉这类东西。当然，这种方法也存在一定的局限。如果学生仅仅从钱的数量和事物的计量上理解小数，那当他们碰到一些复杂的小数形式时，就难以逾越理解的障碍，如：

2.564 3，74.333 333 333 3，或者 0.000 05

小于 0 的数称为**负数**，而大于 0 的数称为**正数**。

负数

小学 4 年级时可以给学生介绍负数。负数的表达方式是在数字前面加上减数符号（－），如下面的数字：

－1、－2、－3、－4……

我们把这些数读为负一、负二、负三、负四，当然也可以理解为减一、减二、减三、减四，等等。所谓“负一”就是比 0 少 1，负二就是比 0 少 2，如此类推。这就说明负六比负五的值小（有些小孩可能要经过一段时间的练习之后才能慢慢理解）。

运用数轴能帮助小孩理解得更加透彻。在前面的章节我们已经知道，数轴可以随意无限延伸，既可以向越来越大的数延伸，也可

以向相反的方向延伸。

−6　−5　−4　−3　−2　−1　0　1　2　3　4　5　6

这样我们可以清楚看到−6在−5的左边，因此−6的值更小。

要想小孩尽快熟悉负数，让他们倒背朗读数字是较为有效的方法，就像小孩早期练习朗读正数的时候一样：10、9、8、7、6、5、4、3、2、1，而这次不要中断，继续朗读下去0、−1、−2、−3、−4、−5、−6等。

事实上我认为这种倒背朗读数字的练习宜早不宜迟。不要担心你的小孩还小，小孩子的大脑既开放又善于接受新东西。虽然小孩子每天都接触和学习那么多的东西，但他们还未曾抵制过新的或不熟悉的东西。小孩熟知这些数字是我们的期盼，所谓熟知就是指，例如，记得−4排在−3的后面，所以它比−3小。

让小孩了解温度计和湿度计的读数也是一个很好的方法。如果听到天气预报说今晚的气温将降至−7度，那我们当然知道今晚相当冷，比−1度冷多了。这些与你的小孩在课堂上所问的问题基本相关：

- −5度和−2度哪个气温更低？
- −12度与−15度哪个更加冷？
- 你能从低到高把下面的气温值：3、−2、5、−8、−6排列出来吗？
- 在−4和2之间还有哪些整数？
- 把下面数轴所缺的数字补上。

−6　−5　…　−3　…　−1　…　1　2　…　4

负数有时与负债欠钱相关。例如，+4可以理解为我们拥有

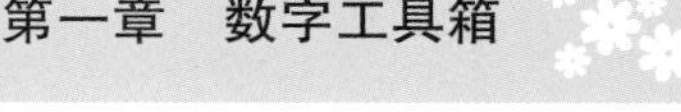

£4，而－4 却表示我们欠£4（也就是负债£4）。

小孩子将来还要学习运用负数进行加减乘除的运算。这在后面的四章里会介绍。

到此阶段小学生已经接触了**不等式的符号：大于**（＞），**小于**（＜）。现在他们要学会正确书写这些符号。

例如：

- 2 560＜　　＜2 580 中间还有哪些数？
- 给这两个数之间填上所缺的符号使这个式子正确：
  3 950　　3 874
- －3＞－5 是否正确？
- －1＜1 是否正确？

答案：

- 从 2 561、2 562、2 563、2 564……直到 2 579 的任何整数
- 3 950＞3 874
- 正确
- 正确

估算和凑整数

为打好扎实的数学基础，小学生要继续练习**估算**，但要不断地加大数量及估算的范围。

下面是小学生经常碰到的问题：

- 这个罐子装满有 100 颗糖果，现在已经吃了一些，你能估算一下还剩下多少吗？
- 你能估算一下这一页有多少个字吗？

- 估算一下箭头所指的数轴的位置应该是多少，你是如何估算的？

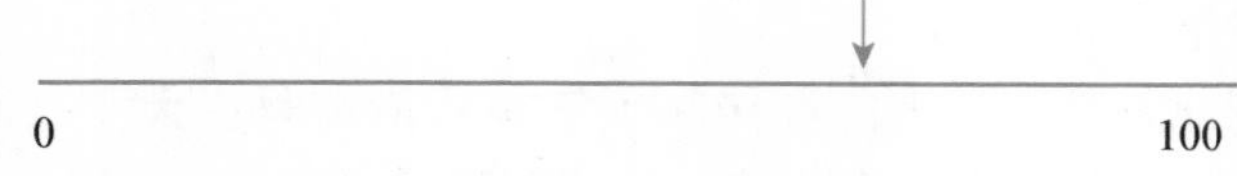

- 估算一下你们教室的高度。
- 估算一下 1 分钟有多久：我一发号令，你们就闭上眼睛，认为 1 分钟时就举手，我会检测你们估算的结果。

最后那种练习方式较为有趣，你完全可以在家里与小孩一起尝试练习。大部分孩子，甚至到了初中的学生，对时间的估算都不是很准。他们估算的通常比实际时间快得多！

学生需要掌握一些策略才能提高估算的准确度。对以上的问题，下面的策略可以帮助小孩提高估算的准确度：

- 大体计算出每一层能装多少个糖果，然后计算这个罐子能装多少层。
- 看一眼找出有代表性的一行，快速数出这一行有多少字，然后大体计算本页有多少行，就能估算出有多少字了。
- 在数轴上找出中点，然后再看看箭头所指靠近哪个点而做出估算。
- 小孩应该知道 1 米的大概长度（小孩跨一大步差不多就是 1 米），然后运用这种常识估算教室墙壁的高度，就能估算出教室的大体高度。
- 教导学生感觉 1 秒钟的长度，一般来说，1 秒钟的时间只能足够大声朗读“一头象”，要估算 1 分钟的时间就要按照“1 头象、2 头象、3 头象、4 头象……59 头象、60 头象”进行数数！大部分小孩都能准确估算 1 分钟有多久，这一点儿也不奇怪。

还要更多地——越多越好——鼓励学生在正式运算之前对一些算式的总数进行估算。这样小孩在开始计算之前就能对答案有自己的期待，一旦计算完毕，他们就能拿计算出来的结果与自己事前估算的进行比较，并常常自问一个重要问题："我的答案明智吗?"

无论哪个年龄段的小孩，都要鼓励他们运用这个方法对自己的作业进行检查，这是贯穿本书的重要理念。

凑整数是另一重要的运算技能，特别是在我们不需要知道，或者不想知道准确的具体数据时，凑整数相当管用。例如：

- 本过生日有40英镑，他想用这钱买3样东西：DVD（£16.99）；黑暗中发光的飞碟（£11.25）；飞船模型（£8.50）。本想知道40英镑是否足够买上面的3样东西。

  把以上3样东西的价格凑整数，本快速算出他能买到所想要的：£17+£11+£9=£37。

培养凑整数的能力要从两位数字的练习开始，而我们现在要把这种技能拓展到更大的数字进行凑整数，凑进最靠近的10或者最近的100。

前一节我们已经提到，小孩要完全掌握朗读：10、20、30、40、50、60、70、80、90、100、110、120、130……190、200、210……290、300、310等。而凑整100的：100、200、300、400、500、600、700……

这样凑整数就显得容易了。

我们一起看看如何把下面的数字凑到最靠近的整10和整100：

533、647、875、250

凑到最靠近的整10。

- 533 比 530 多，比 540 少，但它更加靠近哪一个？

  答案： 530
- 647 比 640 多，比 650 少，但它更加靠近哪一个？

  答案： 650
- 875 比 870 多，比 880 少，但它更加靠近哪一个？

  这需要一点技巧，因为 875 是 870 和 880 的中间数字，记住，如果一个数刚好是两个数的中间数字，我们一般按照四舍五入的原则。那应该凑到哪个数呢？

  答案： 880
- 250 是乘以 10 的整数，所以不必要再凑。

  答案： 250

凑到最靠近的 100。

- 533 比 500 大，比 600 小，但它更加靠近哪一个？

  答案： 500
- 647 比 600 大，比 700 小，但它更加靠近哪一个？

  答案： 600
- 875 比 800 大，比 900 小，但它更加靠近哪一个？

  答案： 900
- 250 比 200 大，比 300 小，但它更加靠近哪一个？

  这确实又需要一点技巧，因为 250 刚好是 200 和 300 的中间数字，那应该凑合进哪个数呢？一样，如果一个数刚好是两个数的中间数字，我们按照四舍五入的原则。

  答案： 300

凑整数的方法一般运用在处理加或减的计算中，只是了解大概

数目时运用。

例如：

- 下面哪一组是 207＋586 的最佳约整数？

  200＋500，300＋300，200＋600，200＋500

- 下面哪一组是 895－602 的最佳约整数？

  900－700，800－600，800－700，900－600

此外，在乘与除的运算中，只是为了知道大概数目，一样可以运用凑整数的方法计算。

例如：

- 下面哪一组是 19×32 的最佳约整数？

  20×30，10×30，10×40，20×40

- 下面哪一组是 158÷41 的最佳约整数？

  150÷50，150÷40，160÷40，200÷40

所以凑整数的方法能快速有效地找到“答案”。

上面练习的答案分别是：

200＋600　　整数约为 800
900－600　　整数约为 300
20×30　　整数约为 600
160÷40　　得数约为 4

第三节　追求卓越部分

（适合 5、6 年级及以上，年龄 9～12 岁及以上）

小孩子到了小学 5、6 年级或更高年级时，对数字的辨认及读写都不存在问题了，他们清楚明白每个数字在一组数里所代表的值，并认识了小数点后的三位数，接着他们还要学习乘以 10 或乘以 100。

按照第二节**发展提升部分**的介绍，我们知道如何运用相同的方法计算小数乘以 10 或乘以 100。我们再次以图表方式把前面讲过的数字运算规则呈现一遍：

- 当一个数乘以 10 时，这个数要往左边移动一个位置。

例如：7.4×10

百位　十位　个位　.(小数点)　十分之一位　百分之一位

7　4

7　4

每个数字都向左移动一个位置，答案是：

7.4×10=74

- 当一个数乘以 100 时，就把它看成乘以 10 之后再乘以 10，即往左边移动两个位置。

例如：7.4×100

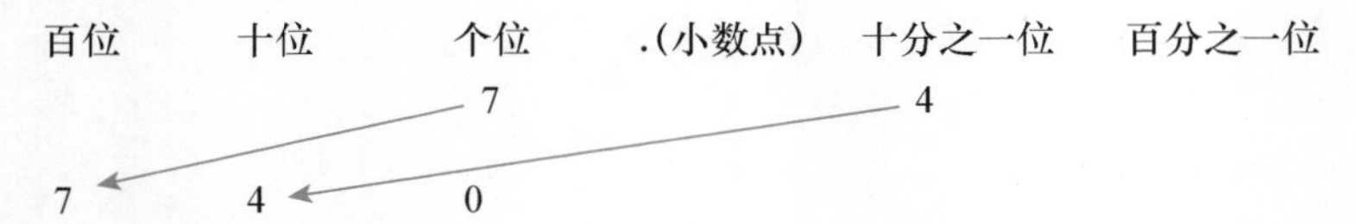

每个数字都向左移动两个位置，0 放在个位充当补位数字，答案是：

7.4×100=740

在这一阶段，孩子们还会继续学习**整数**乘以 10 和 100，但我们现在要运用这一方法拓展到整数乘以 1 000。

例如：34×1 000：

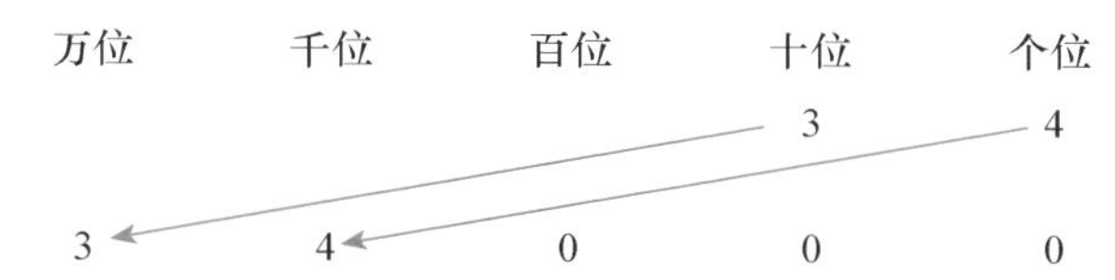

现在每个数字都向左移动三个位置，0 放在百位、十位和个位充当补位数字，答案是：

34×1 000＝34 000

孩子们这时一样继续学习除以 10 和 100 的运算方法，我们运用相同的方式展示小数除以 10 和 100 是如何运算的。再次使用相同的原则以图表的形式把运算规则呈现一遍：

- 当一个数除以 10 时，每个数字要向右移动一个位置。

例如：25÷10

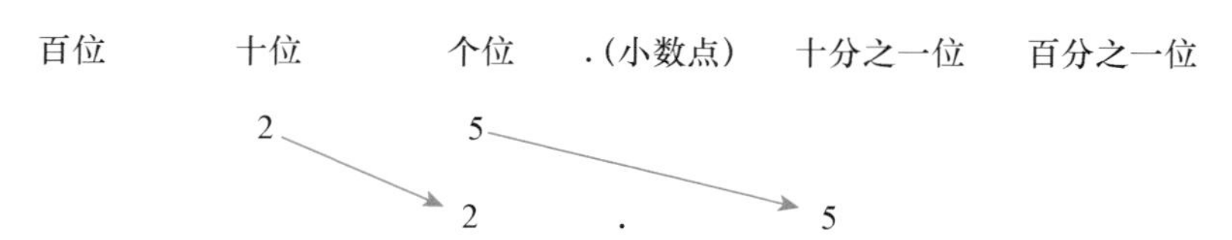

每个数字向右移动一个位置，答案是：

25÷10＝2.5

- 当一个数除以 100 时，相当于除以 10 之后再除以 10，所以要向右移动两个位置。

例如：25÷100

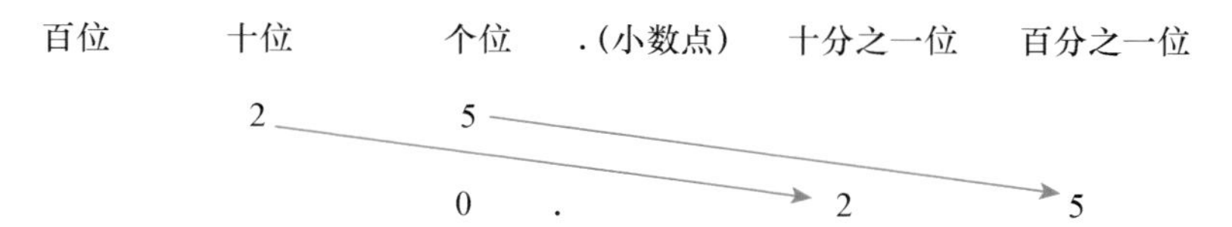

每个数字都向右移动两个位置，0 要放在个位，答案是：

25÷100＝0.25

孩子们肯定还要继续学习整数除以 10 和 100，但我们现在要借此方法拓展到除以 1 000。

- 一个数除以 1 000 和除以 10 一样，可以除以 10 之后再除以 10，然后再除以 10，这样每个数字向右移动三个位置。

例如：26 000÷1 000

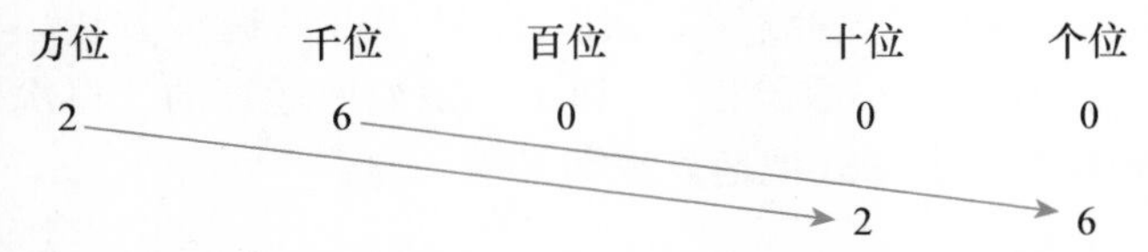

每个数字都向右移动三个位置，答案是：

26 000÷1 000＝26

前面一节已经介绍过 1/10 和 1/100 小数的概念，现在希望孩子们能理解和运用 1/10、1/100 和 1/1000 这些小数：

百	十	个	小数点	十分之一	百分之一	千分之一
100	10	1	.	$\frac{1}{10}$	$\frac{1}{100}$	$\frac{1}{1\,000}$

如上所示，我们知道一个数可以分解出不同的部分，现在要求学生练习分解下面的小数。

例如：

51.4　＝50＋1＋0.4

2.67　＝　　2＋0.6＋0.07

34.902＝30＋4＋0.9＋0.00＋0.002

对许多小学生来说，要一下子理解这些确实不易，这种分解练习值得多做。要检查学生是否完全明白小数的含义也可以做下面这类练习：

- 你能够按照从小到大的顺序排列下面的一组数吗？
  4.2、14.2、4.25、4.09、4.225、4.100
- 从小到大排列下面一组数：
  5.65、5.600、6.5、5.675、5.765、5.7

  正确的顺序：

  4.09、4.100、4.2、4.225、4.25、14.2

  5.600、5.65、5.675、5.7、5.765、6.5

如果学生没有完全理解小数的位值，他们做这种练习还是会出现错误的。要完全理解这些对小学生来说确实不易——他们需要一段时间的接触、练习及消化才能为初中阶段的数学学习打好基础。

例如，小孩子常见的一个错误就是，误认为5.7比5.600小，因为5.7这个数写起来比5.600要短些。当人们对某一事情没有绝对把握时，大脑往往会提取记忆里最熟悉的也最容易与问题吻合的知识应对。小孩子能够比较这两个数，先观察其不同的地方发现小数点右边一个是7，另一个是600，这时他们自然想起过去做过类似练习，毫无疑问600比7大，所以有些小孩认为5.600比5.7大就没有什么可大惊小怪了。

这就是老师如此重视强调小数点的原因——要求小孩一定准确朗读小数，如5.600应朗读为“五点六零零”而不能读成“五点六百”！

小数点之后的数字必须一个一个分开朗读。

然而，对这一规则也有例外，这也是小孩容易在不知不觉中糊涂的原因。上一节我们看到，给小学生介绍小数（1/10 和 1/100）时通常从钱的方面举例入手。这当然是非常明智的方法，因为大部分孩子都熟知钱且又能把数学的教学内容与现实生活联系起来。

非常遗憾的是，人们在日常生活中说到价钱时，小数点后面数字的朗读习惯与上面我们刚刚提出的朗读原则完全相反。例如：£5.65，我们通常朗读为“五英镑六十五便士”而不是“五点六五英镑”。

为了避免将来小数学习潜在的混乱，应尽早向孩子们强调这一明显的例外。

到了这一阶段，可以要求小孩了解应用到百万的数字。百万就是“一千个一千”，书写如下：

1 0 0 0 0 0 0

百万的数字表格如下：

百万位	十万位	万位	千位	百位	十位	个位
1	0	0	0	0	0	0

就和下面的列式一样：1×10×10×10×10×10×10

十亿是多少？

仅凭想象确实难以回答。十亿过去通常指一百万个百万，书写如：

1 0 0 0 0 0 0 0 0 0 0 0 0

这是欧洲大部分国家和地区使用的计数体制，而在美国十亿即为一千个百万。书写如：

1000000000

虽然英国在计数方面基本采用美国的体制，但还是有不一致的地方，万亿（trillion），万亿是现代才出现的计数，美国人所说的万亿就是一千个十亿，书写成为：

1000000000000

事实上这和欧洲人所指的十亿一样，而欧洲人所说的万亿就是一百万个百万的百万，书写成为：

1000000000000000000

是否有点困惑？下面的表格可以帮助你厘清差别：

	美国及科技界	欧洲国家
1 000	一千	一千
1 000 000	百万	百万
1 000 000 000	十亿	一千个百万
1 000 000 000 000	万亿	十亿
1 000 000 000 000 000	千的五次幂	一千个十亿
1 000 000 000 000 000 000	百万的三次幂	万亿

现在英国也开始广泛使用美国制的万亿。

前面已经给孩子们介绍过不等式的**大于**（＞）和**小于**（＜）的数学符号，他们应该基本熟悉了。现在给他们介绍其他新的符号：

- **大于或等于**（⩾）
- **小于或等于**（⩽）

例如：

- 在下面不等式的括号里列出所有符合条件的数：

$10 \leqslant$ (……) $\leqslant 15$

这样括号里的数字一定是在10和15之间，但要注意，等于10和15也符合条件。

答案：10、11、12、13、14、15

估算和凑整数

估算依然是数学运算的非常重要的基础技能，到5、6、7年级甚至8年级以上的学生都要继续经常练习估算。随着不断的练习和对外部事物的深入了解，小学生的估算能力也会不断提高，他们会逐渐成为准确的估算能手。而估算的机会随时都有。

例如：

- 估算一下袋子里还有多少饼干，是否足够全班同学每人一块？
- 估算一下一周你们家需要多少品脱牛奶？
- 估算一下一周你吃多少片面包？
- 估算一下你需要多少钱？

……

凑整数的练习现在要拓展到10 000的范围，从过去的凑进最靠近的整10、整100到现在的整1 000。如前面所讲的一样，我们要尽可能地把这一练习变得容易，使学生在计算整数时充满信心。

整十：10、20、30……

整百：100、200、300、400、500、600……

整千：1 000、2 000、3 000、4 000、5 000、6 000、7 000、8 000……

看看下面一组数字，先把它们凑进最靠近的整数10，然后凑进

最靠近的整数 100，再凑进最靠近的整数 1 000：

7 463、4 647、2 735、7 850、2 500

凑进最靠近的整数 10。

- 7 463 比 7 460 大，而又比 7 470 小，但它更加接近哪一个呢？
  答案： 7 460
- 4 647 比 4 640 大，而又比 4 650 小，但它更加接近哪一个呢？
  答案： 4 650
- 2 735 比 2 730 大，而又比 2 740 小，但它更加接近哪一个呢？然而这个数凑整需要一定的技巧，因为 2 735 刚好是2 730和2 740的中间数，那它应该凑进哪一个呢？正如我们前面所说的，两个数的中间数一般按照四舍五入的方法来凑进。
  答案： 2 740
- 7 850 已经是 10 的倍数，也就是 10 的整数，不用再凑。
  答案： 7 850
- 2 500 已经是 10 的倍数，也就是 10 的整数，不用再凑。
  答案： 2 500

凑进最靠近的整数 100。

- 7 463 比 7 400 大，而又比 7 500 小，但它更加接近哪一个呢？
  答案： 7 500
- 4 647 比 4 600 大，而又比 4 700 小，但它更加接近哪一个呢？
  答案： 4 600
- 2 735 比 2 700 大，而又比 2 800 小，但它更加接近哪一个呢？
  答案： 2 700

- 7 850 比 7 800 大，而又比 7 900 小，但它更加接近哪一个呢？
  而 7 850 刚好是 7 800 和 7 900 的中间数，所以按照四舍五入的方法。
  答案： 7 900
- 2 500 已经是 100 的倍数，不用再凑。
  答案： 2 500

凑进最靠近的整数 1 000。

- 7 463 比 7 000 大，而又比 8 000 小，但它更加接近哪一个呢？
  答案： 7 000
- 4 647 比 4 000 大，而又比 5 000 小，但它更加接近哪一个呢？
  答案： 5 000
- 2 735 比 2 000 大，而又比 3 000 小，但它更加接近哪一个呢？
  答案： 3 000
- 7 850 比 7 000 大，而又比 8 000 小，但它更加接近哪一个呢？
  答案： 8 000
- 2 500 比 2 000 大，而又比 3 000 小，但它更加接近哪一个呢？
  由于 2 500 刚好是 2 000 和 3 000 的中间数，按照四舍五入的原则来凑整。
  答案： 3 000

凑整数现在要进一步拓展到**小数**系列的练习。首先教导小孩把一个小数凑进一个整数，然后再把这个整数凑进最靠近 10 的整数。

这种练习确实有一定的难度，需要运算技巧，如果某些小孩对数的位值理解不透彻，基础不够扎实的话，他们到了这部分就会掉

队跟不上。所以，你有必要了解自己小孩对数字位值的掌握情况，如果小孩还没有掌握好这一知识点，就应该回头给小孩复习关于位值这一节的内容。

例如，把下面一组小数凑成整数：

8.7、24.3、18.5、32.68、57.39、237.61

- 8.7 比 8 大而比 9 小，但更加接近哪一个呢？我们首先看小数点右边的第一个数字为 7，即十分之七。用表格把这一个数标出来小孩子会看得更清楚：

百位	十位	个位	小数点	十分之一位	百分之一位
		8	.	7	

或者用数轴把这个数标出来小孩也能看清楚：

8　　8.7　　9

答案： 9

- 24.3 比 24 大而比 25 小，但更加接近哪一个呢？我们首先看小数点右边的第一个数字为 3，即十分之三。用表格把这一个数标出来小孩子会看得更清楚：

百位	十位	个位	小数点	十分之一位	百分之一位
	2	4	.	3	

或者用数轴把这个数标出来小孩也能看清楚：

24　　24.3　　25

答案： 24

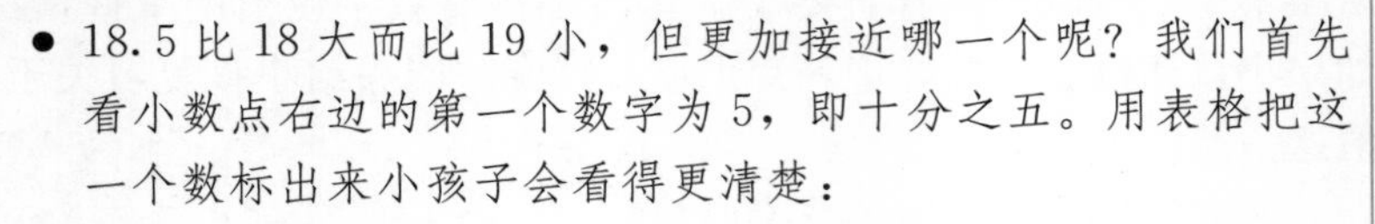

- 18.5 比 18 大而比 19 小，但更加接近哪一个呢？我们首先看小数点右边的第一个数字为 5，即十分之五。用表格把这一个数标出来小孩子会看得更清楚：

百位	十位	个位	小数点	十分之一位	百分之一位
	1	8	.	5	

或者用数轴把这个数标出来小孩也能看清楚：

18 —— 18.5 —— 19

18.5 刚好是 18 和 19 的中间数，那应该把它凑进哪一个整数？我们还是遵循四舍五入的原则。

答案： 19

- 32.68 比 32 大而比 33 小，但更加接近哪一个呢？虽然小数点后面有两个数字，我们首先还是看小数点右边的第一个数字，为 6，即十分之六。用表格把这一个数标出来小孩子会看得更清楚：

百位	十位	个位	小数点	十分之一位	百分之一位
	3	2	.	6	8

或者用数轴把这个数标出来小孩也能看清楚：

32 —— 32.68 —— 33

答案： 33

- 57.39 比 57 大而比 58 小，但更加接近哪一个呢？虽然小数点后面有两个数字，我们还是先看小数点右边的第一个数字，为 3，即十分之三。同样用表格把这一个数标出来小孩子会看得更清楚：

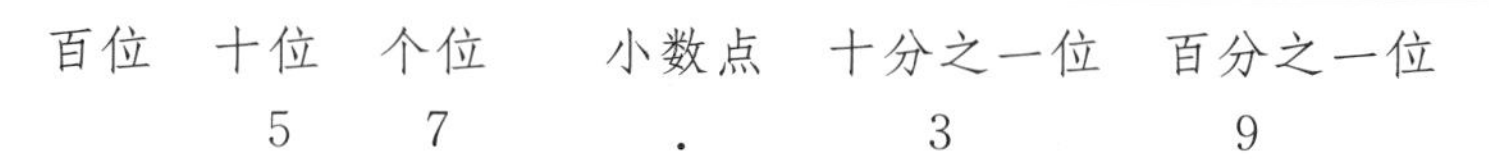

百位	十位	个位	小数点	十分之一位	百分之一位
	5	7	.	3	9

或者用数轴把这个数标出来小孩也能看清楚：

57　　57.39　　58

答案： 57

- 237.61 比 237 大而比 238 小，但更加接近哪一个呢？虽然小数点后面有两个数字，我们还是先看小数点右边的第一个数字，为 6，即十分之六。同样用表格把这一个数标出来小孩子会看得更清楚：

百位	十位	个位	小数点	十分之一位	百分之一位
2	3	7	.	6	1

或者用数轴把这个数标出来小孩也能看清楚：

237　　237.61　　238

答案： 238

因此，把小数凑进最靠近的整数，只要根据小数点右边的第一个数字来判断即可，如果小数点右边的第一个数字等于或大于 5，我们就应用四舍五入的方法将其凑成整数。

当小学生完全掌握小数凑进最靠近的整数的方法时，说明他们可以接受把小数凑进最靠近的整数 10。当然这依然有很大的挑战，就看孩子们对位值的理解是否透彻及凑整数的方法是否基本掌握。

例如，把下面一组小数凑进最靠近 10 的整数：

9.27、24.84、8.65、34.50、34.05、6.823

把小数凑进最靠近的整数 10 的方法也可以换一种方式，先把多位小数凑整成只含**一位的小数**：

- 9.27 比 9.2 大而比 9.3 小，但更加接近哪一个呢？我们先看小数点右边的第二个数字，为 7，即百分之七。同样用表格把这一数标出来小孩子会看得更清楚：

百位	十位	个位	小数点	十分之一位	百分之一位
		9	.	2	7

或者用数轴把这个数标出来小孩也能看清楚：

9.2 —— 9.27 —— 9.3

答案： 9.3

- 24.84 比 24.8 大而比 24.9 小，但更加接近哪一个呢？我们先看小数点右边的第二个数字，为 4，即百分之四。同样用表格把这一数标出来小孩子会看得更清楚：

百位	十位	个位	小数点	十分之一位	百分之一位
	2	4	.	8	4

或者用数轴把这个数标出来小孩也能看清楚：

24.8 —— 24.84 —— 24.9

答案： 24.8

- 8.65 比 8.6 大而比 8.7 小，但更加接近哪一个呢？我们先看小数点右边的第二个数字，为 5，即百分之五。同样用表格把这一数标出来小孩子会看得更清楚：

百位	十位	个位	小数点	十分之一位	百分之一位
		8	.	6	5

看看数轴上这个数的位置：

8.6　　8.65　　8.7

8.65 刚好是 8.6 和 8.7 的中间数，我们应该把它凑进哪一个呢？碰到中间数时我们还是按照四舍五入的原则凑整数。

答案：8.7

- 34.50 就是 34.5，所以不用再凑。用表格把这一数标出来小孩子会看得更清楚：

百位	十位	个位	小数点	十分之一位	百分之一位
	3	4	.	5	0

答案：34.5

- 34.05 比 34.0 大而比 34.1 小，但更加接近哪一个呢？我们先看小数点右边的第二个数字，为 5，即百分之五。同样用表格把这一数标出来小孩子会看得更清楚：

百位	十位	个位	小数点	十分之一位	百分之一位
	3	4	.	0	5

看看数轴上这个数的位置：

34.0　　34.05　　34.1

34.04 刚好是 34.0 和 34.1 的中间数，我们应该把它凑进哪一个呢？碰到中间数时我们还是按照四舍五入的原则凑整数。

答案：34.1

- 6.823 比 6.8 大而比 6.9 小，但更加接近哪一个呢？这个数的小数点后面有三位小数，我们还是先看小数点右边的第二个数字，为 2，即百分之二。同样用表格把这一数标出来小孩子会看得更清楚：

百位	十位	个位	小数点	十分之一位	百分之一位	千分之一位
		6	.	8	2	3

或者用数轴把这个数标出来小孩也能看清楚：

6.8　　6.823　　6.9

答案： 6.8

所以，把小数凑入最靠近的整数（或者保留小数点后面的第一位），我们要先看小数点右边的第二位（**百分之几**）的值是多少。如果是等于或大于 5，就按照四舍五入的原则凑进。

有一个例子在凑成整数时确实会不断引发问题。先看看下面一些例子：

4.66→4.7（保留小数点后面一位数）
4.76→4.8（保留小数点后面一位数）
4.86→4.9（保留小数点后面一位数）

- 现在考虑把 4.96 凑成整数（保留小数点后面一位数），依照上面的例子，我们看小数点右边的第二位，是百分之六，按照四舍五入进行凑整数，4.9 的后面的数是多少？

答案： 4.96→5.0（保留小数点后面一位数）

这个例子之所以会引发问题，是因为凑整数后，个位数也发生

变化。这就要看学生如何理解增值（例如，4.9+0.1=5.0）。

前面我们已经知道，凑整数的目的通常是寻找大体的解决方法。例子：

- 下面哪个式子最接近 20.7+49.6？

  20+50,21+50,20+40,21+49

- 下面哪个式子最接近 79.5−40.2?

  80−50,800−500,80−40,79−40

- 下面哪个式子最接近 7.28×2.9？

  8×3,10×3,7×2,7×3

- 下面哪个式子最接近 8.9÷3.1?

  89÷31,10÷3,8÷3,9÷3

上面例子的答案分别是：

21+50	近似值是 71
80−40	近似值是 40
7×3	近似值是 21
9÷3	近似值是 3

近似值是一个数学术语，需要记住。

- 英格兰棒球队第一局得分 198，第二局得分 204。英格兰球队大概得分多少？

要计算**近似值**，首先就是凑整数，后面就容易计算了。大概的得分就是 200+200，近似得分为 400。

近似值的表达符号如下：

“≈”

所以以上题目可以写成：总得分≈400

其他例子：

求近似值：(603＋197)÷41

解答近似值：(600＋200)÷40

800÷40

20

使用近似符号表示：(603＋197)÷41≈20

凑整数的方法能让学生快速找到有效的答案。

乘法方格

乘法方格是另一个有用的工具，你的小孩从小学 2、3 年级开始直到初中阶段在数学课堂上都会碰到和用上。就像前面出现的**百数方格**一样，课室的墙壁上所贴的**乘法方格**也可用不同色彩的海报纸制作，而小孩各自有自己的样板贴在课本或笔盒里。

对学生学习乘法规则来说，乘法方格是非常有效的辅助工具。实际上它运用横行和竖列直接列出从 1 到 10（或者 12×12）乘法口诀。告诉小孩如何查找乘数结果之后，他们就能运用方形对称的方法容易地掌握乘法口诀。一样，如果你能找到一幅较大的彩色乘法方格贴在家里，那最好不过了！

乘法是什么？

简单地说，乘法就是乘法表格所列出的数据。所以自然数字乘以 5，即：5、10、15、20、25、30、35 ……只要我们继续加上另外一个 5，这一序列永远不会结束。乘数是无穷或无尽的数字。

另一方法可以把乘法当成两个整数相乘的结果。

×	1	2	3	4	5	6	7	8	9	10
1	1	2	3	4	5	6	7	8	9	10
2	2	4	6	8	10	12	14	16	18	20
3	3	6	9	12	15	18	21	24	27	30
4	4	8	12	16	20	24	28	32	36	40
5	5	10	15	20	25	30	35	40	45	50
6	6	12	18	24	30	36	42	48	54	60
7	7	14	21	28	35	42	49	56	63	70
8	8	16	24	32	40	48	56	64	72	80
9	9	18	27	36	45	54	63	72	81	90
10	10	20	30	40	50	60	70	80	90	100

$4\times5=20$　所以 20 是乘以 4 的结果，也可以当成乘以 5 的结果

$3\times6=18$　所以 18 是乘以 3 的结果，也可以当成乘以 6 的结果

乘数是什么？

乘数是学生必须掌握的另一个数学名称。乘数就是用来相乘的数字，以得出另一个新的数字。例如：

$$2 \times 3 = 6$$

（2 和 3 都是乘数）

所以 2 和 3 都是 6 的乘数。一样道理，1 和 6 也是 6 的乘数。

$$1 \times 6 = 6$$

↑ 乘数 ↑ 乘数

素数（质数）是一系列有趣的数字。素数只有两个乘数即 1 和素数本身。但 1 不是素数，因为它只有一个乘数，也就是“1”本身。7 是素数，它有两个乘数：1 和 7。

8 不是素数，因为它的乘数超过两个，即：1，2，4 和 8。

“埃拉托斯特尼筛法”是练习筛选素数的典型方法，适合 7 年级的学生训练。并且还要用上**百数方格**：

1	2	3	4	5	6	7	8	9	10
11	12	13	14	15	16	17	18	19	20
21	22	23	24	25	26	27	28	29	30
31	32	33	34	35	36	37	38	39	40
41	42	43	44	45	46	47	48	49	50
51	52	53	54	55	56	57	58	59	60
61	62	63	64	65	66	67	68	69	70
71	72	73	74	75	76	77	78	79	80
81	82	83	84	85	86	87	88	89	90
91	92	93	94	95	96	97	98	99	100

第一个数字 1 不是素数，因为它只有一个乘数，所以被筛除。第二

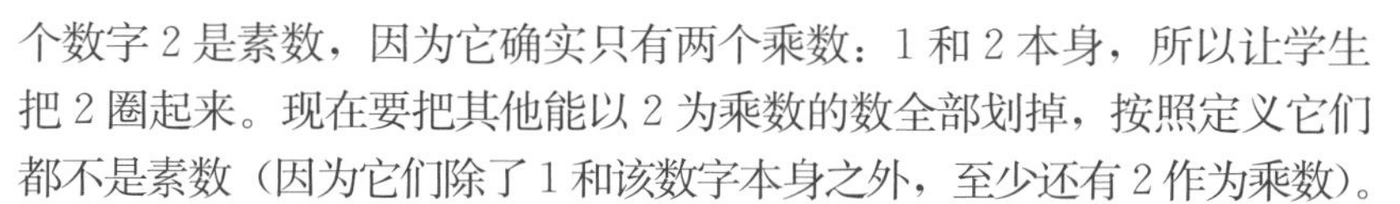

个数字 2 是素数，因为它确实只有两个乘数：1 和 2 本身，所以让学生把 2 圈起来。现在要把其他能以 2 为乘数的数全部划掉，按照定义它们都不是素数（因为它们除了 1 和该数字本身之外，至少还有 2 作为乘数）。

再下一个数字是 3，把 3 圈起来，它是素数。现在再把能以 3 为乘数的其他数字全部划掉，因为它们不是素数。

接着没有被划掉的数字是 5，把 5 圈起来，它是素数。然后把能以 5 为乘数的其他数字划掉。

再接着没有被划掉的数字是 7，它是素数。再划掉能以 7 为乘数的其他数字。继续按照这种方法进行筛选，下一个素数是 11。这样很快我们就能把 100 以内的素数筛选出来：

2、3、5、7、11、13、17、19、23、29、31、37、41、43、47、53、59、61、67、71、73、79、83、89、97

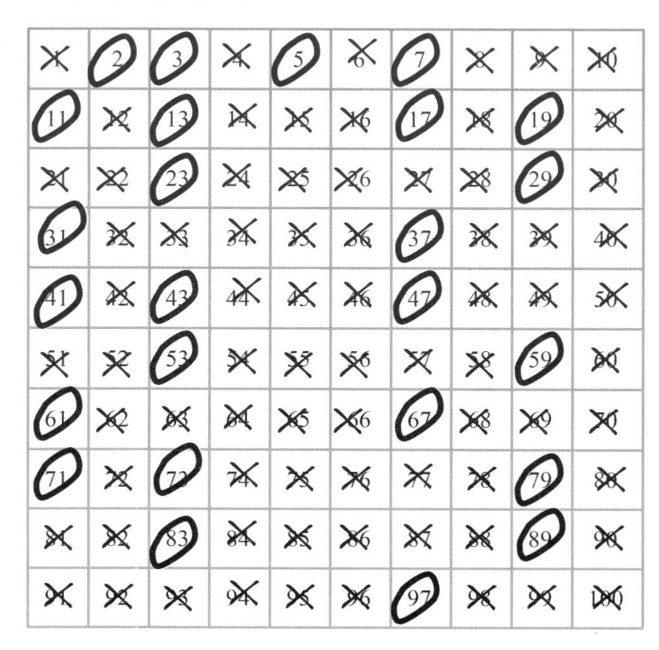

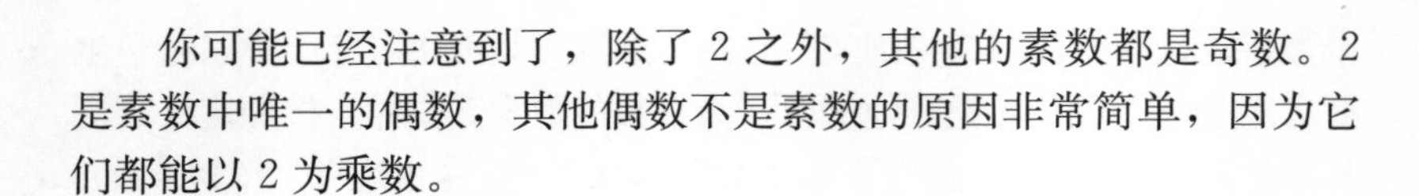

你可能已经注意到了，除了 2 之外，其他的素数都是奇数。2 是素数中唯一的偶数，其他偶数不是素数的原因非常简单，因为它们都能以 2 为乘数。

罗马数字

罗马数字体系——又称为罗马数字——在没有被我们现在所用的阿拉伯数字替代之前，于中世纪前在欧洲被广泛使用。我们现在还能见到使用罗马数字的情况，但主要用于装饰。

罗马数字根据 7 个基本符号组成，运用这 7 个符号进行组合，罗马人能写出任何他们能想象得到的数字。然而罗马人没有想到 0 的观念，所以他们不用写 0！

Ⅰ＝1

Ⅴ＝5

Ⅹ＝10

L＝50

C＝100

D＝500

M＝1 000

这一系统是加上这些符号而构成一个你需要的新数字，Ⅰ总是新的开始：

Ⅰ＝1

Ⅱ＝2

Ⅲ＝3

下一数字（4）只和Ⅴ（5）相差 1，所以写成：

Ⅳ＝4　意为在 5 的前面一位

然后继续：

Ⅴ＝5

Ⅵ＝6　　　　　　Ⅶ＝7

　　　　　　　　Ⅷ＝8

而9又是10的前面一位数字，所以写成：

Ⅸ＝9　意为10的前面一位

然后又继续：

Ⅹ＝10

Ⅺ＝11

Ⅻ＝12

XIII＝13

XIV＝14

XV＝15

XVI＝16

XVII＝17

XVIII＝18

XIX＝19

XX＝20

30是XXX，但40却是XL，因为40只差10就到50，49即是XLIX。

60，LX；70，LXX；80，LXXX；而90是XC，因为差10就到100。

400，CD因为差100就到500；DC是600。

CM，900，因为差100就到1 000。

偶尔你可能看到大桥或者其他建筑物标上罗马数字。下面是美丽的巴斯城的一座桥上的日期：

MDCCCLXXXVI

阿拉伯数字即为：1886

之所以经常给小孩子介绍罗马数字，部分是因为学习历史，部分是因为学习地理（就像在我们生活的城市里所见到的一样）和数学。从数学角度看，练习用罗马数字写出“449”也是一大挑战。运用罗马数字计算两个数的和，其难度更是无法想象——因为无法简单地把罗马数字排列成上下两行进行运算——现代数字（阿拉伯数字）体系的方便和美观更加凸显。

四则运算

在数学教科书里，你会经常读到**四则运算**。简单地说，它们就是**加、减、乘、除**。**加法**和**减法**可以说是一个整体事物的对半，每一半都可以“消除”另一半，或者每一半的逆序就是另一半。**乘法**和**除法**的运算也一样，一个是另一个的相反结果。接下来的四章重点讨论四则运算。

作为首要原则，我们的目的就是到小学 6 年级结束时，学生具备基本的智力，掌握书写和运算方法——学生理解并能正确运用加法、减法、乘法和除法。此外，根据我个人的经验，到了 7 年级时，如果学生对数字有“感觉”并真正喜欢数学，他们的数学老师会相当高兴。

理解数字的联系，喜欢数字，自信地玩数字和大胆地用数字进行实验——我认为这些远比武断的考试成绩更加重要。

现在你已经熟悉一些基本原理，可以自由地探索本书的其他部分。

为了更加清晰，在后面的几章中，你可能偶尔碰到一些重复的东西——这意味着你不用过于匆忙地一下子把整本书翻遍就为弄清一个问题。因此，每一章都可以独立阅读。

愿喜欢！

加 法

上一章结束时提到**四则运算**，加法是四则运算的第一项，听起来虽然是最简单的一项，但它是建立整个数学金字塔的重要基础部分，所以让学生自信地打好这一基础非常必要。

第一节　理解基础部分
（适合1、2年级，年龄5～7岁）

关于加法，小孩子可能听到各种各样的表述，有些还是他们自己常说的：加法，相加，全部，总数，一起，加起来，计算在内，数的和，相等，等于，总共，多，多于，加法表格，增加，加起来多多少……

接触前面第一章引言的介绍之后，我们应该了解到小孩很早就已经使用了各种切合实际的学习方法及心算技巧。这意味着小学生参与大量的游戏活动、练习计算、辨认图案、谈话交流、唱歌及绘画，等等，所有这些活动都能增强学生对处理数字的信心。

为了简明，本章一开始就使用数学符号“＋”（加）和“＝”（等号）。然而，在小学课堂教学中一般不会这么早就介绍这些符号。一般是让小孩先了解相关的数字关系并理解加法的方法之后再给他们介绍这两个符号。因为过早介绍这些符号有时会适得其反，使小孩理解时产生困惑。

有些小孩会在练习题出现的符号下方注上文字如“加”和“等于”。在课堂上小孩参与最多也较为喜欢的就是“数学问题闲聊”，这种方式在家里也可以进行。例子在前面导言部分已经呈现过，比如：如果你有4个糖果，我再给你1个（2个或3个……），你现在共有多少个？**下面一些方法可以让学生开始交流：**

- 我们已有10块砖，还需要多少块才能堆成那座塔？

- 如果你有 6 块糖果，康纳也有 6 块糖果，你们俩一共有多少块糖果？
- 你的堂姐莉齐比你大多少？
- 看看小汽车牌照上的数字，它们加起来一共是多少？
- 一个骰子的所有点数加起来是多少？
- 让我们一起把我们的电话号码加起来看看是多少。

你也可以自己设计一些小孩感兴趣的问题让他们交谈思考。只要你能够坚持让学生经常做这类练习，随着小孩的成长，你会发现其效果非常显著。

数轴是帮助小孩计算加法的最简单且最有效的工具。数轴能让小孩清楚看到数字系列——这能让小孩看着数字来数（小孩能“看到”自己所加起来的总数和数出来的总数是一样的）。

一开始可以先教小孩如何在数轴上移动手指进行数数。例如，提问小孩 4 加 2 是多少，可以让小孩把手指放在数轴上 4 的位置，然后向右跳动或移动两个空格的位置，结果就是 6。

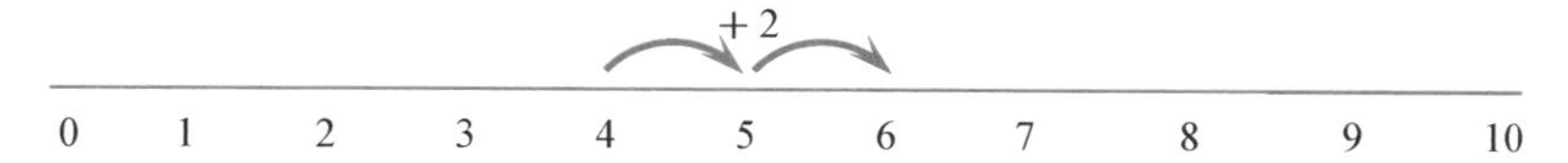

你可能注意到了，我说的是让小孩移动或跳动两个空格，不是两个数字。要求学生数两个空格进行跳动或移动，而不是数两个数字，这点非常关键。数数字是许多初学的小孩（有时也有大孩子）常见的错误。下面有一例子：

- 比利有 5 个红珠子，凯西再给他 3 个红珠子，比利现在共有多少个红珠子？

要正确解答这一问题，比利应该把手指放在数轴上 5 的位置，然后向右移动 3 个空格，结果是比利现在有 8 个红珠子。

但有些孩子只看着数轴上的数，然后移动 3 个数字，且包括了 5，就会给出错误的答案 7。要记住，两个数字之间才有一个空格，所以数数字容易弄错。

…… —————— ……

5 6 7

当然数轴根据需要可以随意延伸，看看下面的数轴，想象你的小孩如何计算“8 加 5”和“2 加 10”。

0 1 2 3 4 5 6 7 8 9 10 11 12 13 14 15 16 17 18 19 20

数轴也可以用来加两个以上的数。如计算 3＋2＋7：

随着不断练习和经验的积累，小孩子可以使用不是以 0 为开始的数轴。如我们对着数轴问小孩“如果你已有 27 颗草莓，现在我再给你 8 颗，那你一共有多少颗草莓?”小孩会利用数轴上任意的一个点作为他们需要的起点：

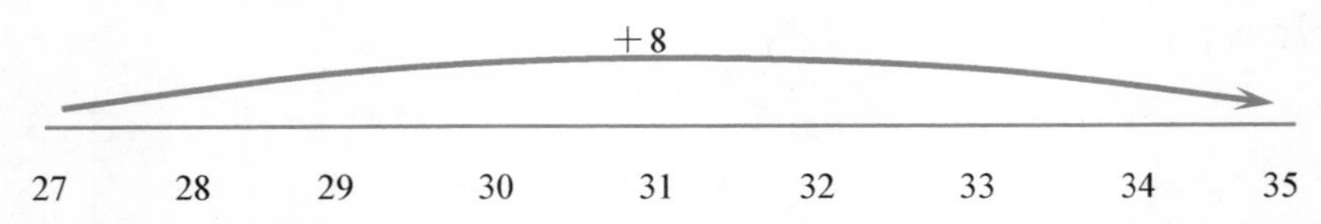

将来数轴会变得更加抽象，并成为小孩子其他运算的必要工具。

补足数

小学刚开始几年的数学课程中，我们经常听到**补足到 5**，或者**补足到 10**。所谓一个数的补足数，简单来说就是还需要多少才能补足到这个数。例如：

- **5 的补足数**就是："还需要多少才能使总数达到 5?"

> - 例如：如果有 5 只玩具熊，其中 3 只已经各自有一个碟子，现在还需要多少个碟子才能使每只玩具熊都有碟子参加野餐?
>
> **答案：** 2

小孩子经常用一只手的手指头来数，这是常见的方法，对初学的孩子来说这当然是良好的开端。小孩子可以很容易发现自己摆弄手指头同所提的问题是联系在一起的：$1+4=5$；$2+3=5$；等等。当然，经过一定时间的训练之后，他们计算补足数时就不再需要依赖手指头了。

- 10 的补足数就是指："还需要多少才能使总数达到 10?"

> - 例如：奥利弗只能选 10 个朋友参加他的生日晚会，他现在已经选到 7 个朋友了，他现在还可以邀请多少个朋友?
>
> **答案：** 3

在这种情况下，小孩可以再次利用手指头进行数数——但这次两只手的手指都要用上——当然经过一段时间的练习之后，完全可以直接计算。能够明白 10 的补足数的要求并且非常轻松地想出这个补足数是什么，这种能力是学好加法运算的基础。

加法数字链

这听起来有点复杂，其实不然。这一名称意为两个数字链接或者相互联系在一起。**数字链**（其实就是**加数**）就是一系列一对相加的数字。例如，7 的所有数字链如下：

0+7,1+6,2+5,3+4,4+3,5+2,6+1,7+0

9 的数字链：

0+9,1+8,2+7,3+6,4+5,5+4,6+3,7+2,8+1,9+0

记住这些简单的数字链，基本的加法运算就变得容易很多。经常练习和运用 10 和 20 的数字链对小学生掌握加法计算非常重要。我通常用一个锯齿的标记把这两个数字连起来。

下面的例子能表明我所想说的：

4 + 6 + 8 → 10 + 8=18

9 + 3 + 17 → 9 + 20=29

8 + 13 + 2 → 10 + 13=23

19 + 14 + 1 → 20 + 14=34

入学后的第一或第二学期，就会开始给小孩子介绍数学符号“+”（加号）和“=”（等于）。小孩子这时可以运用数学符号，把“数学闲聊”的问题与加总数的方法联系起来进行表达，这就是经常所指的写出“算式”。

算式（数学列式）一开始对学生来说不太熟悉，但其实写出算式非常简单，也更加有利于记录和心算。加法算式使用“+”（加号）和“=”（等于）。

想象一下贾瓦德在做加法计算题。他开始有 3 个蓝色珠子，然后选了 4 个黄色珠子，又拿了 2 个红色珠子，他计算现在自己有多少个珠子。他加起来后告诉老师有 9 个珠子。老师对此很高兴并让他把算式记录下来。

贾瓦德写出：3 个珠子+4 个珠子+2 个珠子=9 个珠子

也可以写成：3+4+2=9

这就是算式。

在儿童的活动小册子里或者一些谷物包装盒的封面，你可能看到一些比较简单的数学列式。

使用符号：像■和▲这种符号可以用来代表某个数。这虽然没有太大的难度，但如果你一时没想到的话，也会觉得迷惑。例如：

4+5=■　　答案：■=9

3+▲=7　　答案：▲=4

●+4=9　　答案：●=5

到 2 年级结束时，大部分小孩已经熟悉：10 乘以 10 总数是 100。通过下面的例子非常容易解释这一情况：

40+？=100　　答案：？=60

70+？=100　　答案：？=30

通常用符号表示：

20+■=100　　答案：■=80

▲＋10＝100　　　答案：▲＝90

●＋40＝100　　　答案：●＝60

这同我们在前面所提出的数字链基本相似，100 的加法数字链要一对一对列出会很多很长，我们重点关注下面的：

10＋90＝100

20＋80＝100

30＋70＝100

40＋60＝100

50＋50＝100

60＋40＝100

70＋30＝100

80＋20＝100

90＋10＝100

再次提醒，小学生记住这些数字链非常有用，一般在 2 年级结束前就应该熟记这些。

加上 0（零或没有）数字的值总是不变。这听起来相当抽象，但当小孩明白加上零就是什么也没有加上时，他们就领会：

6＋0＝6

这看似显而易见——其实不一定。我们还是通过真实的例子让小孩更加清楚明白：如果刘易斯有 6 个复活节彩蛋，而后来不再给他彩蛋了，那他还是拥有 6 个复活节彩蛋。

6 个复活节彩蛋＋0 个复活节彩蛋＝6 个复活节彩蛋

两个相同数字相加（成对）简单来说就是两个一样的数字相加。例如：

1＋1＝2

2＋2＝4

3＋3＝6

4＋4＝8

5＋5＝10

6＋6＝12

……

小孩子刚开始学习两个相同数字相加时，先控制在 5 以内，接着再扩大到 10 以内。到第二学年下半学期，经过一年多的常规练习之后，他们可以掌握 20＋20＝40 的两个相同数字相加的计算。再次提醒，如果你的小孩能快速想到答案，有时又能记住某些总数，这是非常好的习惯。

利用两只手的手指来数相同数字相加确实是个不错的方法。例如，每只手竖起一个手指表示 1＋1；两个手指表示 2＋2；如此推至 5＋5。这样有助于小孩子运用手指来数数及检查结果是否正确。

非常值得提示的是，到了这一阶段应该培养小孩对每次运算结果自觉形成常规的自我检查。正如许多小孩举起双手，已经知道 5 个手指加 5 个手指，总共是 10，但他们未必清楚 5＋5＝10 这一等式，所以他们还要检查记录。

只有经过多次重复之后他们才真正意识到 5＋5 总是 10(1＋1＝2 和 2＋2＝4 等)。

你的小孩可能练习过快速计算 19＋19 这一经典的算式。如果你的小孩记得 20＋20＝40，对快速计算出这两个相同数字的和有很大的帮助：

$$
\begin{aligned}
19+19 &= 20+20-1-1 \\
&= 40-2 \\
&= 38
\end{aligned}
$$

$$
\begin{aligned}
21+21 &= 20+20+1+1 \\
&= 40+2 \\
&= 42
\end{aligned}
$$

差不多相同的两个数字相加也可以快速计算：

$$
\begin{aligned}
6+7 &= 6+6+1 \\
&= 12+1 \\
&= 13
\end{aligned}
$$

$$
\begin{aligned}
15+16 &= 15+15+1 \\
&= 30+1 \\
&= 31
\end{aligned}
$$

在做加法运算时，现今人们不断地提醒和鼓励小孩运用心算策略，而这一策略往往从最大的数字开始算起。

- 例如，让小孩计算2+7时，一般教小孩从7记起，再数2个。
  答案： 9

从这一点来看，我们有必要明白加法运算中加数的前后位置是可以互换的。你的小孩不一定要理解互换这个词，但成年人要知道这确实是个很有用的词。可以简单表示为：

2+7 和 7+2 是一样的。

组成成分是非常重要的，因为孩子们经常发现计算第二个算式比第一个容易很多。加上2似乎比加上7更加简单（比较容易看着数到2)，所以我们要让小孩知道这不要紧：计算加法，寻找“较为容易”的方式更好。尝试着从较大的数字开始运算，但记住要用心算。看看“49 +106、106+49”哪个算式更加容易？

当孩子们开始计算稍微大一点的数字像 23+4 时，我们还是鼓励他们使用上面所提到的心算或者数轴。

当小孩进入两位数字的运算时，我们可以教他们先把两位数分解。但在教导小孩分解两位数之前，必须让他们掌握好位值的知识，这在第一章已经介绍了。

分解

分解听起来又是一个复杂的概念——但其实并不复杂！简单地说，分解就是把一个数按其位值分开。下面的例子能较好展示这一观点。

- 23 可以分解为 → 20+3
- 37 可以分解为 → 30+7
- 19 可以分解为 → 10+9

就这样，再简单不过了！

上面的例子是分解出十位和个位，大数字用相似的方式分解出百位、十位和个位。如：

- 358 可以分配为 → 300+50+8

分解和重新组合的方法

按照位值把一个数字分解出百位、十位和个位是常见的分解方法，但并非唯一的方法。例如，我们在脑海里计算 45+17 时，一般选择分解 17，运算如下：

45+17

45+(15+2)

(45+15)+2

60+2

答案：62

对小孩子来说，分解一些个位数有时也能使运算变得简单。例如，6、7、8 或 9 一般分解成“5 加一个数字”。

6+8　　　　　可以想成为
(5+1)+(5+3)　　然后又想成为
5+5+1+3

现在 5+5 变得非常容易，我们前面学过也练习过 10 的加法数字链，所以我们要把这些分解出来的数字组合起来，过程如下：

5+5+1+3　　　这同计算
10+4　　　　答案一样
14

很多不同的方法都可以找到正确答案。小孩子有可能选择不同的分解方法，能有不同的想法很好。这个例子还可以这样运算：

6+8　　　可以想成为
6+(6+2)
12+2
14

运用分解的方法相加两个两位数字，一般分解第二个数字。例如：

34+23 → 34+(20+3) → 54+3=57
71+19 → 71+(10+9) → 81+9=90

小孩子到了 2、3 年级的时候，逐渐学会把两个数字都分解之

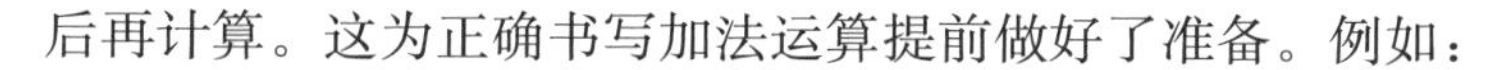

后再计算。这为正确书写加法运算提前做好了准备。例如：

47＋27 → 40＋7＋20＋7 → 60＋14＝74
23＋38 → 20＋3＋30＋8 → 50＋11＝61

百数方格

正如第一章所说的，**百数方格**就是开头的 100 个数字按照横 10 行纵 10 列的简单排列如下，百数方格在加法运算中是重要的工具：

1	2	3	4	5	6	7	8	9	10
11	12	13	14	15	16	17	18	19	20
21	22	23	24	25	26	27	28	29	30
31	32	33	34	35	36	37	38	39	40
41	42	43	44	45	46	47	48	49	50
51	52	53	54	55	56	57	58	59	60
61	62	63	64	65	66	67	68	69	70
71	72	73	74	75	76	77	78	79	80
81	82	83	84	85	86	87	88	89	90
91	92	93	94	95	96	97	98	99	100

一开始你可以提问学生，“如果你指定任何一个数，加上 10 之后是多少?”很快他们会发现，只要在一栏中往下移动一格就是答

案。如指定 36：

	36＋10＝46
再往下一格	46＋10＝56
再往下一格	56＋10＝66
再往下一格	66＋10＝76
再往下一格	76＋10＝86

随着对数字和数字的位值的理解不断加深，小孩子能看到每次加上 10 时，十位发生变化而个位保持不变，所以练习两位数加 10 非常必要，如：

34＋10＝44
82＋10＝92
67＋10＝77
75＋10＝85

有了百数方格的帮助，小孩计算加法从大数字开始显得更加容易。例如，在计算 13＋54 时，你的小孩会从方格里找出 54 然后加上 13。一开始有的小孩还按照方格数 13 格然后得出结果 67。但到了 7 岁左右，小孩就会采用分解数字的方法。

例如：38＋54

鼓励小孩从较大的数字开始，他会在百数方格里找到 54，一个手指按着这个数字，然后把另一个数字分解出**十位**和**个位**（38→30＋8）。加进十位（30），手指沿着纵列往下移动三格，这样手指就在 84（54＋30）的位置。然后再加上个位，沿着横行向右数 8 格，就得出答案：92。

1	2	3	4	5	6	7	8	9	10
11	12	13	14	15	16	17	18	19	20
21	22	23	24	25	26	27	28	29	30
31	32	33	34	35	36	37	38	39	40
41	42	43	44	45	46	47	48	49	50
51	52	53	54	55	56	57	58	59	60
61	62	63	64	65	66	67	68	69	70
71	72	73	74	75	76	77	78	79	80
81	82	83	84	85	86	87	88	89	90
91	92	93	94	95	96	97	98	99	100

小结：加上十位时沿着竖列往下数，加上个位沿着横行向右数。

利用百数方格，小孩子会“看到”和发现计算加数的更加容易的方法。例如，加上 9 时，更容易的方法是先加上 10 再退 1。计算加 11 时方法相似，先加上 10 然后再加上 1。这些就是调整的例子。

调整

调整就是把运算变得更加容易，这是我们大脑经常使用的计算模式。碰到加 19 时，我们一般先加上 20，然后从结果中减去 1。例如：

16＋19
计算 16＋20
然后通过减去 1 调整结果
36－1
35

任何数加 21 都可以先加 20 然后再加 1 以调整结果。例如：

16＋21
计算 16＋20
然后通过加上 1 调整结果
36＋1
37

显然这种方法可以拓展运用到更大的数字计算上，并做较大的调整。例如：

253＋102
计算 253＋100 然后加上 2 调整结果
374＋97
计算 374＋100 然后减去 3 调整结果

加法**运算的相对面**就是**减法**，一旦计算时加多了，知道这点确实相当有用。换句话说，减法就是加法的**逆运算**或者**解除算法**（按术语的说法减法就是加法的**逆运算**）。

奥利弗和他的弟弟马修每人得到 8 颗糖果，马修高兴地把自己的 3 颗糖果给了奥利弗。现在奥利弗就有了 11 颗糖果。

8＋3＝11

他们的妈妈坚持要求奥利弗把糖果还给弟弟马修，所以奥利弗非常不情愿地拿出 3 颗糖果，他知道现在又回到原来的 8 颗糖果了。

11－3 一定等于 8

这条规则很有用，如果小孩一旦不小心加多了（有时很可能使用计算器），要改正错误，他们可以直接把加多的部分减除，这样就能回到正确的结果。

虽然这些你们听起来觉得简单，但对小孩子来说并非如此。我碰到许多小学 2 年级的学生无法理解这点，也不明白如何有效地运用这一规则。

加数表格可能是小孩常见的典型练习。加数表格是把要相加的两个数字列入表格里，有的按照数字的大小顺序而有些却选择性打乱数字的大小。下面是两种不同排序的加数表格。

+	1	2	3	4	5
1	2	3	4	5	6
2	3	4	5	6	7
3	4	5	……		
4	……				
5	……				

+	5	2	1	6	4
2	7	4	3	8	6
8	13	10	9	……	
3	……				
1	……				
7	……				

这是另一个能帮助小孩练习加法运算的方法，这种方法对家长来说非常有用。

神奇数列方阵也是帮助小孩练习加法的方法。这种数列方阵非常有趣，小孩子都乐意练习排列。神奇数列方阵要求每个数字只出现一次且使横行、纵列及对角线的数字加起来相等。例如：

6	1	8
7	5	3
2	9	4

在这个例子里，横行、纵列及对角线的三个数字加起来都等于15。

神奇数列方阵可以在学生不同水平阶段使用，这也是为什么在小学起步阶段开始练习直到初中阶段还可以运用的原因。对于基础阶段的小孩，可以给他们展示一个完整的方阵——然后简单地要求他们把横行、纵列及对角线的数字加起来，再问他们是否神奇。之后再给小孩看空缺个别数字的方阵，要求他们把空缺的地方填入相应的数字使其变得神奇。例如：

8	*	4	答案：8	3	4
1	5	*	1	5	9
*	7	2	6	7	2

练习一段时间之后，可以要求学生根据所给出的总数，自己设计出一个神奇数列方阵。神奇数列方阵还有不同的规模，规模越大难度也越大。例如：

1	15	14	4
12	6	7	9
8	10	11	5
13	3	2	16

这组方阵的横行、纵列及对角线的数字加起来均是34。

上面神奇数列方阵例子里的数字都是连续数字。

（**连续数字**就是一组数字里面相互连接，如：1、2、3、4……或者6、7、8……或23、24、25、26……或者235、236、237……）

神奇数列方阵也可以使用不连续的数字组。例如：

9	5	10
9	8	7
6	11	7

这一方阵横行、纵列及对角线的数字的和都是24。

神奇数列方阵与代数

当学生到了初中，就会指导他们如何运用代数的方法寻找在神奇数列方阵里所缺的数字。下面是一个非常简洁的例子：

*	2	13
12	*	*
*	14	7

可以用字母代替方阵里所空缺的两个数字：

x	2	13
12	*	*
y	14	7

我们知道所有横行和所有纵列加起来的总数都相等，那第一横行相加的总数和第一纵列相加的总数应该相等。按照例子列式：

$$x+2+13=x+12+y$$

我们可以重新写成 $x+15=x+12+y$

等式两边同时消去 x $15=12+y$

等式两边同时消去12 $3=y$

现在我们可以把3填入方阵，重新写成：

x	2	13
12	*	*
3	14	7

现在从最低一横行可以计算出总数，总数为24，这样我们就能把所缺的其他数字填上。

9	2	13
12	8	4
3	14	7

非常整洁，我认为——是一组技巧！

加数相关规则

运用**加数相关规则**意味着利用我们所知道的事实来解决不知道的事情！

例如，计算40＋80，孩子们已经知道4＋8＝12，又知道位值的意义，所以沿用这一方法就能得出40＋80＝120。

定点和寻找模型对学好数学非常有帮助，因为这就是我们大脑工作的模式。我们大脑总是对事物不停地寻找定点和记忆典型模型，这就是为什么出租车公司要寻求数字看起来匀称的电话号码。无论是小孩还是成年人，积极参与这类自然智力活动都非常有益。

例如：

4＋　8＝12
相似　40＋　80＝120
相似　400＋　800＝1 200
相似　4 000＋8 000＝12 000

另外一个充分利用加数相关规则的例子就是运用 10 的补足数，这有助于较大数额的计算。

- 如一个加法式子 27＋43，小孩应该知道如何把 7 和 3 加起来，因为这两个数是 10 的补足数，这样这个加法式子就是 20 加 40 再加 10。

答案： 70

下面是一些相类似的练习：

54＋26＝80
25＋65＝90
51＋19＝70
13＋87＝100
62＋18＝80

小学生在 2、3 年级要大量练习**相加到 100** 的数目。100 加三位数字需要反复训练，并且在这一阶段最好要控制两个三位数字的总和不超出千位。例如：

683＋100＝783
837＋100＝937
219＋100＝319
750＋100＝850
……

联系规则是另一个方法，在加法运算中能使计算变得更加容易。一样，你不必熟悉这一术语——只要明白它的意思即可。下面的解释可以让你完全清楚它的意思。

前面我们已经知道：2＋7＝7＋2（这就是加数可以**互换的规**

则）。现在我们可以进一步扩展这一规则。看看下面一组列式：

35＋28＋15　　这和下面一组列式完全相同
35＋15＋28　　与下一组完全相同
15＋28＋35　　与下一组完全相同
15＋35＋28　　与下一组完全相同
28＋15＋35　　与下一组完全相同
28＋35＋15

换句话说，无论哪一种顺序，加起来的总数是一样的，这就是联系规则。

这一规则意义重大，因为能把运算变得更加简单。

像刚才的列式　　35＋28＋15
这样计算更容易　　35＋15　　先把这两个数相加结果是
50
然后再加上 28
50＋28　　等于
78

再次注意，我们成年人经常无须思考就能运用这种方法计算，但对小孩子来说，还是需要给他们具体指出。

第二节　发展提升部分
（适合 3、4 年级，年龄 7～9 岁）

在上一节我们已经详细介绍和探讨了加法的基础内容及基本方法，在小孩不断接触大额数目的运算中，这些方法和技巧依然需要。像**百数方格**及**数轴**这类工具在将来的数学学习中将继续发挥重要作用。

看到小孩已经进步到使用笔和纸记录计算过程，家长一定会感到满意，但要记住，小孩一开始书写算式时就必须要求他们注意规范，因为规范的书写能帮助学生拓展他们所掌握的运算技能。记录下运算的过程能直接促进小孩对数学的理解。

当然心算也一样重要，在小孩学习新的书写内容时还要保证足够的心算练习及训练。

学生的书写能力是在不同的阶段培养起来的，当学生对某一阶段的基础内容已经完全掌握时，老师会有意识地培养他们的书写，以便顺利进入下一阶段的学习。最后达到**“标准列式方法”**，这点从回忆你自己在小学的经历便可以得到体现。

小学生能自如地运用运算的书写方法，前提是必须能够掌握老师所教的全部内容，特别是能深刻理解**位值**的含义。

小结：要自如地运用加法计算就要做到：

- 记得所教的数字链，达到9+9。
- 知道10的补足数。
- 能心算多个个位数字相加，如：3+9+5。
- 利用**加数相关规则**像4+8=12，及对**位值**的准确理解，能相加多个含10的数字（如40+80）。
- 同样能相加多个含100（如400+800）的数字。
- 能用不同的方法分解两位数和三位数。

以下是各个阶段：

第一阶段：空白数轴

在这个阶段，数轴还要使用，但同前面所提到的数字相比，现在的数轴变得有点抽象。数轴上没有按照顺序把数字列出，实际上就是一条直线，上面设几个等分点，即我们所指的空白数轴。

小孩子已经熟悉把一个数分解出百位、十位和个位。现在他们开始学习其他方式的分解方法。运用空白数轴能记录下整个运算过程，从开始到结果。

例如，计算 18＋7，小孩会从 18 开始跳动到最靠近的十位（此时到 20），然后再看看，他们需要再加上 5。

数轴如下面的形式：

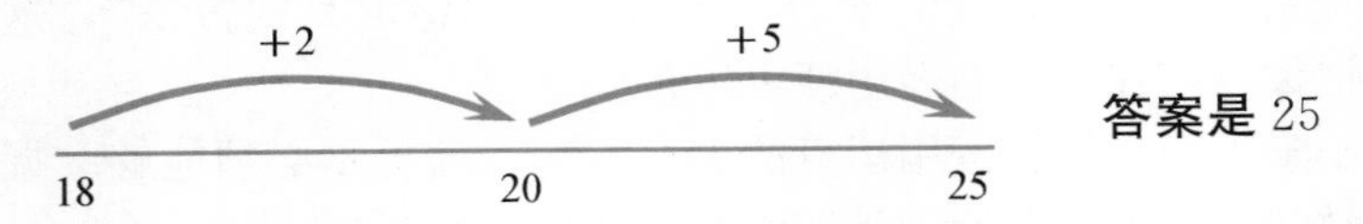

如计算 74＋63，小孩会把第二个数字分解出**十位**和**个位**，用简单的数轴表示如下：

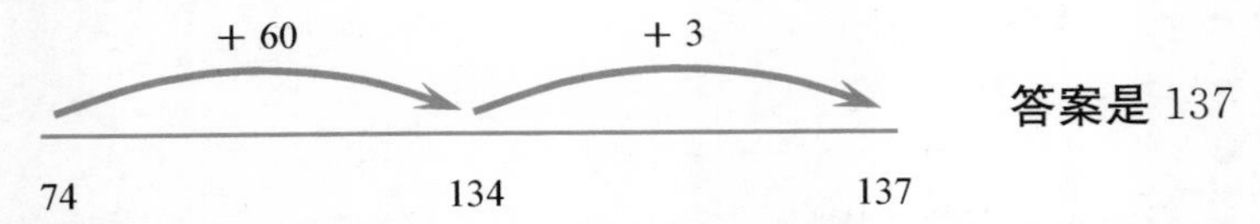

这时数轴上刻度的长短与数字大小的比例已经没有关系，它简单地成为帮助计算的一条线。如另一个计算例子：27＋48，数轴表示如下：

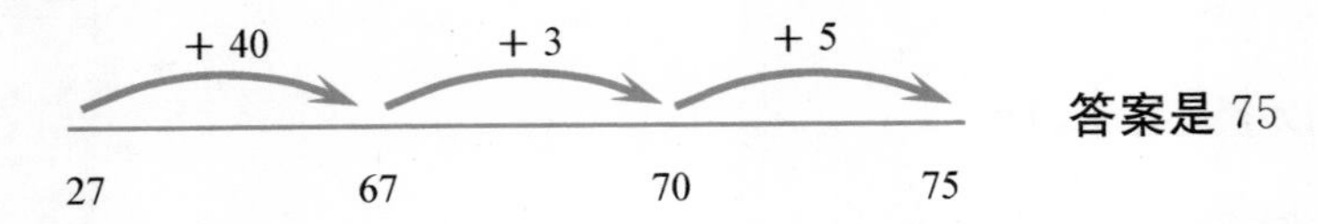

或者数轴也可以用如下方式表示，因为小孩计算加数时，往往从较大的数字开始：

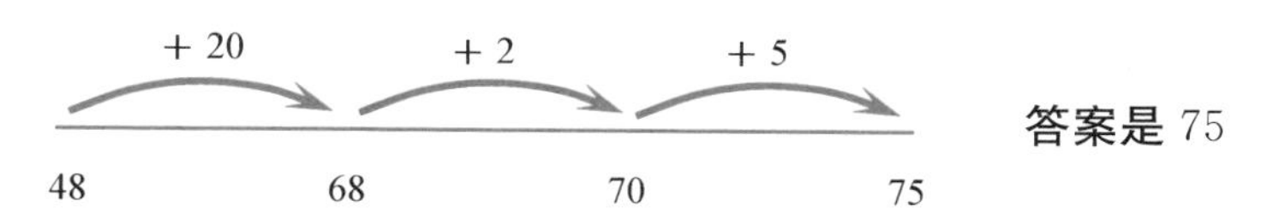

以上两种方法都是把第二个数字分解出十位和个位，然后再分解个位，这样才能跳动进入最靠近的十位（此题是 70）。

另一个计算例子 35＋47，其数轴表示如下：

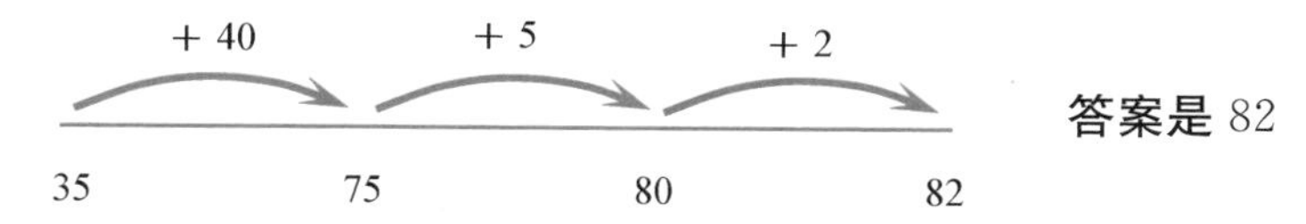

所有这些都是为了使加法运算尽可能变得容易。空白数轴可以成为不同年龄段的人进行加法运算时的快捷帮手。学生进入初中阶段依然使用空白数轴，既可以像刚才说的那样进行计算，也可以作为检查验算的方法。

第二阶段：分解

第二阶段运用分解的方法把心算能力和书写要求连接起来。我们要鼓励小孩写下他们分解出来的数字（百位、十位和个位），并展示他们的书写情况。这有点像简单记录的草稿，但可以保存信息。

例如计算 45＋89，45 分解为 40 和 5；而 89 分解为 80 和 9。这可以书写成下面的样子：

$$45+89 \rightarrow 40+80+5+9 \rightarrow 120+14=134$$

如此就是十位与十位相加，个位与个位相加，这形成了我们所说的部分总数，这些部分总数再相加得出最后总数。

然后可以鼓励学生把分解出的数字写在对应的下方，再像上面所示进行相加：

```
45＋89 可以写成   45＝40＋ 5
                ＋89＝80＋ 9
                ─────────────
                    120＋14＝134
```

这就是书写计算总数的初期阶段。

第三阶段：拓展列式方法

该阶段介绍垂直列式方法，垂直列式如下所示。到底是先相加十位数字还是先相加个位数字——确实有必要告诉你的小孩两种方法的结果一样。

例如：52＋37　列式如下：

```
             52    或者               52
             37                       37
            ───                      ───
50＋30 →     80             2＋ 7 →    9
 2＋ 7 →      9            50＋30 →   80
            ───                      ───
             89                       89
先相加十位                  先相加个位
```

你的小孩喜欢哪一种列式都没关系，因为这是非正规的记录总数的方式。一般来说，小孩先相加十位较为自然，这是小孩子早期已经习惯了的心算方式。然而，随着时间的推移和学习的进展，应该鼓励学生先从个位开始相加，这才是规范的书写形式。为了避免重复，下面我展示的所有例子都采用先相加个位的模式。

为保证这些方法行之有效，小孩一定要做到所列出的个位对齐个位、十位对齐十位等——就像我们以前在学校里做的练习一样。另一个例子如下：

47＋86 可以这样列式：

```
         47
         86
        ----
7＋ 6 →  13
40＋80 → 120
        ----
        133
```

这一拓展的列式方法将引导学生理解和掌握更加有效和简明的列式，后面部分会加以概括。

尝试计算 51 加上 27。首先进行心算，然后按照以前学校所教的方法写出运算列式。在你的脑海里可能先加上十位（之后再加上个位 1 和 7）。你可能从个位开始相加，把计算的列式写出来。非常值得记住的一点是——直到现在——小孩子在加法运算时一直使用心算。所以在这一阶段他们先相加十位也较为自然。

当你的小孩首次练习书写加法计算的列式时，一定要注意控制十位和百位加数的和都不跨越该位的位值。经过一定时间的训练，小孩的运算和书写能力都提高之后，可以逐渐练习十位或百位的和满 10 而跨越位值的列式，或者两个都跨位。

“跨越十的界限”是什么意思？

这虽然不像棒球新的计分规则那么复杂，但要解释什么是跨越十的界限，还是用例子展示更加简单易懂：

4＋3＝7　这组列式是个位加个位，结果还是个位——所以没有跨越位值的界限，不要进位。

4+8=12　这组列式的和有十位也有个位，所以跨越了十位，从个位进到十位。

27+2=29　这组列式十位是 2，个位 7 和 2 相加的和是 9，没有跨越位值界限，所以不要进位。

27+4=31　个位 7 和 4 相加超出 10，已跨越位值界限，所以要进位。

64+20=84　个位和十位都没有跨越位值。

64+28=92　个位 4 和 8 相加等于 12，已经跨越了十位，所以进位。

90+30=130　开始两个加数十位和个位，两个数的和变成百位、十位和个位，所以这两数的和跨进百位。

95+28=123　这两个数相加时，个位 5 和 8 相加等于 13 跨越了十位，十位 90 加 20 超过 100，所以要进位。

例如：

64+23	64	
	23	
4+ 3 →	7	
60+20 →	80	
	87	个位和十位都没有跨越位值。
58+34	58	
	34	
8+ 4 →	12	个位的和跨进十位。
50+30 →	80	
	92	

```
72+65        72
             65
           ----
2+ 5 →        7
70+60 →     130    两个十位相加超过100,跨进百位。
           ----
            137

86+45        86
             45
           ----
6+ 5 →       11
80+40 →     120    两数相加,个位、十位都跨越位值。
           ----
            131
```

学生一旦掌握了这些技巧，就要求他们在书写过程中再添加一条横线，以进一步练习更大的数目。例如：

```
342+37       342
              37
            ----
2+ 7 →         9
40+30 →       70
加上300      300
            ----
             379    没有跨越位值。

456+38       456
              38
            ----
6+ 8 →        14    个位相加超过10,跨进十位。
50+30 →       80
加上400      400
            ----
             494
```

572＋56	572	
	56	
2＋ 6 →	8	
70＋50 →	120	十位相加超过100，跨越百位。
加上500	500	
	628	

686＋59	686	
	59	
6＋ 9 →	15	个位、十位相加均跨越位值。
80＋50 →	130	
加上600	600	
	745	

一旦小学生完全掌握加法的运算技能，就要向他们介绍更加规范的列式书写形式。这可以在4、5、6年级进行练习，也可以再迟一点。

第四阶段：列式方法（或简明标准列式）

啊，多么熟悉的一切，就和我们过去在学校里做的一样！这是加数列式里的个位、十位和百位，还用上“带数”。记住如果我们有“带有”的符号，即说明有位值要跨越。

标准列式的逻辑和过程同前面所概括的拓展模式基本一样，只不过是更加简明的记录方式。例如，亚当计算58＋34时，他在书写运算的同时说：“8＋4等于12所以带有10，先写下2，而50＋30再加上所带的10等于90，最后结果是92。”

```
58+34      58
         + 34
         ————
           92
         ————
           1     跨越十位(就是“带有10”)
```

你会注意到“带有”数字的符号在线条的下方表示，我们现在统一称为“带有10”或者“带有100”（与我们以前在学校里所学的“带有1”不同了）。

下面再展示几个例子：

```
425
 37
———
462
———
 1     跨越十位（就是“带有10”）
```

```
362                               576
 83                                58
———                               ———
445                               634
———                               ———
1                                 11

跨越百位(就是“带有100”)     跨越十位和百位(就是“带有10”又“带有100”)
```

要求学生列式时上下排列整齐，即个位对齐个位、十位对齐十位，这样才能保证结果正确。

这一加法列式方式既高效又可靠，不仅可以在整数运算过程中运用，也可以在小数的运算中使用。

答案是否正确？

说到检查，在练习过程中培养小孩子自己检查所计算的结果是否正确，是非常好的主意。这就是每当学生完成运算之后，就要自问："这一结果正确吗?"然后自己检查。

例如，132＋45 不可能等于 77，为什么？因为 77 比式子的第一个数字还小。

这种大体上检查答案是否"合理"（对成年人和小孩一样）是最基本的程序，也是有价值的建议，但是，根据我个人的经验，这种复查往往要么不充分要么就是过高估计。

第三节　追求卓越部分

（适合 5、6 年级及以上，年龄 9～12 岁及以上）

由于小孩们还继续在数学的旅途中探索，前面章节中所讲解的加法运算规则和技巧依然能在平时的学习中应用，只不过数目更大，问题更难。本节让大家熟悉更多定义和方法，并进一步涉及小数和负数（数字前加一个减号）。

互补是简化加法运算的另一方法：主要是在前面计算环节中加多一定的数量，在后面环节把多出的部分去掉。

例如，计算"346＋289"时，先用 300 替代 289，这样会容易处理，因为在第一环节加多了就要进行补偿，即在总数中去掉或减去多加的部分。

$$\begin{array}{rl} 346 & \\ +\ 289 & \\ \hline 646 & (346+300) \\ -\ \ 11 & \text{因为刚才多加了 11} \\ & (289\text{ 差 }11\text{ 才到 }300) \\ \hline 635 & \end{array}$$

这一运算列式可以通过下面的数轴展示：

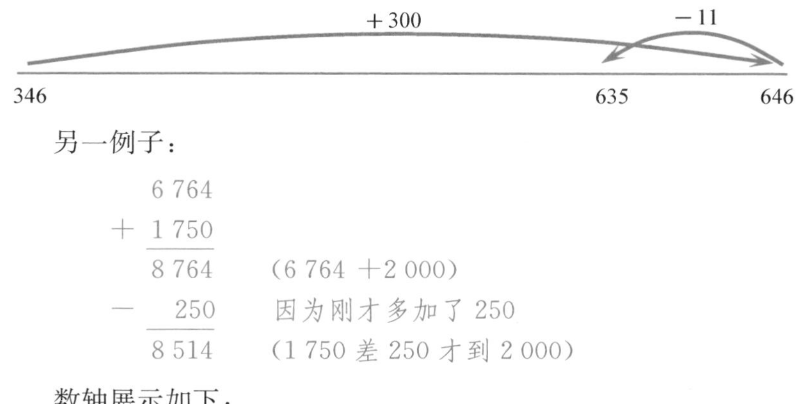

另一例子：

```
    6 764
+   1 750
    8 764      (6 764 +2 000)
−     250      因为刚才多加了 250
    8 514      (1 750 差 250 才到 2 000)
```

数轴展示如下：

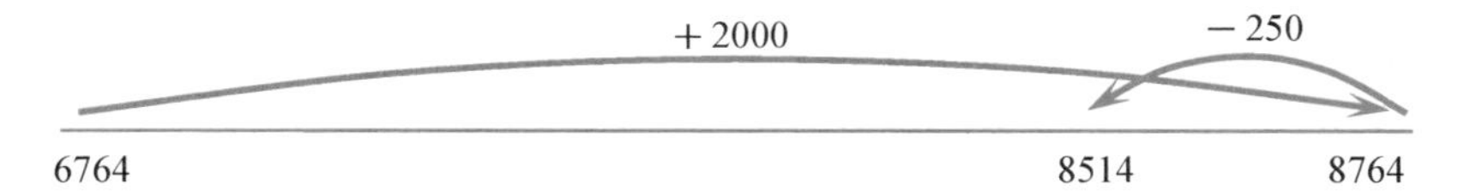

用“带有”符号书写简明规范列式

到了 9 岁，大部分小孩都接触过“带有”的符号（前一节已经详细介绍），而到了 5、6 年级他们才能熟练地运用。随着小孩的不断成长及数学能力的加强，这类符号的使用会更多，并且运用在更加大（或者更加小）的数目运算中。下面有些例子：

47 36 83 1	352 87 439 1	366 458 824 11
跨越十位 （带有 10）	跨越百位 （带有 100）	跨越十位和百位 （先带有 10，再带有 100）

另外一些更大数目运算的例子：

```
 1 272          2 557            7 865
   349            784            4 287
 -----          -----           ------
 1 621          3 341           12 152
 -----          -----           ------
  ||             | ||           || ||
```

跨越十位和百位　跨越十位、百位和千位　跨越十位、百位、千位和万位

同样要求学生列式时上下排列整齐，即个位对齐个位、十位对齐十位，这样才能保证运算结果正确。特别是当他们碰到相加好几个不同数位的系列数字时，这一要求尤其重要。

例如：

```
 5 631
    54
   802
     9
 2 373
 -----
 8 869
 -----
  | ||
```

小数相加

如果自从离开学校之后，这是第一次接触小数部分，最好参考一下第一章和第七章里面的提升部分以恢复一些有关小数的知识。

介绍小数相加的最好方法还是从价钱入手：

25p＋55p＋12p 也可以表示为：£0.25＋£0.55＋£0.12

前面我们已经知道，小孩子在掌握规范的列式运算之前，总是

喜欢先进行心算。小数书写列式运算的方法和我们前面讨论的整数运算方法是一样的。孩子们只需要另外记住下面几点即可：

- 列式中每一个的小数点必须上下对齐。
- 确实做到百位、十位和个位上下对齐，十分之一位和百分之一位到千分之一位也一样要上下对齐。

所以上面的例子可以列式如下：

$$
\begin{array}{r}
0.25 \\
0.55 \\
0.12 \\
\hline
0.92 \\
\hline
{\scriptstyle 1}\;\;
\end{array}
$$

小数相加时特别要注意的是，各个数字的小数点后面有不同的位数时，更要对齐小数点，例如：

342.8＋18.25＋0.32

应该如此列式：

$$
\begin{array}{r}
342.8 \\
18.25 \\
0.32 \\
\hline
361.37 \\
\hline
{\scriptstyle 1\,1}\;\;\;\;\;\;
\end{array}
$$

还要注意数目中使用的不同计量单位，像￡4.74＋63p 或者 13.5 千克＋250 克。

运算之前，我们必须先把不同的计量单位转换成为相同的计量单位，如 63p 换成￡0.63，250 克换成 0.250 千克（因为 1 000 克等于 1 千克）。

4.74	13.5
0.63	0.250
5.37	13.750

调整

这一样是简化计算的方法之一，在前面“理解基础部分”已经讨论过（为了方便计算，用一个近似的数字代替该数字进行相加，然后根据多少在结果中调整），大额数字和小数同样使用这一方法。

例如，任何数字加上 9、19、29、39……或者 11、21、31、41……都可以分别用 10、20、30、40……替代，然后再调整加 1 或者减 1。这种方法在心算时会使计算变得相当容易。

56+19	加 20 然后减 1
62+31	加 30 然后再加 1
356+39	加 40 然后再减 1
673+81	加 80 然后再加 1
1 256+99	加 100 然后再减 1
4 583+201	加 200 然后再加 1
3 256+1 999	加 2 000 然后再减 1
8 739+4 001	加 4 000 然后再加 1

一旦小孩掌握了调整的方法，他们会非常乐意运用并在调整时不仅仅限于相差 1 的数字。

82+23	加 20 然后再加 3
67+18	加 20 然后再减 2
374+96	加 100 然后再减 4
2 025+1 995	加 2 000 然后再减 5

6 573+2 006　　加 2 000 然后再加 6

小数像 0.9、1.9、2.9、3.9……或者 1.1、2.1、3.1、4.1……与任何的数字相加时，都可以分别用 1、2、3、4……代替原来的小数相加，然后通过加上或者减去 0.1 来调整。

2.6+0.9	加 1 然后减去 0.1	答案：3.5
8.7+4.9	加 5 然后减去 0.1	答案：13.6
12.3+7.1	加 7 然后加上 0.1	答案：19.4
32.9+2.1	加 2 然后加上 0.1	答案：35.0
78.6+3.1	加 3 然后加上 0.1	答案：81.7

同整数计算时的调整一样，小孩一旦完全理解和掌握小数的调整后，相差 0.1 以上的小数也能进行调整。

4.5+1.2	加 1 然后再加 0.2	答案：5.7
2.9+4.8	加 5 然后减去 0.2	答案：7.7
15.6+8.7	加 9 然后减去 0.3	答案：24.3

到这一阶段，有些孩子甚至能把这种调整的方法运用到小数点后的两位数字运算中。

4.80+2.01	加 2 然后加上 0.01	答案：6.81
5.75+1.99	加 2 然后减去 0.01	答案：7.74

如果把这些数字都想象成钱，小孩计算起来会更加容易。还像上面的例子，你可以换成英镑和便士，或者其他任何带小数的货币。

常见的混淆

有些小数运算时，一不细心就会混淆，如：

3.4＋0.08

我们要注意的是 3.4 就是 3.40（个位 3，十分之一位 4，百分之一位 0），所以我们可以书写为：

3.40 ＋ 0.08 这样就容易看明白，答案是 3.48。

凑整数

凑整数是为了寻找近似答案，因为有时不需要准确的数据。这并不是懒惰，而是现实生活的需要。还可以作为检查计算结果的方法。

例如，阿克林顿·斯坦利队星期三的比赛卖出 2 341 张票，星期六的比赛卖出 8 981 张票。而同时普利茅斯·阿盖尔队星期三卖出 3 019 张票，星期六卖出 7 124 张票。哪一个俱乐部卖出的票多？

为了回答这一问题，当然不用计算所有的票数，凑整数得到大体的数字就足够了。实际上这样使事情更加容易解决，因为能马上指向正确的答案，而准确计算无法快捷地找到答案：

2 341＋8 981　约等于　2 300＋9 000

而　3 019＋7 124　约等于　3 000＋7 100

2 300＋9 000＝11 300

而　3 000＋7 100＝10 100

所以不用知道具体数字就能回答这一问题。这一星期阿克林顿俱乐部卖出的票最多。在这个例子里，所有的数字都凑进最靠近的 100。

凑整数除了使数字变得更加容易计算和容易控制外，也是检查答案是否合理的有效方法。

例如，萨米尔计算 3 024＋1 207，得出的答案是3 231。而快捷的约数计算是 3 000＋1 200，得出的大体总数为4 200。萨米尔清楚知道要重新检查计算过程了。

负数是小于零的数字，我们在第一章已经详细讨论过。

负数的加法运算

当我们处理负数的计算时，最有用的莫过于数轴了（我确实给学生推荐过，在学习负数的运算中，最好长时间把数轴作为自己的备忘录，至少直到你成功获得普通中等教育证书）。

做加法计算时，我们的手指要沿着数轴向右边移动。

−6　−5　−4　−3　−2　−1　0　1　2　3　4　5　6

例如：

- −6＋8

  运用上面的数轴，把手指放在−6 的位置，因为这是两个数字相加，所以手指向右跳动 8 格。

  答案： 2

现在练习：

- −5＋2

  把手指放在−5 的位置，向右跳动 2 格。

  答案： −3

再试试：

> • －4＋4
> 把手指放在－4的位置，向右跳动4格。
> **答案：** 0

有了数轴的帮助，负数的加法计算和其他数字相加运算一样容易。如果碰到更小的负数，只需要把数轴延长即可：

－12 －11 －10 －9 －8 －7 －6 －5 －4 －3 －2 －1 0 1 2 3 4 5 6 7 8 9 10

那么，

－11＋15＝ 4
－ 4＋12＝ 8
－ 9＋ 7＝－2
－10＋11＝ 1
－12＋12＝ 0
－12＋21＝ 9

到了初中某一阶段，学生还会被问起，思考如下的问题：

8加上－5　这可以写成
8＋　－5　或者
8＋(－5)

当我们想起加法运算中，加数是可以互换的，也就是8＋－5和－5＋8的结果一样。看到数字这种顺序更加有助于我们像前面那样运用数轴来计算：

8＋－5　　与下面的式子一样
－5＋ 8　　等于
3

一样我们可以选择用钱作为假设的事件，看下面的例子：

5＋(－3)

假设5是我们拥有的钱（比如£5在钱包里），而（－3）是我们欠的债（负债£3)，最终还债之后我们只剩下£2。

5＋(－3)＝2

更多的练习如下：

7＋－2　　等于5
8＋－5　　等于3
12＋－8　　等于4
0＋－2　　等于－2

所以，当加上一个负数时，明显是在做减数。

通常向小孩子这样说：

加上一个负数就是减去这个数。

例如：

6＋－2＝6－2＝4

这一规律是正确的，如果小学生能记得应用这一规律，帮助会很大。但要注意，只有在加号（＋）和负数符号（－）在一起（中间没有别的符号）时，这一规律才正确。这种列式会使一些小孩感到困惑而出错。

如此，8＋－5也就等于8－5，结果是3。

像下面的列式，这一规律就不适用：－8＋5

虽然这一列式也有加号和减号，但它们并不相连。

- −8＋5，我们可以运用数轴像往常那样计算：把手指放在负数 8 的位置，加上 5 即向右跳动 5 个格。

  答案： −3

如果小孩子提问，一个负数加上另一个负数，要如何处理，这就需要一定的技巧，但规则是相同的。

例如：−2＋(−3)

在这种情况下，我们可以把−2 想象成为欠债£2，而−3 也是欠债£3。如果我们把这些负债加起来是多少？我们总共负债£5（也就是−5）。

−2＋−3＝−5

或者我们也可以运用“**加**上一个**负数**就是**减**去这个数”的规则，那么上面的列式也可以改写成：

−2−3 结果是−5

下面是另一个例子：

−3＋？＝−9

继续运用前面负债欠钱的假设，如果我们先负债£3，后来又欠多少才使总负债达到£9？

答案：另外又欠£6，即−6。

？＝−6

其他例子如下：

−1＋−5＝−6
−4＋−8＝−12
−3＋−7＝−10

$-9+-3=-12$
$-12+-12=-24$
$-12+-15=-27$

所以这也是把所有的数字加起来！希望我所解释的能帮助你对自己小孩在课堂所学的情况有更加清晰的理解，并能让你回想起过去所学的东西。与加法的运算相反的——或者称为“镜子里面的影像”——是减法，我们在下一章将详细探讨。

第三章

减　法

接下来介绍四则运算法则的第二项：**减法**，也被称为“带走，消除”。减法是加法的相反操作，简单的撤销或逆加法。实际上，减法是加法的“镜子里面的影像”（对立面）。这一章将时不时回顾上一章的相关内容。

第一节 理解基础部分

（适合1、2年级，年龄5～7岁）

孩子们很有可能听到和使用过许多与减去有关的称呼：减，减掉，带走，差额，差一点，剩下，减去，往回数，较少数，不计，小于，减法表，减少，清除，没了多少，还有多少，小于多少……

同学习加法一样，小孩刚刚接触减法时会使用直观的工具和心算的方法。建立他们的数字信心将是主要的目的。减号“－”和等号“＝”唯有在孩子熟悉相关的词语及懂得减法的运算后才被介绍。这可能是读一年级后的一段时间，有些孩子学得快，有些孩子学得慢，过早介绍符号会产生适得其反的效果。

尽管还没有给孩子介绍减号和等号，但为了简明，笔者会在这一章自始至终使用减号和等号。

在以下的例子中，小孩会简单地用“消除”和“等于”来代替符号。

孩子们会在课堂上经历大量的“数学话题”“智力启发”“精神热身”“脑筋急转弯”“挑战”。这是一些为加强先前所教的学科以及引入新思考而专门设计的简短活动和讨论。

其中一个需要教给孩子的基本概念是**减法是非交换的**。例如，7－2绝对**不**等同于2－7（你的孩子不需要学会这个词，但是要知道这个基本规则）。

看起来简单，可能也很明显。但对于孩子来讲可能就不那么清晰，特别是由于先加上哪个数的确不是很重要。因此，确保孩子知道和领会在做减法时先从哪一个数字开始是非常重要的。

也许对于孩子来说领会这点最好的方法是借助真实的、可触摸的东西。先给他们 7 个保健麦圈（或葡萄干、乐高积木，任何可以拿的东西），然后让他们拿走 2 个。很简单，他们可以看到剩下 5 个。重复一遍，这次给他们 2 个保健麦圈，让他们拿走 7 个。很明显他们不会而且很有可能说这是不可能的（可用于 5～6 岁的小孩）。

目前，这是一个完美的回答。在这一阶段简单地告知答案不是 5，就是我们想要的。如果你的孩子看起来可以接受的话，这时候你可以慢慢地给他介绍负数的概念，也可等到他日。

数轴是一个简单而且有效的计算减法和加法的工具。当我们想用数轴进行减法时，要往左边的空间跳跃。

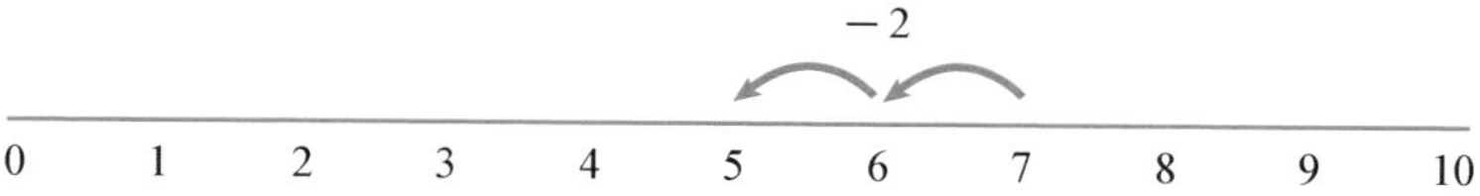

−2

0　1　2　3　4　5　6　7　8　9　10

如果孩子们被要求做“7 减去 2”，他们应该先把手指放在数字 7，然后手指往左跳跃两个空格，在数字 5 结束。

$7-2=5$

加法也一样，鼓励孩子们按照空格或数字的间隔数进行跳跃而不要在数字本身跳跃，这点非常重要。

这里有个例子：

一包糖果里有 10 颗，你吃了 4 颗，还有多少颗？

为了准确无误地回答这个问题，孩子们应该把手指放在数字 10 上然后往左跳跃 4 个空格。这就得出了还剩下 6 颗糖。

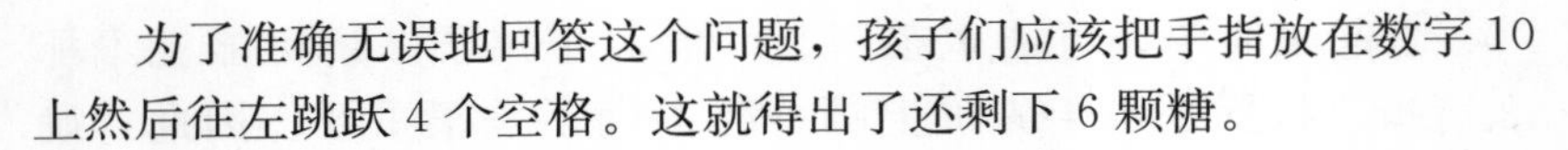

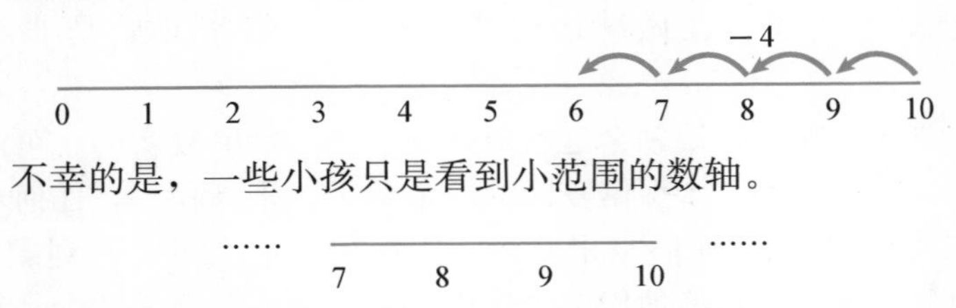

不幸的是，一些小孩只是看到小范围的数轴。

然后得出不正确的答案：7。他们数了数字而不是在数字的空间进行跳跃。这种错误非常常见。

数字链

减法数字链（又称为**减数**）。像加法一样，所有这些意味着数字之间如何“结合”或相连。比如说，数字 12 的所有减数如下所列：

12－0＝12　　12－7＝5
12－1＝11　　12－8＝4
12－2＝10　　12－9＝3
12－3＝9　　12－10＝2
12－4＝8　　12－11＝1
12－5＝7　　12－12＝0
12－6＝6

同样的，数字 19 的所有减数如下：

19－0＝19　　19－10＝9
19－1＝18　　19－11＝8
19－2＝17　　19－12＝7

19－3＝16	19－13＝6
19－4＝15	19－14＝5
19－5＝14	19－15＝4
19－6＝13	19－16＝3
19－7＝12	19－17＝2
19－8＝11	19－18＝1
19－9＝10	19－19＝0

记住这些数字链有助于进行简单的减法操作。3、4 年级（8～9 岁）时让孩子知道所有 20 以内的数字链是一个良好的学习目标。

前面提到大部分孩子会在 1 年级时过早地被介绍减号“－”和等号“＝”。孩子们会开始用这些符号把“数学聊天”问题与减法算术题联系起来，这通常适用于数字等式。

减法等式使用“－”和“＝”符号，是记录或心算的一种简单方式。

试想一下杰克已经在做一些减法算术题。他有 10 个弹珠，给了拉菲克 5 个，然后再给奥利维娅 3 个，他马上算出了他还有多少。“做得很好，杰克”老师说，“你可以用一个数学等式把它写下来吗？”

杰克写道：

10 个弹珠－5 个弹珠－3 个弹珠＝2 个弹珠

或者他可能会写：

10－5－3＝2

就是这么简单。

使用符号：另一种写下数字等式的方法是**使用符号**。老师会用诸如■和▲的符号代替数字。下面的例子正是在不断增加困难程度：

8－5＝■	答案：■＝3
19－▲＝7	答案：▲＝12
●－4＝13	答案：●＝17
●－▲＝9	可能的答案有：●＝9　▲＝0
	或者 ●＝10　▲＝1
	或者 ●＝11　▲＝2
	或者 ●＝12　▲＝3
	或者 ●＝13　▲＝4
	……

这是另一种对不同种类减法问题的提问方式，也是另一种保证减法中减数之间的位置**不能互换**的手段（也就是说 8－5 不同于 5－8）。实际上，这种用符号形式列出的算术题对一些孩子来讲要比用较复杂的文字陈述的问题更容易理解。

这同样是**代数**的入门知识。有些成年人害怕代数，实际上不需要害怕：它仅仅是数学的速记语言（但是如果你的确害怕，永远不要向你的孩子承认这一点！不要让代数很难的想法给小孩子带来阴影）。

不增加，不减少

加上数字 0 通常没有任何变化，减去 0 也一样。这是一个抽象的概念，要确定你的孩子理解减去 0 什么也没有变化。

例如：

- 詹姆尔有 6 个玩具，他一个也没有给出去。他还有 6 个。6－0＝6

有时看看这些模式有助于孩子们的理解。

- 詹姆尔有 6 个玩具，他给了别人 5 个，6－5＝1。
- 詹姆尔有 6 个玩具，他给了别人 4 个，6－4＝2。
- 詹姆尔有 6 个玩具，他给了别人 3 个，6－3＝3。
- 詹姆尔有 6 个玩具，他给了别人 2 个，6－2＝4。
- 詹姆尔有 6 个玩具，他给了别人 1 个，6－1＝5。
- 詹姆尔有 6 个玩具，他给了别人 0 个，6－0＝6

数字分解

这里让我们快速回顾一下数字分解，下一章我们需要把它作为一种方法。它的意思是把一个数字分解成各个组成部分——更加便于单独操作。

当学到两位数字的减法时，就会教孩子们如何分解（或分离）第二个数字。

在下面的例子里，数字 17 被**分解**成 10 和 7。

因此算术题 38－17 可以被重写成这样：

38－17 → 38－10－7 → 28－7＝21

同样的，当学到三位数的减法时，分解第二个数字，比如：

143－121 → 143－100－20－1 → 43－20－1 → 23－1＝22

百数方格

我们已经见过百数方格。

在减法中，孩子们使用百数方格往回数。例如，如果要求做算术题 19－7，你的孩子只要把手指放在数字 19 上，然后往回（即往左）数 7 个位置即到达答案：12。

1	2	3	4	5	6	7	8	9	10
11	12	13	14	15	16	17	18	19	20
21	22	23	24	25	26	27	28	29	30
31	32	33	34	35	36	37	38	39	40
41	42	43	44	45	46	47	48	49	50
51	52	53	54	55	56	57	58	59	60
61	62	63	64	65	66	67	68	69	70
71	72	73	74	75	76	77	78	79	80
81	82	83	84	85	86	87	88	89	90
91	92	93	94	95	96	97	98	99	100

百数方格对定位模式很好，定位模式是发现答案的好办法。一个简单且实用的例子是，“如果以任何一个数字开始，当减去 10 时会发生什么?”

34－10＝24

82－10＝72

67－10＝57

75－10＝65

你的孩子会发现**个位数**没有变化，**十位数**变了。而且通过练习他们同样会发现减去 10，只需要在同一纵列向上查找，即可在上一格找到答案。

做减法时，必须从第一个数字开始。例如 78－13，把一个手指放在数字 78 的位置。最初，孩子们可能只是往回数 13 个方格然后到达答案 65。但是到了 7 岁，你的孩子会先把数字分解。

例如，78－53。他们把手指放在数字 78 上。然后他们把数字分解成**十位**和**个位数**（53→50＋3）。先减去十位数（50），他们向上移动

5 行，因此他们现在的手指停在数字 28 上（78－50→28）。然后，为减去个位数，他们沿着行向左移动手指，往回数 3 个位置到达答案：25。

小结：减**十位数**就向上往回数格，减**个位数**就向左移动数格。

1	2	3	4	5	6	7	8	9	10
11	12	13	14	15	16	17	18	19	20
21	22	23	24	25	26	27	28	29	30
31	32	33	34	35	36	37	38	39	40
41	42	43	44	45	46	47	48	49	50
51	52	53	54	55	56	57	58	59	60
61	62	63	64	65	66	67	68	69	70
71	72	73	74	75	76	77	78	79	80
81	82	83	84	85	86	87	88	89	90
91	92	93	94	95	96	97	98	99	100

1	2	3	4	5	6	7	8	9	10
11	12	13	14	15	16	17	18	19	20
21	22	23	24	25	26	27	28	29	30
31	32	33	34	35	36	37	38	39	40
41	42	43	44	45	46	47	48	49	50
51	52	53	54	55	56	57	58	59	60
61	62	63	64	65	66	67	68	69	70
71	72	73	74	75	76	77	78	79	80
81	82	83	84	85	86	87	88	89	90
91	92	93	94	95	96	97	98	99	100

使用百数方格时，你的孩子会发现做算术题很简单。例如，减去 9 的一种容易的方法就是先减去 10 再加上 1。同样的，减去 11 就是先减去 10 再减去 1。这就是**调整**的例子。

调整

这种技巧就是把事情变得更简单。有些算术题在我们脑海里就是比其他的容易做，因此，我们先做简单的运算，然后再**调整**——“算”出最终结果。下面更多的例子会展示我的意思。

从一个数字中减去 20 通常很直接。所以，如果需要从任何一个数字中减去 19，我们可以先减去 20 然后再**调整**加上 1，比如：

37－19
先计算 37－20，结果是 17
然后加上 1 进行调整（因为刚才多减去 1）
17＋1，结果是
18

任何一个数减去 21，我们也可以先减去 20 然后再减去 1 加以**调整**，比如：

68－21
先计算 68－20＝48
然后再减去 1 进行调整
48－1，等于
47

很明显，这可以拓展到更大的数字及更大的调整，比如：

378－102
先计算 378－100

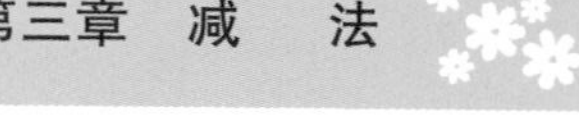

然后再减去 2 进行调整
278－2＝276

524－97
先计算 524－100＝424
然后再加上 3 进行调整
424＋3＝427

正如前面所提到的，减法是加法的**相反操作**。也就是说，减法和加法**相反**或是**撤销**彼此（从技术上来讲，减法和加法是互相**相反的**）。

因为　　15－3＝12
那么　　12＋3 肯定等于 15

因此，如果你已经错误地减去 3，回到你开始的位置，加上 3 就好了。这听起来也许非常简单，但要给孩子们反复指出，这对他们非常有帮助，特别是当他们处理更大的数字和更复杂的算术题时（或使用计算器时）。

如果孩子们在做一道复杂的算术题，算到一半时发现做错了，回到某一阶段比重新再算要有效率得多。接下来我们将会看到，检查整个算术题的运算或只检查个位的计算也是一个好方法。

小学早期阶段，比起减法，孩子们通常会对加法更有信心。发现两者之间的联系会帮助孩子更加熟练地使用减法。

共计或**预计**（增加）是一个比倒计数（减去）更简单的选择，特别是当数字紧密地联系在一起时。这同样被认为是**互补加法**——让加法和减法携手合作。

例如：

83－79

为了找出两个数字之间的**区别**和算术的答案，数轴描述如下：

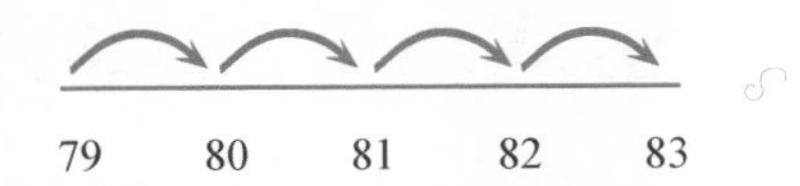

把从数字 79 跳跃到 83 的数字**加起来**，很简单。答案：4

602－596 也是一样：

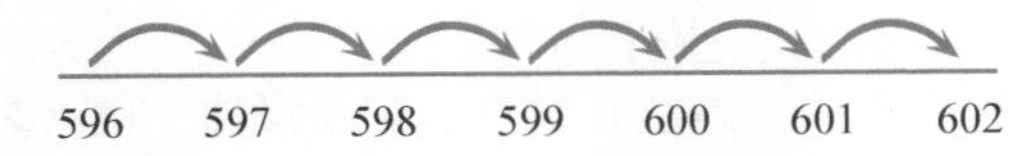

我们可以从 596 开始数到 602，找出这两个数字的**差异**。

答案：6

> 差异是小孩子想要了解的一个术语。它仅仅意味着找出两个数字相差有多远，通常通过语言来表达。

例如：

- 找出 96 和 84 之间的差异。
- 你跟你大姐姐差几岁？
- 你跟你小弟弟差几岁？
- 19 和 39 相差多少？

就如你所看到的，术语"**差异**"只是找出两个数字隔了多远的一种手段，哪个数字先出现并无大碍。

减法的相关规则

运用减法的相关规则意味着用我们已知之知识去解决未知之事。

比如，计算 130－50，孩子也许会使用他们所知道的 13－5＝8，再加上位值的知识，得出：

130－50＝80

减去 100：正如同在初期阶段所学的从两位数减去 10，从三位数减去 100 的过程也值得一遍又一遍训练，但刚开始时最好避免使用千位数。例如：

683－100＝583
837－100＝737
219－100＝119
750－100＝650
……

随后可拓展到：

1 250－100＝1 150
2 168－100＝2 068
1 040－100＝940
3 052－100＝2 952
……

我们早已知道减法中的减项位置是**非互换的**。如果孩子们不知道为什么会这样——会导致错误的答案和挫折——事实上越早知道越好。

减法的减项位置是不能互换的，确保孩子们真的理解这个问题非常重要。

理解问题是一门需要慢慢练习的技能。即使对于那些已经掌握减法的减项位置是不能互换的孩子来讲，要完全理解用文字表达"从 8 中拿走 3"或"从 11 中减去 4"此类问题可能还会引起麻烦。

如前文例子提到的问题，孩子们通常"听到"或"看到"他们所认为的总和是一种"主动呈现"，而不是"被呈现"。

我们的大脑具有超强的洞察力，通常走捷径摄取画面的部分特征，并同自己熟悉的特征相匹配以迅速得出结论。不只孩子这样，成年人一直都在这样做。陌生人在人群中让我们想起熟悉的人，两个面部轮廓变成阴阳线，法式连接造就了随意的缩写。我们看到的是我们认为我们应该看到的。

因此，当孩子们被问到“从 8 中拿走 3”时，他们通常会按“拿走”这一提示然后尽量调整数字的顺序以适应熟悉的模式，先 3 再 8，而后得出不正确的算术 3－8，他们要么得出错误的答案，要么干脆放弃。

这是一个即使对数字有着很强信心的孩子都会犯的错误。书面形式写出的题目与老师直接提问相比，孩子们更容易犯错。我们只有知道孩子们为什么会把这类问题混淆才会知道如何帮助他们。

“来自”这个词是我们需要教给学生的提示。8 就是孩子们需要把手指放在数轴上的位置，减去 3（向左跳跃 3 个空格）。

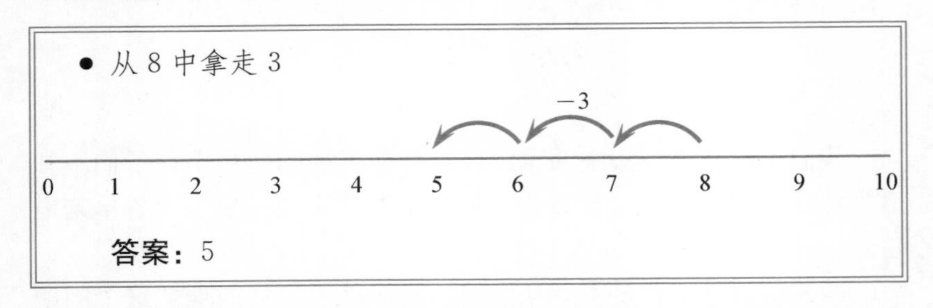

同样会在所有年龄阶段的孩子中产生问题的题目是：

- 18 减去几等于 7?
- 11 比 5 多多少?
- 几减去 8 等于 13?
- 6 加几等于 16?

- 找出差异为 9 的对数。
- 几减去 38 是 14?
- 6 加几等于 16?
- 几减去 30 等于 45?

因此，是语言的问题而不是运算的问题，我们应该教给孩子——放下言语的包袱，其他的都好办了。

放下描述减法的语言包袱

让我们一起分解一些用微妙的语言描述减法的例子，然后再用数轴解决。

- 我从 18 拿走多少才剩下 7?
  换句话说从 18 开始数到 7。

7 8 9 10 11 12 13 14 15 16 17 **18**

答案： 11

- 11 比 5 多出几?
  找出 5 和 11 的差距。

5 6 7 8 9 10 **11**

答案： 6

- 减去 8 之后还有 13，这个数是多少?
  从 13 开始数到 8。

13 14 15 16 17 18 19 20 **21**

答案： 21

- 6 加上一个数结果是 16，这个数是多少？
  从 16 开始数到 6。

6 7 8 9 10 11 12 13 14 15 **16**

答案：10

- 找出几组相差 9 的数字。

0 **1** **2** 3 4 5 6 7 8 **9** **10** **11**

答案可以是：0 和 9，1 和 10，2 和 11，等等。

- 比 38 少 14 的数是多少？
  找出 38 和 14 之间的差距。

14 15 16 17 18 … 28 … **38**

答案：24

- 从一个数里取走 30，剩下 45，这个数是多少？
  从 45 开始数 30。

45 55 65 **75**

答案：75

第二节　发展提升部分

（适合 3、4 年级，年龄 7～9 岁）

前面的章节已经涉及减法的基础知识，这些将会继续让你的孩子不断进步。他们学了这些基础知识但并不意味着已经充分理解，要掌握好以上知识还需要时间、实践以及耐心。

即使孩子们轻松通过早期的学习并且已掌握所有的概念，他们仍需要大量的实践练习以巩固调整他们的数学思维。

接下来将介绍非正式的“**书写**”方法。小学生记录运算过程应该是一个自然的进展并且建立在理解的基础和心算的能力上。因此，早期的书写记录通常反映他们的智力方法。最终这些早期的“书写”方法逐渐改善并演变成标准的书写方法。

书写方法的目的在于帮助孩子们进行到下一阶段。最后是竖式，这个可能以前读书时你就很熟悉了。

为了让孩子们熟练地掌握这些书写方法，必须让他们熟练地掌握他们所学的并且对**位值**有非常透彻的理解。

小结：为了让孩子熟练地掌握减法，他们应该会：

- 回顾 20 以内数的**加法**和**减法规则（数字链）。**
- 减去几个 10，如 130－80，通过**减法相关规则**和位值含义得出 13－8＝5。
- 减去几个 100（如 800－500）。
- 用不同的方法**分解**两位数和三位数（如把 84 分解为 80＋4 或 70＋14）。

以下是各个阶段：

第一阶段：空白数轴

这一阶段仍然讨论数轴，但会比较抽象，有时它被称为**空白数轴**。数字不用逐个按照传统顺序列出，只需要线的示意图加上粗略的数字。

当我们用空白数轴做减法时，从最右边开始然后向左跳跃。线的刻度现在是不相关的，只是作为减法的支架。

比如算术题 174 － 63，这可能看起来是这样的（切记向左跳跃）：

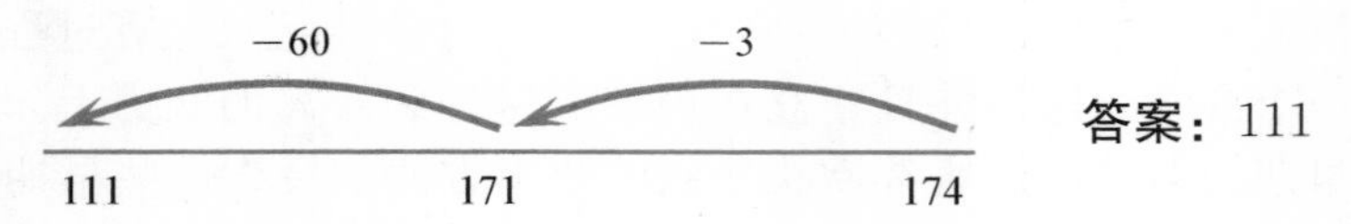

答案：111

另一例子 97－48，数轴表示如下：

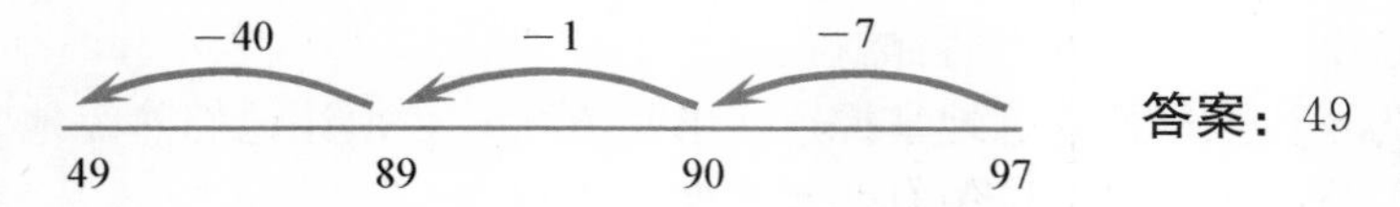

答案：49

另一例子 238－57，数轴表示如下：

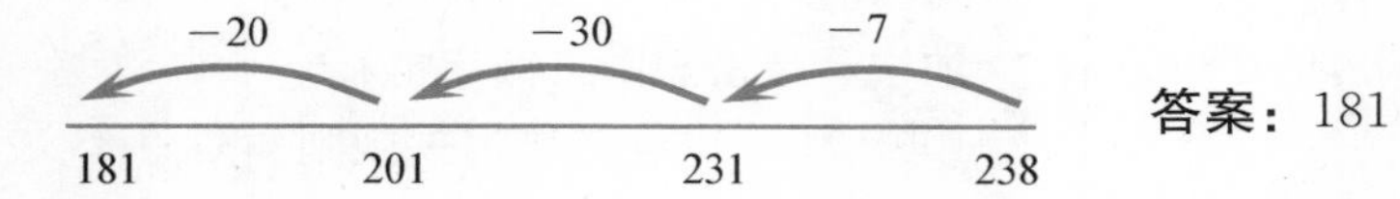

答案：181

（初中生仍然用数轴，类似于这些，帮助他们计算和检查计算题。）

这里有更多的例子，你可以跟你的孩子试一试：15－8

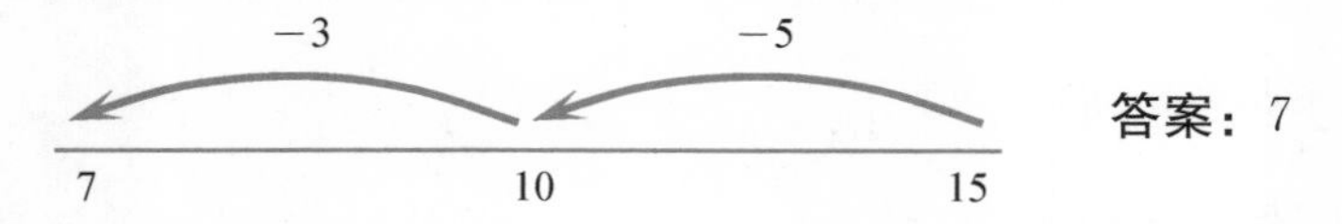

答案：7

84－27，数轴表示如下：

−3　−4　−20

57　60　64　84

答案：57

或者换一种方式：

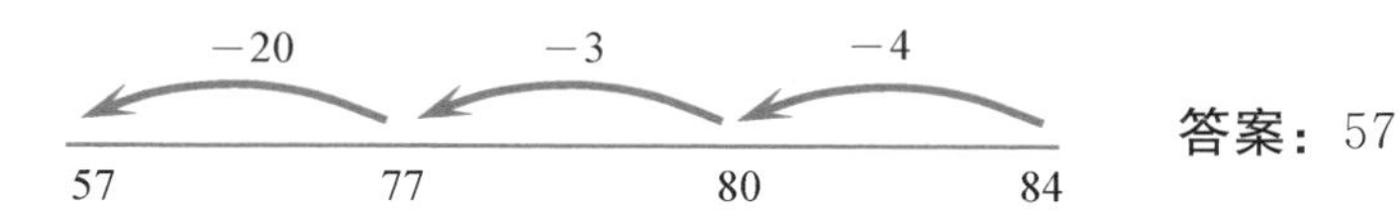

答案：57

空白数轴有助于跟踪心算的进度。上述例子说明减法要往回数，但减法同样可通过相加实现。

在这一阶段，另一种用空白数轴的方法是**相加**或**向下数**。

这种技巧，在理解基础部分被称为**互补加法**。在孩子的水平达到一定程度时可使用互补加法计算更大的数，而且只需要一个空白（或“抽象”）数轴。

如：

306－297

我们能做的就是想象 297 在数轴上以及思考需要往右数多少个才能得到 306。

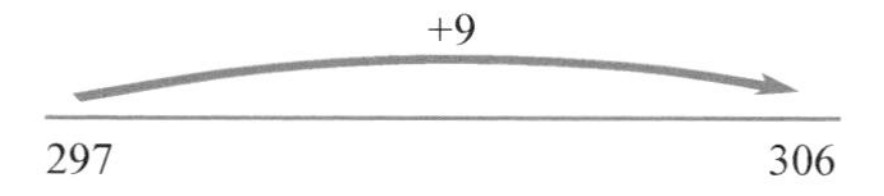

因此从 297 开始，我们需要往下数 9 个才能得到 306。

306－297＝9

另一例子：

84—27

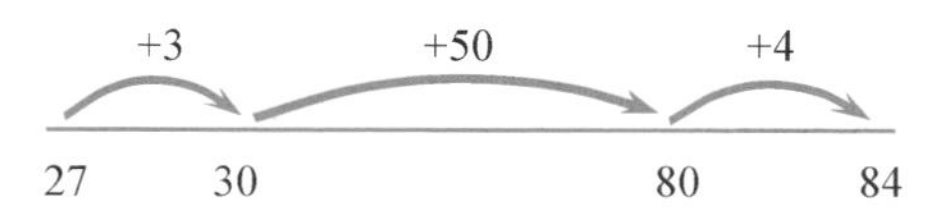

从数轴上的 27 开始往下数直到 84。所数的加起来就是答案。

答案：57

开始时孩子们可能会这样把运算过程写下来：

```
   84
 −27           开始写出 27
 +  3 → 30     加上 3 凑够 30
 +50 → 80      加上 50 凑够 80
 +  4 → 84     加上 4 才是 84
答案：57        这个“数加”就是答案
```

或者减少其他数字的步骤：

```
   84
 −27
 +  3 → 30
 +54 → 84
答案：57
```

我们看这种记录的方式会比较陌生，可能导致混淆。父母需要思考的一个比较典型的问题是孩子们正把问题变得更加复杂，但他们自己觉得这种方法更容易掌握。这种非正式的书写方式虽然只是简单的思考却能够代替过去利用数轴来“相加”的方法。

另一个更大数字的例子：

```
   526                 或者        526
 −287                            −287
 +   3 → 290                     +  13 → 300
 +  10 → 300                     +226 → 526
 +200 → 500                       ———
 +  26 → 526                       239
   239
```

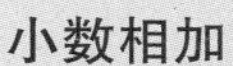

小数相加

上述例子所陈述的规则不仅适用于整数，而且适用于小数，目的是找出两个数字之间的差异，也就是从较小数开始逐步相加直到等于较大数。

	32.4	
	−26.7	从 26.7 开始
	+ 0.3 → 27.0	加上 0.3 凑够 27.0
	+ 5.0 → 32.0	加上 5 凑够 32.0
	+ 0.4 → 32.4	加上 0.4 才等于 32.4
答案：	5.7	我们所加上的总数就是 26.7 和 32.4 间的差距

这种用“相加”的方法来计算小数减法一样高效。然而小数毕竟不是整数，小数由整数和分数组成——中间由小数点隔开。在这一阶段孩子们不大可能一下子掌握小数减法，但可以作为例子留作以后参考。

第二阶段：分解

分解可用于记录心算的步骤，也是把心算和笔算联系起来的一种方式。上述例子中，数字 34 依位值分解（或分离）成 30 和 4。因此算术 83−34 可改写成：

83−**34** → 83−**30**−**4**

现在我们可以把 34 分成十位和个位进行减法运算。

83−30

得到 53，把这个答案记在脑子里或把它写下来，然后得出：

53－4＝49

其他的例子：

45－6 → 45－5－1 → 40－1＝39

65－17 → 65－15－2 → 50－2＝48

350－160 → 350－150－10 → 200－10＝190

把两个数字都分解，然后写下来。

例如：87－23

$$\begin{array}{r} 80+7 \\ -\underline{20+3} \end{array} \rightarrow \begin{array}{r} 80+7 \\ -\underline{20+3} \\ 60+4 \end{array}$$

答案：64

这和下一阶段紧密相连。

第三阶段：从详细列式到简明标准列式

这一阶段开始介绍减法列式，但是小孩要完全掌握标准列式不容易，直到 5、6 年级他们都还需要加强训练。接下来的每一个例子都以扩展的内容展示**列式方法**，较为接近简明**标准列式**。

分解是另一个听起来有点专业的词，但它所描述的过程，把一个数依照它的位值分解成个位、十位和百位，与划分很相似。分解实际上意味着“把……分解”所以……

526 可以被分解成	500＋20＋6
32 可以被分解成	30＋2
7 825 可以被分解成	7 000＋800＋20＋5
9 040 可以被分解成	9 000＋0＋40＋0

分解被用来做减法算术题，“分解”这个词跟现代的笔算减法有相似的意义。

分解成分

成年人也许会发现用分解法做减法需要时间去熟悉，有时它会显得特别笨拙。你可能会恨不得向孩子展示你自己的做法。请尝试克制这种方式，因为它没用。这是一种不同于在学校解题的方法。所以不管如何，我们必须学会分解。

幸运的是你的孩子只需要照着它所描述的方法操作就好。这种方法的确可行，它不像我们之前可能用过的“借出和带有”。如果我们熟悉这些方法的话，这些术语就显得简单且用起来非常便捷，但是如果不熟悉，这一切都无从说起。

下面将介绍如何运用分解法计算减法题。首先展示的是内容详细的列式，然后是标准的（简明的）列式。在3、4年级，可能只给学生介绍内容详细的列式，而到了6年级就要求他们完全掌握标准列式，简明而有效。

那么它是如何运算呢？把数字分解——或者说分离成——百位、十位和个位，然后像下面的例子那样列出来。个位减个位，十位减十位，百位减百位等。如果最上一行的**个位数**（或是**十位数、百位数……**）不够减去下一行的数量，那就要进一步对此分解。用分解法进行计算（而不像“借出和带有”法），所有的运算在第一行就能完成。

在下面的例子中，482被分解成400、80和2，就像261被分解成200、60和1。

下面是内容较为详细的列式：

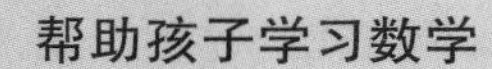

$$
\begin{array}{lrl}
482-261 \rightarrow & & 400+80+2 \\
 & - & \underline{200+60+1}
\end{array}
$$

现在是时候鼓励小孩先从**个位数**进行减法，再到**十位数**、**百位数**。

大声地把数字念出来也有助于解题，“2 减 1”，然后“80 减 60”（不是 8 减 6）再到“400 减 200”（不是 4 减 2）。

$$
\begin{array}{lrlcr}
482-261 \rightarrow & & 400+80+2 & & \mathbf{482} \\
 & - & 200+60+1 & \text{引入简明} & -\mathbf{261} \\
 & & \overline{200+20+1} & \text{标准列式} & \overline{\mathbf{221}}
\end{array}
$$

要运算结果正确，孩子们必须明白**个位**对着**个位**，**十位**对着**十位**，就像我们在学校所学的那样，有时这也被称为“垂直对应”。

有时你的小孩可能先从十位和个位开始计算起。如：

$$
\begin{array}{lrlcr}
89-54 \rightarrow & & 80+9 & \text{对应} & \mathbf{89} \\
 & - & 50+4 & \text{标准} & -\mathbf{54} \\
 & & \overline{30+5} & \text{列式} & \overline{\mathbf{35}}
\end{array}
$$

因此孩子们会告诉自己“9 减 4 等于 5”，“80 减 50 等于 30”。**答案：**35。现在这个有点难度：

$$
\begin{array}{lrl}
73-27 \rightarrow & & 70+3 \\
 & - & \underline{20+7}
\end{array}
$$

孩子们再一次从**个位数**开始，跟自己说“3 减 7”，然后发现“不够减”。怎么办？

好吧，我们需要改组或重组数字，以便它足够减去。

重要的是，我们个位数需要更大的数字。

孩子们看着十位数，知道必须要重新分解。把 70 分解成“60+10”，70 就被 60 和 10 代替了。现在，**个位**上有 13（10+3）而不是 3。

$$
\begin{array}{rcr}
70+3 & \rightarrow & 60+13 \\
-\underline{20+7} & & -\underline{20+\ \ 7} \\
 & & 40+\ \ 6
\end{array}
$$

孩子现在会说，“13 减 7 是 6”，“60 减 20 是 40”。**答案：**46。

随着孩子越来越自信，他们会选择用速记的方式记录。70 和 3 被划掉且分别被 60 和 13 取代，如下：

$$
\begin{array}{rcrcr}
 & & {\scriptstyle 60\quad 13} & & {\scriptstyle 6\ 13} \\
73-27 & \rightarrow & \cancel{70}+\cancel{3} & & \mathbf{\cancel{73}} \\
 & & -\underline{20+7} & \text{现在已体现出标准列式方法} & -\underline{\mathbf{27}} \\
 & & 40+6 & & \mathbf{46}
\end{array}
$$

这看起来也许没有我们的“老”方法简洁，但的确有意义。它具有较强的逻辑并有助于小孩对数学基础的理解。孩子们很小的时候就学会怎么样用不同的方法去分解数字（也就是说，他们懂得 73 等于 60 加 13）。所以，他们知道只要从**十位**上拿“10”给**个位**而不是从某一地方借来神秘“1”然后再还回去。

接下来是一些包含**百位**、**十位**和**个位**的算术。

先从简单的开始：

$$
\begin{array}{rcrcr}
793-582 & \rightarrow & 700+90+3 & & \mathbf{793} \\
 & & -\underline{500+80+2} & \text{导入} & -\underline{\mathbf{582}} \\
 & & 200+10+1 & & \mathbf{211}
\end{array}
$$

没问题！（因为不需要进一步的分解和调整。）

接下来是更有挑战性的：384－156

$$
\begin{array}{rr}
384-156 \rightarrow & 300+80+4 \\
 & -\underline{100+50+6}
\end{array}
$$

孩子会努力计算“4 减 6”，然后意识到根本算不出来，就因为首行的**个位**数不足够。所以他们会把 80 分解成“70+10”。现在 80 被 70 代替，10 借给**个位**再加上原来的 4，**个位**变成 14。

现在他们可以“14 减 6”，等于“8”。接下来的算术就容易了：70 减 50 是 20，300 减 100 是 200。

答案：228

总的来说：

$$
\begin{array}{rrcr}
384-156 \rightarrow & 300+80+4 & \rightarrow & 300+70+14 \\
 & -\underline{100+50+6} & & -\underline{100+50+\ 6} \\
 & & & 200+20+\ 8
\end{array}
$$

随着孩子们不断进步，他们会更加倾向于简化的列式。80 和 4 分别被划掉，由 70 和 14 代替，如下所示：

$$
\begin{array}{rr}
384-156 \rightarrow & 300+\overset{70}{\cancel{80}}+\overset{14}{\cancel{4}} \\
 & -\underline{100+50+6} \\
 & 200+20+8
\end{array}
$$

这离标准列式只有一步之遥了。

掌握了减法运算的详细列式方法之后，你的孩子就会对算术“怎样和为什么这样”运算有很好的理解。

此时（也许在 5 年级），你的小孩将逐步掌握减数的标准列式：

$$384-156 \rightarrow \begin{array}{r} \scriptstyle 7\ 14 \\ 3\not{8}\not{4} \\ -156 \\ \hline 228 \end{array}$$

再次把 80 和 4 划掉，分别用 70 和 14 来代替

另外两个例子：

1）835－274

$$\begin{array}{r} 800+30+5 \\ -200+70+4 \\ \hline \end{array}$$

这需要从百位开始调整。

小孩可能会用下面的方式进行运算：

$$\begin{array}{r} 700+130+5 \\ -200+\ \ 70+4 \\ \hline 500+\ \ 60+1 \end{array}$$

因为 800＋30 和 700＋130 一样

或者

$$\begin{array}{r} \scriptstyle 700\quad 130 \\ \not{800}+\not{30}+5 \\ -200+70+4 \\ \hline 500+60+1 \end{array}$$

这样最终会过渡到标准列式：

$$835-274 \rightarrow \begin{array}{r} \scriptstyle 7\ 13 \\ \not{8}\not{3}5 \\ -274 \\ \hline 561 \end{array}$$

把 800 和 30 划掉，而分别用 700 和 130 来代替

2）951－365

$$\begin{array}{r} 900+50+1 \\ -300+60+5 \\ \hline \end{array}$$

这需要调整十位和百位。小孩可能用下面的方式进行运算：

$$\begin{array}{r} 900+40+11 \\ -\underline{300+60+\ 5} \\ 6 \end{array} \quad \text{然后} \quad \begin{array}{r} 800+140+11 \\ -\underline{300+\ \ 60+\ 5} \\ 500+\ \ 80+\ 6 \end{array}$$

一开始把 50＋1 分解成为 40＋11，这样能够计算出个位的结果：11－5＝6，但是再看看十位 40－60 不够，需要调整百位。

现在计算已经完成（从右到左——与读数的顺序相反）：

11－5＝6；140－60＝80；800－300＝500

答案是 586

学生也可能用下面的方式进行运算：

$$\begin{array}{r} 800\ \ 140\qquad \\ \cancel{40}\quad 11 \\ \cancel{900}+\cancel{50}+\cancel{1} \\ -\underline{300+60+5} \\ 500+80+6 \end{array}$$

划去 50 和 1，分别用 40 和 11 代替；然后划去 900 和 40，再用 800 和 140 代替

这样最终会过渡到标准列式：

$$\begin{array}{r} 8\,14\ \ \\ \cancel{4}\,11 \\ \cancel{951} \\ -\underline{365} \\ 586 \end{array}$$

我们要分解的十位或百位没有时，该怎么办？（也就是只有 0 充当补位数字的时候）

看看这一个例子：602－385

我们可以按照上面所展示的方法列式：

```
  600+  0+2
 −300+80+5
 ─────────
```

当我们要计算 2 减 5 时，我们很快意识到需要再次分解，看看**十位**，这个例子**十位**上没有数，0 在十位上是补位数字，因此分解不得不分为两步来进行：600 先被分解成“500+100”；然后 100 被分解成 90+10。10 可以向后移动加上原本的 2，个位变成 12。

```
  600+  0+2          500+100+2          500+90+12
 −300+80+5  →       −300+ 80+5  →      −300+80+ 5
 ─────────          ──────────         ──────────
                                        200+10+ 7
```

小孩最终还是按下面的方法列式：

```
         90  12
  500   100                        5 9 12
  600+  0+2                        602
 −300+80+5        最后列式        −385
 ─────────                        ────
  200+10+7                         217
```

答案是否正确?

让小孩养成检查答案是否正确的习惯是非常好的想法。随着算术变得越来越复杂，像上面的那些例子，检查变得更加重要。他们应该问自己：“我的答案正确吗？”

如我们之前所提到的，记住减法将撤销加法，反之亦然。给他们提供一些指导，小孩会把它当作**检查答案**的一种重要方式。

从以上的算术我们可得出：602−385=217

- 如果 217 是正确的答案，那么：217＋385 应该等于 602。

校对：

$$\begin{array}{r} 217 \\ +385 \\ \hline 602 \\ \hline \end{array}$$

是的！

这种方法同样适用于口算。

例如，如果被问到：78－13，你认为答案是 65。

为了检查是不是正确的答案，可以把 65 加回 13 看是否得到 78（是的：65＋13＝78）。

第三节　追求卓越部分
（适合 5、6 年级及以上，年龄 9～12 岁及以上）

随着你的小孩继续数学学习的旅程，我们在以上的章节所提到的减法规则和方法仍然在日常生活中使用，除了较大的（和较小的）数字和更复杂的数字，同样的原理仍然起作用。在这一部分，我们要熟悉更多的术语和方法，然后进一步学习小数和负数。

补偿是一个技术性词语：减去一个很大但是容易的数字，然后往回加（**补偿**）。

例如，652－84，你可能会先减去 100 而不是 84。

652－100＝552

100 是一个容易减去的数字但是它的确意味着减掉太多了。

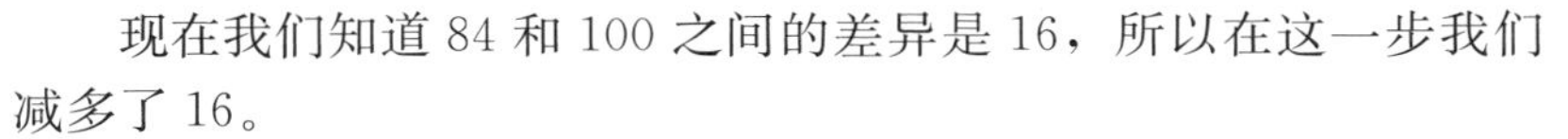

现在我们知道 84 和 100 之间的差异是 16，所以在这一步我们减多了 16。

在下一步加回 16 作为**补偿**。652－84 可以写成：

```
  652
－ 84
  552      首先减去一个相对容易的数，如 100，
＋ 16      然后作为补偿加上 16（因为 100 和
  568      84 的差距是 16）
```

另一个例子：321－192 的列式计算如下：

```
  321
－192
  121
＋  8
  129
```

我们先减掉 200 因为它比 192 更容易处理，得到：321－200＝121。但是因为 200 比 192 大，我们减多了（确切来讲减多了 8），所以加上 8 作为补偿。

列式方法（或简明标准列式）

到了 9 岁，大部分的孩子将会学习用分解的方法来进行百位、十位及个位的竖式计算。随着他们越来越自信地运用该方法，算术里包含的数字会越来越大而且分解的步骤会越来越多。下面是一些示例：

```
                 7 16
586－58          5 8 6
               －  58       86 被分解成 70＋16
                  528
```

425－34

3 12
~~42~~5
－ 34
391

400 和 20 被分解成 300 和 120

362－83

2 15
~~5~~12
~~36~~2
－ 83
279

60 和 2 被分解成 50＋12
然后再把 300 和 50 分解
200＋150

842－349

7 13
~~3~~12
~~84~~2
－349
493

2 557－7 84

1 14
~~4~~15
~~2 55~~7
－ 784
1 773

7 865－4 287

7 15
~~5~~15
7 ~~86~~5
－4 287
3 578

孩子们要意识到为了得到正确的结果，必须**个位**对着**个位**、**十位**对着**十位**，这非常重要。

小数减法

介绍小数减法的好方法可以从钱开始。

例如：95p－23p 可以显示为£0.95－£0.23。

在尝试标准笔算之前，孩子们被希望先在脑袋里进行减法心算。大家感到较难的是小数计算，例如：

3.4－0.08

我们应该明白的是 3.4 跟 3.40 是一样的（**个位** 3，**十分之一位** 4 和**百分之一位** 0），因此我们可以写成：

3.40－0.08

现在就容易处理了。

答案：3.32

把它当成钱。£3.40 减去 8p。答案：£3.32

我们一般都期望小孩能在脑袋里进行心算。使用日常生活中的相关内容和花钱方面的素材作为小数的加减法运算例子，有助于他们对小数的理解和运算。

比起在具体的情景中听到问题，当看到问题写下来时，你会对孩子能力的差异感到诧异（我仍然如此）。

许多中学生会拒绝尝试这样的算术：5.65－1.9，然而如果你跟他们说"£5.65 减去£1.90 是多少?"他们会在短时间内给你答案：£3.75。

这不是欺骗他们——只不过是帮助他们意识到应该做什么。（再次重申 1.9 跟 1.90 是一样的，就此而言，与 1.900 或 1.900 0……都是一样的）。

小数减法的**简明标准列式**跟上面讲过的一样。孩子们只需要知道和记住一些额外的东西：

- 小数点必须彼此对齐。
- 正如百位、十位和个位需要以竖式的形式对齐，十分之一位和百分之一位、千分之一位等也一样。

因此 0.95—0.23 可以写成：

```
  0.95
— 0.23
  0.72
```

当对具有不同小数位的数字进行减法运算时尤其要记住这一点（6 年级以上的孩子被希望这样做）。例如：

342.8—18.25　或　26.34—9.8

列式如下：

```
  342.8        26.34
—  18.25     —  9.8
```

需要教给孩子们数字 342.8 与 342.80、342.800 以及 342.800 0 一样。同样的，9.8 跟 9.80、9.800 以及 9.800 0 等一样，你明白我的意思了。当两个数字有不同的小数位时，需要加上额外的零以确保竖式的正确性。

因此以上的算式可以写成：

```
                      1 15
   3 12 7 10           5 13
   342.80            26.34
—   18.25         —   9.80
   324.55            16.54
```

调整

与在前面“理解基础部分”所解释的简化运算方法一样，这既适用于较大数也适用于小数的加减计算。你可以对一个相近且较为方便计算的数字进行调整，计算出结果后再次进行或加或减的调整。比如：

从任一个数中减去 9、19、29、39……通过分别减去 10、20、30、40……再调整加上 1。当然，在脑中用整数进行心算加减比较容易。

56－19	先减去 20 然后再加回 1	答案：37
62－31	先减去 30 然后再减去 1	答案：31
356－39	先减去 40 然后再加回 1	答案：317
673－81	先减去 80 然后再减去 1	答案：592
1 256－99	先减去 100 然后再加回 1	答案：1 157
4 583－201	先减去 200 然后再减去 1	答案：4 382
3 256－1 999	先减去 2 000 然后再加回 1	答案：1 257
8 739－4 001	先减去 4 000 然后再减去 1	答案：4 738

一旦孩子们掌握了调整的方法技巧，他们也会很乐意调整大于 1 的数。

82－23	先减 20 再减去 3	答案：59
67－18	先减 20 再加上 2	答案：49
374－96	先减 100 再加上 4	答案：278
2 025－1 995	先减 2 000 再加上 5	答案：30
6 573－2 006	先减 2 000 再减去 6	答案：4 567

这种调整的方法对于小数也是一样的，从一个数中减去 0.9、1.9、2.9、3.9……或 1.1、2.1、3.1、4.1……通过分别减去 1、2、3、4……再调整 0.1。

2.6－0.9	先减去 1 然后再加上 0.1	答案：1.7

8.7—4.9	先减去5然后再加上0.1	答案：3.8
12.3—7.1	先减去7然后再减去0.1	答案：5.2
32.9—2.1	先减去2然后再减去0.1	答案：30.8
78.6—3.1	先减去3然后再减去0.1	答案：75.5

一样，孩子们一旦完全理解这个概念并掌握了调整的技巧，他们就会运用这种方法对小数进行更大的调整。

4.5—1.2	先减去1再减去0.2	答案：3.3
32.9—4.8	先减去5再加上0.2	答案：28.1
15.6—8.7	先减去9再加上0.3	答案：6.9

在这一阶段**一些聪明**的孩子还会把这一方法扩展到计算百分之一位的小数（即小数点后面第二位数）。

4.80—2.01	先减去2再减去0.01	答案：2.79
5.75—1.99	先减去2再加上0.01	答案：3.76

如果把数字当成钱会变得更加容易（这是小孩子也最容易联系起的东西）。再次尝试以上的例子，这次想着英镑和便士。

凑整数和近似法

凑整数被用于**近似**答案。如我们在前面的章节所看到的，有时不一定需要确切的答案。粗略估计答案就足够了，特别是在真实的生活情境中。粗略估计答案是检查计算以及确保答案是否合理的一种好方法。

例如，安妮有两个储存账户，而且要还清两份信用卡账单。第一个储蓄账户有￡9 341，第二个储蓄账户有￡8 019；第一张信用卡债务是￡7 124，另一张是￡6 981。如果她分别用储蓄账户的钱去偿还信用卡的债务，还清债务后哪一张剩的钱最多？

为了回答这个问题，她会做精确的计算，但是的确不需要。凑整数字得到一个大约的结果就可以了。事实上，这会让事情变得简单，也会给正确的答案指出方法：

9 341－7 124 近似（大约） 9 300－7 100

而 8 019－6 981 近似（大约） 8 000－7 000

9 300－7 100＝2 200

8 000－7 000＝1 000

不需要知道确切的数值，便可以回答上面的问题。在这一例子中，所有的数字都四舍五入到近似 100。

除了让一些计算更容易和可应付，四舍五入还有助于检查答案是否合理。

例如，安妮做算式 9 341－7 124 得出答案 9 217。她在把算式输入计算器时漏掉了数字“7”。

如我们上面所看到的，对答案快速地凑整就是 9 300－7 100，得出一个近似的答案 2 200。知道这一点，她可以清晰地看到计算的答案需要重新检查，再次计算算式。

答案： 2 217

小于 0 的数叫负数。

负数的减法运算

数轴是一个杰出的工具。甚至中学生都会从这一工具中受益——而且应该鼓励他们这么做。使负数具体化成为数字序列的一部分有助于理解。

记住：当进行减法运算时，我们往数轴的左边移动。

−6　−5　−4　−3　−2　−1　0　1　2　3　4

例如：

- −2−3，运用上面的数轴，把手指放在−2 的位置，因为减法，手指往左边跳动三个空格到−5 的位置。
  答案：−5

现在练习：

- 3−7
  把手指放在数轴上 3 的位置，往左跳动 7 格。
  答案：−4

还有：

- −2−4
  从−2 开始，向左跳动 4 格。
  答案：−6

利用数轴，负数的运算同其他任何数字的减法运算一样容易。如果还要更小的负数，你只需要扩展数轴即可：

−12 −11 −10 −9 −8 −7 −6 −5 −4 −3 −2 −1　0 1 2 3 4 5 6 7 8 9 10 11

所以：

−6−5=−11
−4−8=−12

9－17＝－8

－5－5＝－10

11－12＝－1

9－ 21＝－12

就算小孩上了初中，还要对他们提问如果从另一个数中减去负数，结果会怎么样？

例如，2 减去－3 可以写成：

2－－3 或者 2－(－3)

解决这个问题的关键要知道加法和减法彼此是相反的（也就是，减法会“撤销”加法，反之亦然）。

快速提醒：6＋2＝8

如果我们想要“撤销”2，只要减去 2 以及回到开始的地方（那就是 6）8－2＝6

我们知道：5＋(－3)＝2。

如果我们想要“撤销”(－3)，需要减去（－3)。

所以，使用逆规则：2－(－3）肯定会把我们带回 5。

因此：2－(－3)＝5

这里有一个例子：8 减去－5 可以写成

8－－5 或者

8－(－5)

答案：13

这可能看起来很奇怪，减去一个负数就好像加上相反数。

我们要告诉孩子们：

负负得正，或是一个减号加上一个减号变成加号。

例如：

4－－3＝4＋3＝7

这是正确而且有用的，但是孩子们一定要懂得这个规则。“哪两个负数”“哪里”“为什么”。

重要的是，“两个负号”必须是相邻的（紧挨着彼此而且中间没有任何东西）。

- 所以，8－－5 与 8＋5 是一样的

答案：8－－5＝13

但是这个“规则”不适用于算式如：－8－5

是的，有两个负号，但它们不是相邻的。

- 至于－8－5 我们可以像往常那样使用数轴：手指在－8上，减去－5，手指往左跳跃 5 个空格。

答案：－8－5＝－13

你现在明白为什么有些学生会混淆了吧，所以“负负得正”要谨慎使用。

为什么负负得正？

有一个例子，你孩子可以参考：想象有一个类似**舞动奇迹**的比赛但是非常的严格。选手们表演他们的舞蹈，有 3 位评委分别举起得分。最低分不是 1，评委们很残酷以至于会给出负数分，从－5 到 5 分。

保罗和彭妮紧挨着彼此。他们表演了一系列漂亮的步法，迂回曲折但是有一些技术上的错误。

评委们把他们巨大的记分卡举在半空中。

评委 1	评委 2	评委 3
1	4	－3

加上所有的分数，保罗和彭妮的总得分是：

1＋4＋－3 → 2

得出的总分使保罗和彭妮处于一个既有争议又尴尬的位置（也就是平局）。

现在，在平局的情况下，实施“黄金定律”：忽略选手的最低分。

因此保罗和彭妮的最低分被忽略掉，也就是说，从原始分里减掉－3分。

那么他们的新得分是：

2 减去(－3)

↑ 原始分　↑ 最低分

那就是 2－－3

但2－－3是什么？

得出新分数的另一个方法就是再一次看他们的原始分数，把其他的加起来，除了－3。我们可以看到新分数的5(1＋4＝5)。

所以 2－－3是5，那就是：

2－－3＝5(跟2＋3一样)

保罗和彭妮大获全胜。

但是更值得注意的是：笔者希望这个例子可以比较清楚地阐释“负负得正”。当减掉一个负数时，原来的数量会增加。

当我们再询问学生，如果从一个负数中减去另一个负数，那会怎么样呢？有些小孩会觉得这有点难度，其实可以运用同样的规则：

例如：

$-2-(-3)$

运用刚刚提到的规则“负负得正”，上面的列式可以改写成为：

$-2+3$ 等于 1

另外一些例子：

$-1- -6=5$

$-4- -8=4$

$7- -5=12$

$-8- -7=-1$

$9- -3=12$

$-12- -12=0$

$-12- -9=-3$

就是这样。我们总结了减法——而且希望这对于你和你孩子整个小学和初中有帮助。

下一章将会讨论四则运算中的乘法。

第四章

乘　法

乘法是我们建立数学金字塔的另一个重要的基础部分。它在加减乘除四则运算中是最重要的一项，因此，这一章致力于增强你的信心去帮助小孩理解乘法的基本原理。

心算的能力在乘法中仍然十分重要。没有这种能力，无法掌握好乘法的书写列式和运算。长乘法的运算与我们以前在学校学到的是一样的，但在帮助小孩理解乘法和增强他们的学习信心的过程中，我们有了好几种“新的”方式和方法。在处理长乘法的方面也有了“新”技巧，而且比传统的方法更有效。

第一节　理解基础部分
（适合1、2年级，年龄5～7岁）

孩子们有可能听过并使用过许多与乘法有关的术语：倍数、……组的、乘、双倍、两倍、乘以、……的倍数、……的多少倍数大（长、宽、高……）、倍数表、乘积，等等。

孩子们首次接触乘法的时间往往要稍晚于加法和减法。下文将见到，孩子们要先能加才能学习乘。

因此，刚上小学的最初几年，孩子们可能会接触到：将非常简单的数字翻倍（5＋5之内）；两个两个、五个五个及十个十个数数；将物体（积木、筹码、珠子等）分组并开始认识“……组的”某物的概念。“……组的”是我们可能习以为常的概念：这周我将有两组鸡蛋。

孩子们会通过练习将物体分组开始理解“……组的”概念。把这些组画在纸上有助于孩子们进一步学习。

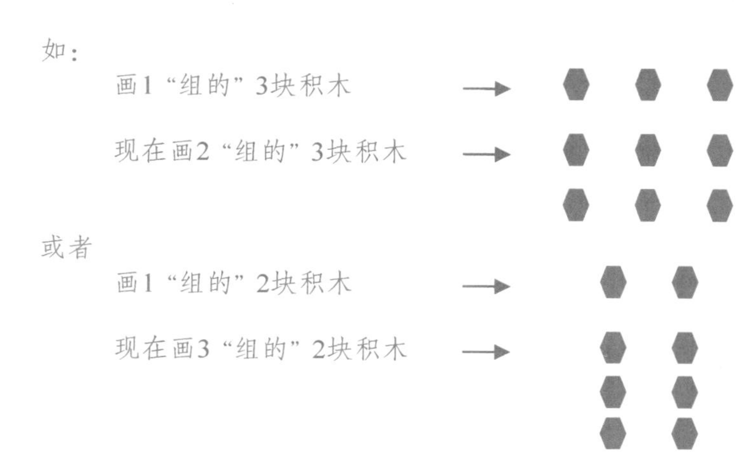

所有这些都是为接下来的内容做准备，大部分孩子从 2 年级起就开始经历这一节后面的内容。

重复加法是孩子们最早开始学习的众多乘法方法中的一种。

孩子们需要完全理解“……组的”的运用。

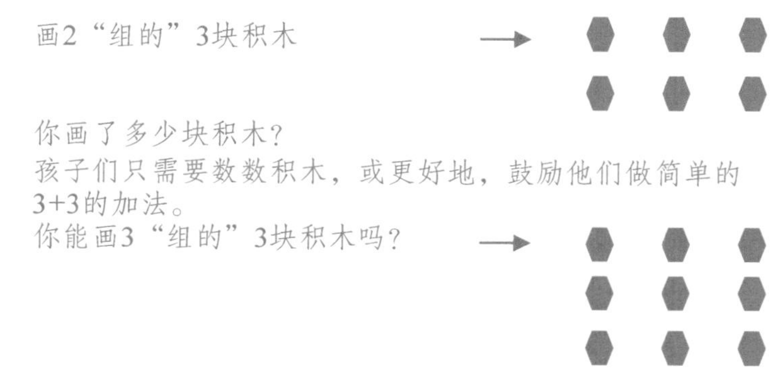

你画了多少块积木？
孩子们只需要数数积木，但这一想法是为了在此进一步，从而“看出”简单的3+3+3的加法。

最后，孩子们会学着将“……组的”与相加建立联系。要找出两“组的”3，只需要把3加两次（3+3）。要找出三“组的”3，只需要把3加三次（3+3+3）；要找出四“组的”3，只需要把3加4次（3+3+3+3）。

这就是重复加法。

当孩子们首次接触乘法符号时（“×”），他们会被明确地告知这一符号与“……组的”表达是一样的。

因此“5×3”与“3×5”是一致的，这等同于3+3+3+3+3，即等于15。

有时候，加法比乘法更容易

乘法和加法之间的联系很简单：乘法是加法简略的表达方式。

3+3+3+3+3+3+3+3+3与9“组的”3是一致的，即等于9×3。

9×3是书写3+3+3+3+3+3+3+3+3的更快或简洁的方式。

了解这一联系有助于建立熟练进行乘法运算的信心。这也解释了为什么要求孩子们先掌握好加法运算之后再来学习和理解如何进行乘法运算。

上述的运算也可以被写成“3×5”或“3组的5”（即等于5+5+5=15）。

孩子们需要知道乘法其中一个最基本的规则：乘数的位置是**可交换的**。他们不需要知道这个术语，但他们从这个术语本身可以明白乘法可按任何顺序进行运算。例如：

3×5完全等同于5×3（即3×5=5×3）。

让孩子们弄明白这个概念的最好办法是让他们比较他们所画出不同排列的图画。

3组的5块积木看起来是这样的：

而5组的3块积木看起来是这样的：

两张图是相同的，只是转了个方向。

这种**排列**不过是用来说明乘法是可互换的简单图示，如上所述。它有助于解释为什么这个规则是正确的，以及建立重复加法与乘法之间的联系。

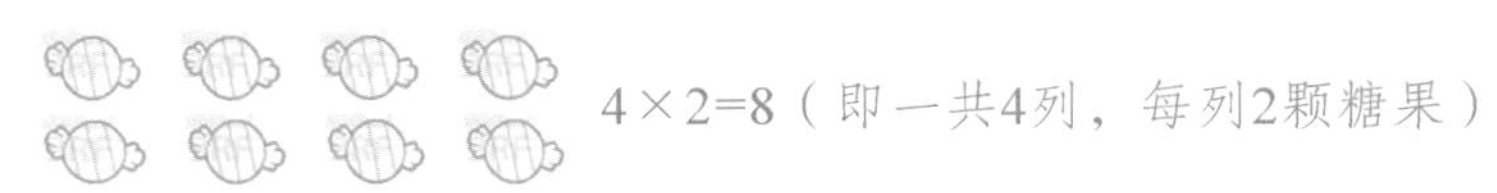

2×4=8（即一共2行，每行4颗糖果）

一个排列既可被理解为重复加法也可被理解为乘法。

上述排列可被描述成：

4＋4 或 2×4 或 2＋2＋2＋2 或 4×2

交换规则是非常重要的，在孩子们努力学习乘法表时很有用。事实上，他们仅需要学会乘法表中一半的运算，因为如果他们知道 5×3＝15，也就知道 3×5＝15。

乘法方格

×	1	2	3	4	5	6	7	8	9	10
1	1	2	3	4	5	6	7	8	9	10
2	2	4	6	8	10	12	14	16	18	20
3	3	6	9	12	15	18	21	24	27	30
4	4	8	12	16	20	24	28	32	36	40
5	5	10	15	20	25	30	35	40	45	50
6	6	12	18	24	30	36	42	48	54	60
7	7	14	21	28	35	42	49	56	63	70
8	8	16	24	32	40	48	56	64	72	80
9	9	18	27	36	45	54	63	72	81	90
10	10	20	30	40	50	60	70	80	90	100

对角线上的数字将方格一分为二。将这个对角线想象成一条镜像射线。射线的每一边都是另一边的反射。所以 5×3 完全等同于 3×5，是它的反射。同样 8×2 等于 2×8，9×6 等于

6×9，等等。

对角线上的数字是一组特别的数字，被称为**平方数**（即1×1=1，2×2=4，3×3=9，4×4=16等）。

逆运算的概念是孩子们需要熟悉的乘法的第二个规则。乘法是除法的逆运算，反之亦然。他们不需要知道这个术语，但要理解乘法和除法是相逆的运算，一方会撤销另一方的运算。

孩子们可能会在2年级时初次接触乘号（“×”），而等号（“=”）则可能稍早些。因此，孩子们就能运用这些符号解决他们的“数学闲聊”，这通常被称为写算术运算式。

乘法运算式使用乘号（“×”）和等号（“=”）。有时候教师会要孩子们写**运算式**。这会让不熟悉这个术语的家长们产生困惑，这是让孩子们学习写下他们的计算的简单方法。

想象波皮在做乘法运算：她决定给她的3个姐妹：斯卡利特、鲁比和塔卢拉，一人5粒弹珠。因此，她知道她需要3“组的”5。做了乘法运算后，意识到一共需要15粒弹珠。“做得好，波皮！”老师说，“现在你能把它记录为一条运算式吗？”

波皮写道：3×5=15。“就是这样！”

使用符号：教师们会用像“■”和“▲”这样的符号来代表数字。这不复杂，但如果你没接触过，可能会感到困惑。这种任务只需要算出每个符号代表的应该是哪一个数字。

久而久之，这些符号将会被字母所取代，而开始运用简洁明了的代数语言给学生介绍这些问题。

例如：

8×5= ■	答案：■=40
9×▲=18	答案：▲=2
⬢×2=12	答案：⬢=6
⬢×▲=100	可能的答案：⬢=10 ▲=10
	或：⬢=20 ▲=5
	或：⬢=25 ▲=4
	或：⬢=50 ▲=2

在这个阶段，**乘法表**将开始成为你的小孩每周例行学习的内容。旨在让孩子们在7岁时（2年级末时），知道且能迅速记起它们的2倍、5倍和10倍的乘法运算。

非常有必要找一张像海报那么大篇幅的纸印上乘法表，这些通常在儿童书店、图书馆等地方都有，把它贴在墙上。放在小孩触手可及的地方，这样一来他们就能触摸并指着它，经常看到这些乘法表，就能熟记乘法口诀！

还可以找**百数方格**，它是另一种有助于解释和理解乘法表的工具。你的小孩可以看到：乘以2的乘法运算是如何从2开始，然后两个两个数；乘以5的乘法运算是如何从5开始，然后五个五个数；乘以10的乘法运算是如何从10开始，然后十个十个数，继续下去他们就会了解这些模式。

不要担心，乘法表的学习与我们以前学的并无太大差异，因此，这是一个我们可以自信地重复以前所学内容的领域。可能存在的一个差异是有时要求孩子们将一个数字的“0倍”也囊括在内，因此，一个典型的乘法表“测试”可能始于：

0×2=0

1×2=2

2×2=4

……

父亲们和叔伯们特别喜欢做的事情就是和孩子们玩“给我 5，给我 10……”。这很棒，确实能帮小孩五个五个数数。我认识的一位父亲和他非常有活力的 5 岁儿子玩这个游戏。无论是从数值较大还是数值较小的数字开始，如“给我 15，给我20……”，他们都玩得很开心。这样的游戏充满跳跃、呼喊、欢呼和男孩式的快乐能量。

数轴又来了！

没错，数轴也可被用于乘法。你的孩子要记住的最重要一点是：他们总要从 0 开始，然后沿着数轴以他们能处理的任何倍数来跳。

因此，乘法表中乘以 2 的乘法运算，可从 0 数起，接着以 2 个数字为单位跳，如下所示：0、2、4、6……这让孩子越来越熟悉数轴，有助于说明乘法即**重复加法**，也会让整个运算简明易懂。

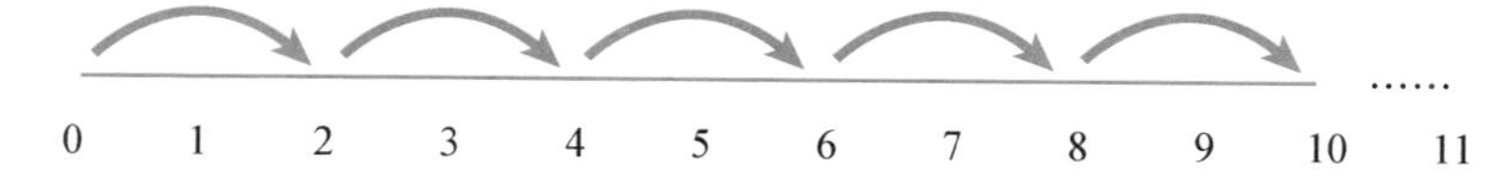

2 倍

2 年级以前，孩子们会开始学习 2 倍的概念，这一阶段学习的要求是他们至少能算出和为 10（即 5+5）以内的所有数字的两倍数。显然，开始时他们会用双手的手指来帮助计算，很快他们就会熟悉这些**数字联系**。这一运算在 2 年级时将延伸，如此，孩子们能迅速对和为 20（即 10+10）以内的所有数字进行 2 倍运算。

孩子们会逐渐理解 2 倍与乘以 2 是完全一样的。

第二节　发展提升部分

（适合 3、4 年级，年龄 7～9 岁）

前面已经涉及乘法的所有基本原理。随着小孩的进一步学习，他们会继续使用上述工具和原理，且通常计算更大的数字。

需要记住的是，这一阶段的目的是尽可能让小孩（“在大脑里”）使用心算。但有些运算单靠“心算”是无法完成的，因此，这一节介绍运算的书写方法，先从非正式的**纸和笔的**记录开始，逐步导入更加正式和简明的列式方法。

大致方针是，到 4 年级末，大部分的学生能用两位数乘以一位数（例如 48×9）。

但在开始介绍一些新的概念时，我们首先要快速回顾前一节“理解基础部分”的内容。

- 乘法是可**交换的**（即它是可以任何顺序进行运算的，例如，8×7 等于 7×8）。
- 乘法是除法的**逆运算**，反之亦然（即一方可撤销另一方）。例如，如果 8×7=56，那么 56÷7 会恰好将你带回你起始的数字 8。

从上面的两个规则可推断出，如果你很开心懂得了一则运算，那实际上你就懂了四则运算。例如，如果你很开心懂得了 12×8=96，接下来无论意识到与否，你现在还知道了：

8×12=96（使用交换律）

以及

96÷12=8（因为除法是乘法的逆运算）

以及

96÷8=12

下面采用一些你的小孩可能从现在起开始接触的新的概念和想法。

重复加法和逆向运算

正如我们在本章第一节所见，乘法运算等同于将相同的数字按我们所需的“组”的数量一次次相加。虽然在这个阶段会使用更大的数字，但法则仍然是一样的。

例如：

4×75

现在，计算“4×75”看起来有点让人生畏，我们可改为将这些数字相加：因为4×75等于4“组”75或75+75+75+75。

4×75=75+75+75+75=300

但能观察到相逆的运算——将加法运算缩短成一个简单的乘法运算——往往是这个阶段要实现的目标。例如，小孩应能“看到”5+5+5+5+5+5等于6×5。

在第三届国际数学与科学研究的测试中，要求4年级的小学生将加法运算“4+4+4+4+4=20”写成一道乘法运算。只有39%的英语国家的小学生将其正确处理为相应的“5×4=20”（相反，得分较高的国家90%的小学生回答正确）。

按比例调整

你的小孩可能会开始学习按比例增加或按比例缩小的基本原理，这些原理最终会使他们理解比例模型、比例图、地图上的比例尺等这一类事物。

例如，孩子们会看到一座由 4 个正方形组成的蓝塔，接着会要求他们“做一个高度是蓝塔 3 倍的塔”，或“找一条宽度是黄色绸带两倍的绸带”又或“找一根长度是这根 4 倍的绳子”。通过这种方式，孩子们认识到乘法可应用于尺寸、大小和长度的测量。

乘以 1

用 1 个数字乘以 1 是不会改变数字的。孩子们可能会认识到这相当于 1“组”数字，如 1“组”6 颗糖等于 6 颗糖。

$1\times6=6$ 或
$6\times1=6$

乘以 0

用一个数字乘以 0 所得的结果总是 0。

$6\times0=0$
$0\times6=0$

这是一个非常抽象的概念（“零的某倍等于零!”或“某数的零倍等于零!”），除非孩子们认识到零组某数等于零。例如，零组糖等于零颗糖。

“的”等同于“倍”

在数学中，“的”等同于“倍”，因为它们的用法是可互换的。例如：1/2×8是8的1/2。第二种版本似乎看起来更容易操作，**答案**：4。同样的，3/4的1/2等于1/2×3/4，后者似乎更容易处理（尤其是当你已阅读过讨论分数的第7章），**答案**：3/8。

更多的乘法定律

在小孩认真进行数学练习时，可以继续帮助他们强化对**交换律**、**结合律**和**分配律**的理解和运用（他们会学习这些基本原理，但通常不知道这些名字）。

第二章（加法）已出现过“**交换律**”。简单来说，它意味着我们可以改变数字的顺序而不影响结果。

交换律的例子：

7×12=12×7=84

3×5=5×3=15

10×8=8×10=80

结合律是用来解决3个或3个以上数字相乘的顺序问题的，即先乘哪个数字？例如：4×5×2。我们是先算4×5还是先算5×2？答案是谁先谁后的顺序不重要，这就是结合律的内容。

可以通过使用或移除括号（圆括号）来证明顺序不重要。

例如：

4×5×2	=4×(5×2)	或	=(4×5)×2
	=4×10		=20×2
	=40		=40

结合律还可被用来简化乘法。

思考：

5×24

24 也可被看成 6 “组” 4(6×4)。这一乘法运算现在可被写成：

$5\times6\times4$

使用结合律：

$$\begin{aligned}5\times6\times4 &=(5\times6)\times4\\ &=30\times4\\ &=120\end{aligned}$$

结合律的例子：

$6\times5\times2=6\times(5\times2)$ 或 $=(6\times5)\times2$

$10\times8\times7=10\times(8\times7)$ 或 $=(10\times8)\times7$

$4\times60=4\times(6\times10)$ 或 $=(4\times6)\times10$

至于**分配率**，用例子来解释这一个规则似乎更容易。让我们来看看：

$4\times(2+3)$

要得到答案的一个方法是先计算括号中的数字。这样我们会得出：

4×5　　等于 20

但要得到答案的另一种方法是使用分配率。可以将 “4” 分配给括号中的每一 “项” 以获取同样的答案。下面我来告诉你这是什么意思：

$4\times(2+3)=(4\times2)+(4\times3)=8+12=20$

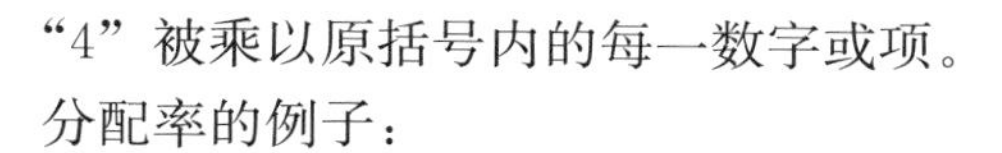

“4”被乘以原括号内的每一数字或项。

分配率的例子：

$$3\times(10+4)=(3\times10)+(3\times4)=30+12=42$$

$$8\times(6+12)=(8\times6)+(8\times12)=48+96=144$$

$$5\times(11-2)=(5\times11)-(5\times2)=55-10=45$$

$$(10-2)\times7=(10\times7)-(2\times7)=70-14=56$$

分配率也可被“逆向”使用：

$$(12\times3)+(12\times7)=12\times(3+7)=12\times10=120$$

3 和 7 均被乘以 12，所以这等于 12“组”“3＋7”。

更多的乘法运算

2 年级结束时，孩子们应该已成功掌握了乘法表中乘以 2、乘以 5 和乘以 10 的乘法运算；到 3 年级时，他们开始学习乘法表中乘以 3、乘以 4 和乘以 6 的乘法运算；在 4 年级结束时，他们将懂得 10×10 以内的所有乘法运算。

有些乘法运算真的很容易学会。显而易见的是乘法表中乘以 5 和乘以 10 的乘法运算。如把“给我 5，给我 10……”作为乘法表中 5 倍的乘法运算的起点。其实，孩子们同时发现乘法表中乘以 2 的乘法运算也相当容易。上课时，他们很可能在数轴上练习“说 1，略 1”。例如：“0、2、4、6 等等”。这可能也是孩子们学习**偶数**的方式（**偶数**是可以被 2 完全整除的数字，因此它们和乘法表中乘以 2 的数字是完全一样的）。

对许多孩子而言，小歌谣很有帮助。

2、4、6、8，我们注意谁！

3、6、9，你们全是我的！

你和自己的孩子也可以一起编一些类似的与数字相关的小歌谣——通常而言，歌谣听起来越荒谬越好。

至于乘法表中乘以 9 的乘法运算，试试这个所有孩子似乎都喜欢的办法：

- 在你面前举起 10 根手指。
- 试想下你想知道 7×9。
- 弯下第 7 根手指（从左到右算）。
- 现在，在已弯曲手指的左边有 6 根手指（代表 6 个 10），而在已弯曲手指的右边有 3 根手指（代表 3 个 1）。
- **答案：**63

现在试想你想知道 3×9：

- 弯下第 3 根手指（从左到右算）。
- 现在，在已弯曲手指的左边有 2 根手指，而在已弯曲手指的右边有 7 根手指。
- **答案：**27

熟练掌握乘法口诀是非常重要的

为什么我会这样想呢？我认为没有掌握好口诀，孩子们在运算过程将永远面对不必要的挣扎。例如，如果孩子们正在学习面积，计算一个长方形的面积，上课时他们学到长方形的面积等于宽度乘以长度。如果不熟悉乘法口诀，孩子们会把大量的时间和精力花费在乘法计算的过程上，而不是学习新的内容。能否熟练掌握除法运算几乎完全取决于是否完全熟练掌握乘法口诀。

但凡事总有例外，这一原则要求不一定适合所有人。这些年来，我曾教过一些学生后来成为卓越的数学家，但他们小学时并没有熟记乘法口诀。所以，如果你的孩子对于这种机械式的学习感到很累，但却似乎掌握了数学的基本原理的话，也不要感到绝望。

在这个阶段，我们仍会期望孩子们能在脑子里做大部分的乘法心算，因此，这里有些重要的技巧可以用来帮助他们。而且当今的课堂教学也侧重于鼓励学生使用这些心算的技巧。

要乘以 4，就是 2 倍再 2 倍。

- 例如：4×18 等于（18 的 2 倍）再 2 倍，即 36 的 2 倍等于 72。

目前这种方法在课堂里很受欢迎，因此，是一种很值得鼓励孩子们在家使用的方法。

- 26×4=(26 的 2 倍再 2 倍)=26×2×2=52×2=104
- 4×145=2×2×145=2×290=580

2 倍也有助于乘以 25 的运算：

1 组 25 等于 25，所以	1×25=25
2 组 25 一定是 50，所以	2×25=50
4 组 25 一定是 50 的 2 倍（即 100），所以	4×25=100
8 组 25 一定是 100 的 2 倍（即 200），所以	8×25=200
16 组 25 一定是 200 的 2 倍（即 400），所以	16×25=400

要乘以 5，就乘以 10 再将答案减半。例如：

- 5×32 等于将（10×32）减半或将 320 减半，即等于 160。

要乘以 20，就乘以 10 再将答案翻倍（即 2 倍）。例如：

- 20×32 等于 **2 倍的（10×32）** 或 **320 的 2 倍**，即等于 640。

要计算乘法表中乘以 8 的乘法运算，可通过翻倍乘法表中乘以 4 的乘法运算：

1×4=4	所以	1×8=8
2×4=8	所以	2×8=16
3×4=12	所以	3×8=24
4×4=16	所以	4×8=32

要计算乘法表中乘以 6 的乘法运算结果，可通过将乘法表中乘以 2 的乘法运算与乘法表中乘以 4 的乘法运算相加：

1×4=4	而	1×2=2	所以	1×6=6
2×4=8	而	2×2=4		2×6=12
3×4=12	而	3×2=6		3×6=18
4×4=16	而	4×2=8		4×6=24
……		……		……

要用一个数字乘以 11，就乘以 10 然后加上这个数字：

$$14\times11=(14\times10)+14=(140+14)=154$$

$$21\times11=(21\times10)+21=(210+21)=231$$

要用一个数字乘以 9，就乘以 10 然后减去这个数字：

$$14\times9=(14\times10)-14$$
$$=(140-14)$$
$$=126$$
$$21\times9=(21\times10)-21$$
$$=(210-21)$$
$$=189$$

使用整数分解以及分配率的方法可以让乘法运算变得更容易：
例如：

- $23\times3=(20\times3)+(3\times3)=60+9=69$
- 43 的 2 倍=2 倍的 40+2 倍的 3=80+6=86

乘以 10 或 100 是孩子们要掌握的非常重要的技巧。
例如：

$4\times10=40$	$3\times100=300$
$32\times10=320$	$56\times100=5\,600$
$763\times10=7\,630$	$928\times100=92\,800$

在某一时刻，我们可能学到的是“如果乘以 10 只需加 1 个零，如果乘以 100 加 2 个零”。这是一种我们现在可能仍会用的简单方法，那么能不能告诉你的孩子这个规则呢？

问题是，如果孩子们没有完全理解为什么这个规则有效，而是鹦鹉学舌般死记硬背，当数字越来越复杂时，他们就不知道如何解题了。例如，这个规则仅针对整数有效，如果是小数则不起作用。

第一章对**位值**（即这代表多少）进行了充分的讨论，但同时我认为常用的方法是帮助孩子大量练习乘以 10 和 100 的运算，然后看看他们是否注意到任何的模式。如果他们察觉到，那么在任何情况下，他们都能自如运用这个规则。

与乘法相关的运算规则

正如我们在其他章节所见，使用相关的运算规则很有用。这正意味着用一个简单的运算去解决一个更难的运算。

例如，要计算“30×7”，我们可以用“3×7”来帮助：

3×7=21 所以 30×7=210

为什么？

	30×7
等于	(3×10)×7
由于乘法能以任何顺序被计算，	
这可被改写成	3×7×10，
等于	21×10，
即	210

同样的，使用相同的相关运算规则：

3×70=210
30×70=2 100
300×7=2 100
3×700=2 100
……

另一个典型的例子：40×8。

使用相关的运算规则，由 4×8=32 可以知道 40×8=320。

这道题的解释如下：

首先，40×8 可被改写成　　　　　　　　(4×10)×8
乘法能以任何顺序被计算，
所以这道运算可被再次改写成　　　　　(4×8)×10
孩子们知道 4×8 等于 32，所以现在
他们要做的是乘以 10 以得到最终答案 32×10=320

整数分解也是乘法心算常用的技巧。例如，要在脑子里进行17×3的乘法心算，则 17 可首先被整数分解成它的十位数和个位数组成部分：17 → 10+7。

- 10 和 7 接下来可分别乘以 3。
- 10×3 等于 30 而 7×3 等于 21。

然后将这两部分的相加，即**再组合**，然后得出最终答案：

30+21=51

概括起来：

17×3 → (10+7)×3 → (10×3)+(7×3)
=30+21=51

整数分解无疑有助于心算乘法，同时对下文归纳的除法列式计算也有帮助。

作为父母亲，我们会见到这个阶段开始引入**非正式的书写列式法**（有时被称为**"纸笔方法"**）。现在把过程写下来只是为了加强他们的理解，一段时间以后，他们最终会运用**标准的书写方法**。

书写计算方法是分阶段逐步建立的，目的是让孩子们有信心顺利进入下一阶段的学习。终极目标（对某些人而言 —— 尽管不是

所有的学生都能达到这个阶段）是让学生掌握传统的长乘法，这你可能从读书时起就熟悉了。

孩子们要轻松使用这些书写运算方法，必须能利用他们到目前为止所学到的所有知识，同时对位值要有十分扎实牢固的理解。

概括而言，要轻松进行乘法运算，孩子必须要有信心能做到以下几方面：

- 掌握 10×10 以内的乘法运算；
- 懂得如何整数分解，例如：39 等于 30 ＋ 9 ；
- 计算 30×7 这类运算，懂得通过使用相关运算规则3×7＝21 以及数的位值知识，计算出 30×7＝210（参见上文）；
- 可将整数相加—— 或者心算或者使用标准列式。

以下为各个阶段：

第一阶段：整数分解

正如上文所见，整数分解非常有助于乘法运算。

早期的书写方法仅记录了具体的步骤。47×3 的非正式手算记录可能看起来是这样的：

```
      47
 40  ＋   7     ×  3
120  ＋  21     ＝141
```

或者可被写成：

$47\times3=(40+7)\times3$

现在我们可改写成（使用分配率）：

$$
\begin{aligned}
47\times3 &= (40\times3)+(7\times3)\\
&= 120+21\\
&= 141
\end{aligned}
$$

再如：

$$
\begin{aligned}
53\times8 &= (50+3)\times8\\
&= 50\times8+3\times8\\
&= 400+24\\
&= 424
\end{aligned}
$$

第二阶段：乘法方格和盒式法

这种方法使长乘法易于理解及操作。对大多数家长而言，这种方法很新、很陌生——但它真的是一种非常简单的进行乘法运算的方法。

使用方格法，34×8 看起来会是这样的：

×	8
30	30×8=240
4	4×8=32

答案：272

34 被整数分解为 30 和 4，每部分乘以 8。接着将 240 和 32 相加得出答案 272。与我们的传统方法相比，它也许不太有效，但使用它孩子们不太可能犯错，因此这种方法被认为更“可靠”。有些小孩进入中学后，会继续使用这种方法或它的变体，而不掌握（事实上也没有必要使用）传统的长乘法。有些小孩会在 5、6 年级开始接触传统的长乘法，一直使用到最后，他们可能认为自己完全没有“必要”使用方格法。还有些小孩则会在整个学生时代将这两种方法结合使用。

下面再举一例演示方格如何帮助更大的数字进行乘法运算。

26 被分解成 20 和 6；32 被分解成 30 和 2。要心算的乘法运算有四则，如必要可使用相关运算帮助求解（例如，2×3＝6 或 20×30＝600）。

26×32：

×	30	2
20	20×30＝600	20×2＝40
6	6×30＝180	6×2＝12

答案：832

随后将 600、180、40 和 12 相加，使用心算或标准列式得出答案 832。

为什么这种方格法可以帮助孩子避免错误以及简化乘法运算呢？是因为将乘法和加法清楚地分成明确的两步。不仅简化了运算，而且帮助孩子们明确了需要遵循的逻辑顺序。我们“传统的”长乘法一步一步的步骤较少，这就是在这个阶段教学生这种方格法的原因。

当孩子们请教长乘法时，家长们常常遗憾对长乘法不练习已经生疏。由于每部手机都装有计算器程序，每台手提电脑都装有电子表格程序，这一现象的出现不足为奇。因此，学习一种更依赖于逻辑而非记忆的长乘法对于成年人而言也是非常有用的。

第三阶段：短乘法的扩展

接下来要介绍的可视为更传统或稍微规范的书写运算方法。

短乘法是一个你可能不太熟悉的术语。简单来说，它指的是一

个数字乘以一个个位数的情况。例如：

- 34×8 是一个短乘法；427×9 也是。

对于 34×8 这种运算，孩子们首先会被要求粗略估计答案——大概算出答案会是多少。

在这个案例中，34×8 比 34×10＝340 要少。随后这可被用于检查所计算答案的合理性（尤其是大小）。

现在来看看这道运算。以下用两种列式来记录运算过程：

或者：		或者：
30＋4		34
× 8		× 8
240	30×8	240
32	4×8	32
272		272

这种方法遵循了与方格法相似的方式，但呈现形式不同。在第一个列式中，34 的分解不太明确，而第二个列式中的整数分解完全是“在你的大脑里”进行的。接着我们还是像前面方格法一样操作，先算“30 倍的 8”，再算“4 倍的 8”。这两部分的答案均被记录，接着将它们相加即得出最终答案 272。

随后将这个答案与近似答案相比较，以确认它是一个合理的结果。

正如在其他章节中所讨论的，**个位数**必须放在**个位数**栏，**十位数**必须放在**十位数**栏，**百位数**必须放在**百位数**栏对齐，以此类推。

再如：47×8

首先，我们先估算答案。47×8 会比 50×8 少，使用相关运算 5×8＝40 可以推断出 50×8＝400。我们预计最终答案会小于这个数字，但在 400 左右。

```
                 47
               × 8
               ----
  40×8          320
   7×8           56
               ----
                376
```

376 的最终答案与我们的估值相比非常合理。

第四阶段：标准短乘法

打下基础后，传统的乘法方法可在这个阶段介绍给某些小学生。重点仍在短乘法，即 1 个数字乘以 1 个个位数。长乘法随后介绍。

例如 47×8 看起来会是这样的：

```
  47
× 8
----
  5
 376
----
```

现在不同于先计算 40×8 再计算 7×8——这是上一阶段的做法——我们会先计算 8×7 再计算 8×40。这些乘法运算是完全相同的，只是运算的顺序不同。推理过程像这样：

- 8×7 等于 56，我将 50 进一位，然后写下 6。而 8×40 等于 320，将这个数字与“进位的”50 相加得出 370。所以 370 + 6 等于 376。

“进位的”50 可以简单记在十位数栏中，或者可记在脑子里。

这可能非常类似于你已做过的（而且可能你仍这样做），只是“你自己的”可能会是这样的：

- 8×7 等于 56，所以我会将 5 进一位，并写下 6。而

8×4 等于 32，将其与进位的 5 相加得 37。

第一种描述在技术上更准确，而且反映了扩展法。对孩子们而言，将以前他们学过的知识与这种新方法建立联系是非常重要的。

但第二种描述更快更简明，对其基本理解后，对某些小学生而言也许会是合适的目标。

现在还有两个阶段：

- 扩展的长乘法
- 标准的长乘法

这些将在下一节中介绍，因为它们主要针对稍年长的孩子。

第三节 追求卓越部分
（适合 5、6 年级及以上，年龄 9～12 岁及以上）

随着小孩继续在数学的旅途上不断探索，他们会发现以上章节涉及的所有乘法规则和方法至今仍在使用。只不过所碰到的数字可能会更大或更小，且问题变得更复杂，但这些原理仍然有效。在这一节中，将让小孩熟悉更多的术语和方法，并将开始接触小数和负数。

但先要完成各个阶段的学习，以建立一种有效进行长乘法计算的方法——前四个阶段已在前一节中进行了概述。通常，其目的在于让孩子们掌握必备方法，使其在 5 年级结束时能进行两位数乘两位数的运算（例如，83×62），在 6 年级结束时能进行三位数乘以两位数的运算（例如，783×42）。

接下来来看最后两个阶段：

第五阶段：长乘法的扩展

正如在前一节中涉及的“扩展的短乘法”一样，扩展的长乘法同样可从**方格法**中推导出。

你可能熟悉长乘法这一术语，但它实际是什么意思呢？它的意思是两个相乘的数字都比个位数大。34×28 就是一个长乘法的例子，427×89 和 720×345 也是。

- “扩展的长乘法”可被视作通往传统的或“标准的长乘法”的过渡阶段。

在计算 26×32 这一类的算术题时，小孩首先会被要求粗略估计答案，或者大概算出答案会是什么。

在这个例子中，26×32 近似于 30×30 等于 900。这随后可被用于检查所计算答案的合理性（尤其是大小）。

下面来看看这道算术题：

	26
	× 32
20×30	600
6×30	180
20× 2	40
6× 2	12
	832

如你所见，这与方格法是非常相似的，只不过它用行列方式而不是方格的形式展示。这一次，26 和 32 的分解更不明显，而且现在是“在你大脑里”进行。接下来我们仍像以往般，先算 20×30，接下来 6×30，然后 20×2 和 6×2。记录下每部分的答案，然后相加得出最终答案 832。

孩子们经常犯的一个错误就是“忘记”乘法运算中要计算所有 4 项相乘的结果。通常，他们可能仅仅计算 20×30 及 6×2。（我没法告诉你我已经见过这种错误的具体次数！）解决这个问题，就要让孩子们“回到”方格法这一步，并向他们展示填满方格中每一个格子的重要性。直到他们有信心（或反复练习以至）记住乘法所有阶段后，才继续进一步学习。

当涉及的数字越来越大时，需要进行更多的乘法运算的训练。例如：

$$
\begin{array}{lr}
 & 364 \\
 & \times \quad 28 \\
\hline
300\times20 & 6\,000 \\
60\times20 & 1\,200 \\
4\times20 & 80 \\
300\times\ 8 & 2\,400 \\
60\times\ 8 & 480 \\
4\times\ 8 & 32 \\
\hline
 & 10\,192
\end{array}
$$

再一次，如前文所讨论的，**个位数**对应**个位数**，**十位数**对应**十位数**，**百位数**对应**百位数**，各个位值对齐。以此类推。

从这个角度看，可介绍长乘法的一个版本。例如：

$$
\begin{array}{lr}
 & 64 \\
 & \times \quad 28 \\
\hline
64\times20 & 1\,280 \\
64\times\ 8 & 512 \\
\hline
 & 1\,792
\end{array}
$$

这一次，仅有 28 被分解，所以需要更复杂的心算。这可能适合也可能不适合你的孩子。如果不适合，把它放一边，继续使用前一版本。

第六阶段：标准长乘法

有些孩子随后（最终，我听到你大叫！）可能会看到某种和我们所做的长乘法非常类似的方法，或者我们可以称为“传统的”或者常规的方法。

你和我可能在学校做的算术题是这样的：

$$\begin{array}{r} 64 \\ \times\ 28 \\ \hline 5\overset{3}{1}2 \\ 1\,280 \\ \hline 1\,792 \end{array}$$

你可能会对自己说：

> 8×4 等于 32，所以我将 3 进一位，把 2 写下来。而 8×6 等于 48，将其与进位的 3 相加得 51。现在我乘以 2，但因为它不是真正的 2 而是 20，所以我要先写下一个 0。2×4 等于 8 而 2×6 等于 12。现在我要做的是将这两行相加。好哇！

今天孩子们可能会用一种非常不同的方式来做这道算术题（很遗憾，它和我们以前做的是有点不一样的）：

$$\begin{array}{r} 64 \\ \times\ 28 \\ \hline 1\,280 \\ 5\overset{3}{1}2 \\ \hline 1\,792 \end{array}$$

这和我们的方式其实非常相似，唯一的区别在于他们会先乘以 20。所以弗雷迪对自己说：

我会先乘以 2，但因为它不是真正的 2 而是 20，所以我需要先写下一个 0。所以 2×4 等于 8，而 2×6 等于 12。

（有些孩子在这个阶段会删掉 2，所以提醒他们要写完全部数字。）

现在，下一行：8×4 等于 32，所以我会将 3* 进一位，写下 2。而 8×6 等于 48，将其与进位的 3 相加得 51。

现在我要做的是将这两行相加。做完了！

*注意，相乘时，进位的数字或者可被草草记下——如本例中的“3”——或者可在脑袋里将其进位（即记在脑子里）。如果它们被草草记下——如上例所示——你必须注意相加时**别忘了**将其包括在内。

再如：

```
   168
×   42
------
  2 3
 6 720
   11
   336
------
 7 056
 1
```

詹姆斯对自己说：

我会先乘以 4，但因为它不是真正的 4 而是 40，所以我需要先写下一个 0。由于 4×8 等于 32，所以我会将 3 进一位，写下 2。接下来 4×6 等于 24，将其与进位的 3 相加得 27。我将 2 进一位，写下 7。而 4×1 等于 4，将其与进位的 2 相加得 6，然后将其写下。

现在，下一行：2×8 等于 16，所以我会将 1 进一位，写下 6。而 2×6 等于 12，将其与进位的 1 相加得 13。将 1 进位，写下 3。而 2×1 等于 2，将其与进位的 1 相加得 3，然后将其写下。

现在我要做的是将这两行相加。

答案：7 056

最后阶段到此为止，它表明乘法心算在孩子的课堂上可能如何被说明。

然而，并非所有小孩或学校都会使用这种方法。很多小孩在尝试使用这种方法时，会弄得一团糟。因此有些学校会避免这种局面，这是可以理解的。看起来它似乎过于抽象而很难记住并将这些步骤组合起来，尤其平时又不常用。

所以更加**非正式的乘法方法**，如**方格法**，在这个阶段仍被广泛使用——但会用上更大的数字以及更大的方格。

有些方格法（稍后会讲到）很有效以至于没必要介绍“旧的”或传统的列式法。

使用方格法，43×16 看起来会是这样的：

×	10	6
40	40×10=400	40×6=240
3	3×10=30	3×6=18

43 被分解成 40 和 3，而 16 被分解成 10 和 6。每部分的答案 400 和 30 以及 240 和 18 随后相加：

```
400
240
 30
 18
———
688
```

使用一种稍微简短的方格法，64×28看起来会是这样的：

×	20	8
60	1 200	480
4	80	32

64被分解成60和4，而28被分解成20和8。我们将这几部分答案相加，得出最终答案：

$$\begin{array}{r} 1\,200 \\ 480 \\ 80 \\ 32 \\ \hline 1\,792 \end{array}$$

这些方格可以被画成任何大小以适应任何算术题：

24×8

×	20	4
8	160	32

答案： 160+32=192

15×3 162

×	10	5
3 000	30 000	15 000
100	1 000	500
60	600	300
2	20	10

答案：

$$\begin{array}{r} 30\,000 \\ 1\,000 \\ 600 \\ 20 \\ 15\,000 \\ 500 \\ 300 \\ 10 \\ \hline 47\,430 \end{array}$$

53×234

×	50	3
200	10 000	600
30	1 500	90
4	200	12

答案：
10 000
1 500
200
600
90
12
12 402

请记住：乘法是**可交换的**。换言之，24×8 等于 8×24。同样的，15×3 162 等于 3 162×15，53×234 等于 234×53，以此类推。因此，方格怎么画或者哪个数字放在顶端哪个数字放在侧边并不重要。无论用哪种方式，答案都会是一样的。你加数字的顺序也不会影响答案。

接着——正如我在上文所提——我将向你展示一种能完全取代传统方法的长乘法，而这种方法也被许多学校作为他们的标准而使用。

与目前我们看到的效率低下且浪费时间——尤其在涉及更大的数字时——的方格法不同，这一种方法出人意料地简明。

纳皮尔法（或“纳皮尔算筹”或“网格法”）

有些小孩发现建立方格或网格开始时有点难。这个问题可以通过给小孩提供预先画好的网格轻易解决。大多数的孩子会很快掌握画网格的技巧。

请看下例详解：

672×39

首先，我们画一个长方形网格或方格。网格要足够大以容纳所有数字，即行和列的数要准确以便纳入乘法运算中的所有数字。

本例中，我们需要一个 3 列 2 行的网格。672 写在顶部，39 写在右侧。

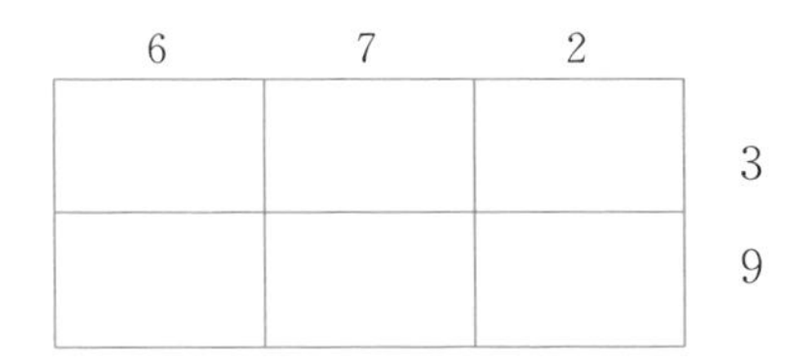

现在我们要画非常重要的对角线。

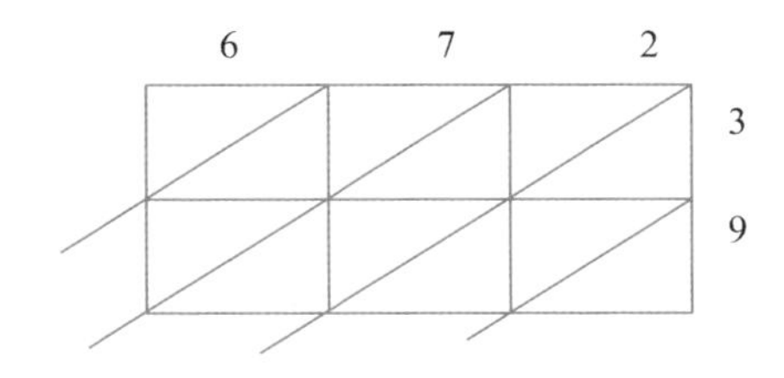

注意对角线是如何将每个小方格（或称为“单元格”）准确地一分为二。对角线也必须从右上角画到左下角——而且应延伸一些至网格外。

现在我们准备开始乘法运算。

顶部的每个数字乘以右侧的每个数字。

因此，这些乘法运算有：

6×3

6×9

7×3

7×9

2×3

2×9

接下来，6×3 的答案，即 18，被放在下图被突出显示的方格中。

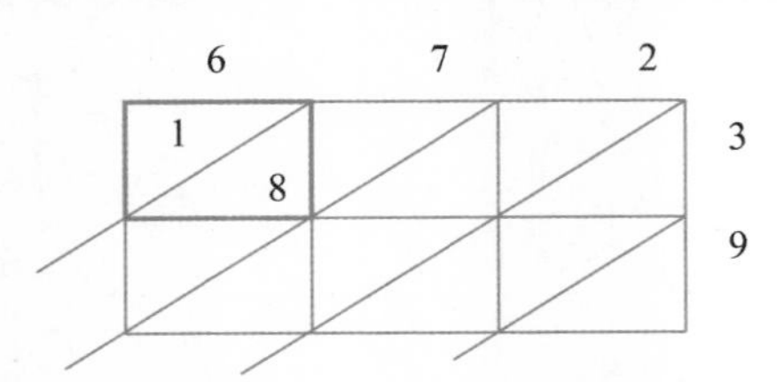

重要的是，**十位数**（本例中的“1”）必须记在对角线上，而**个位数**（本例中的“8”）必须记在对角线下。

其他的乘法运算显示为：

$6 \times 9 = 54$
$7 \times 3 = 21$
$7 \times 9 = 63$
$2 \times 3 = 6^*$
$2 \times 9 = 18$

* 注意：2×3 这道乘法运算，其结果没有**十位数**，只有**个位数**。这必须被记录为方格中突出显示的 06。

现在我们准备相加。

从底部右下角开始，第一条对角线下只有 1 个数字。如图所示，这被记录在网格外部。

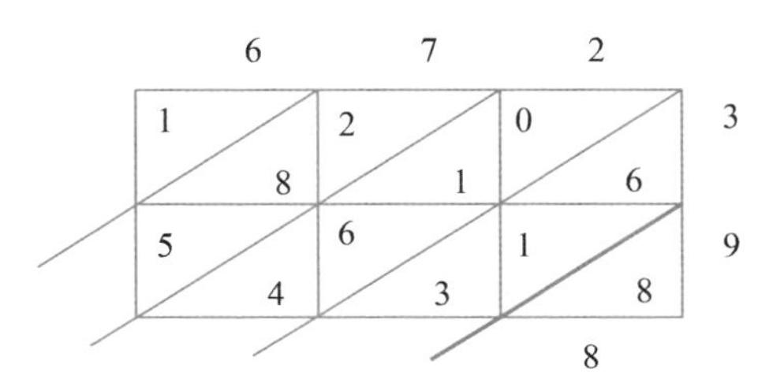

现在，将第一条对角线与下一条对角线之间的数字相加：6＋1＋3＝10。所以0（**个位数**）被记在网格外，而1（**十位数**）如图所示，被进一位记在对角线左边。

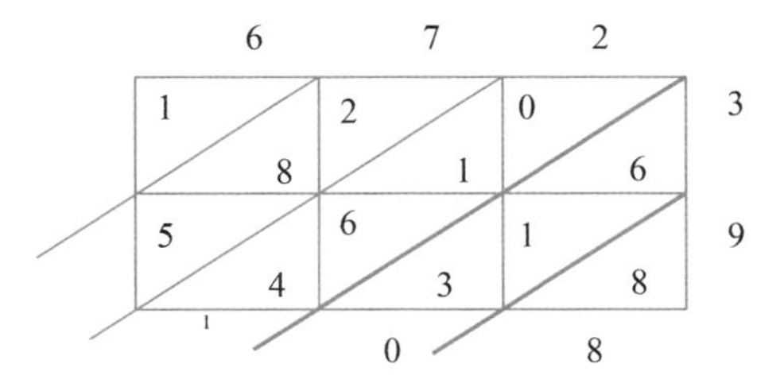

现在，将接下来的两条对角线的数字相加，记住加上进位的数字：0＋1＋6＋4＋1＝12

2（**个位数**）被记在网格外，而1（**十位数**）如图所示，被进一位记在对角线左边：

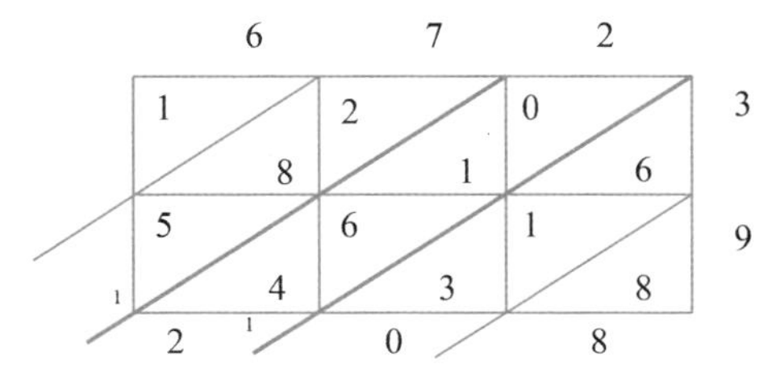

接下来，再次将接下来的两条对角线之间的数字相加，记住要包括进位的数字：2＋8＋5＋1＝16

如图所示，6 记下，1 进一位。

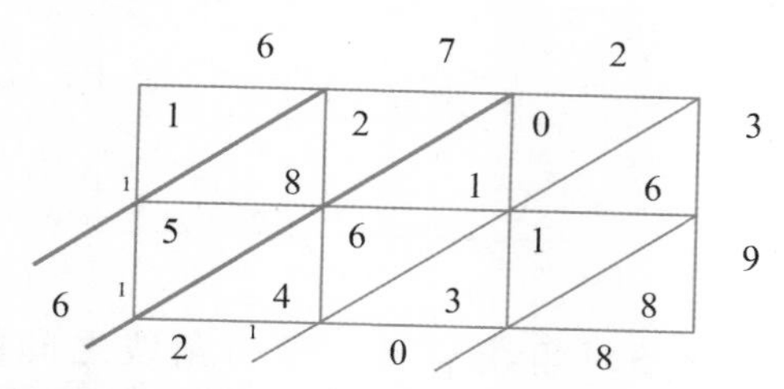

最后，我们看看最后一条对角线上的数字，将它与任何进位的数字相加。

这样一来：1+1=2

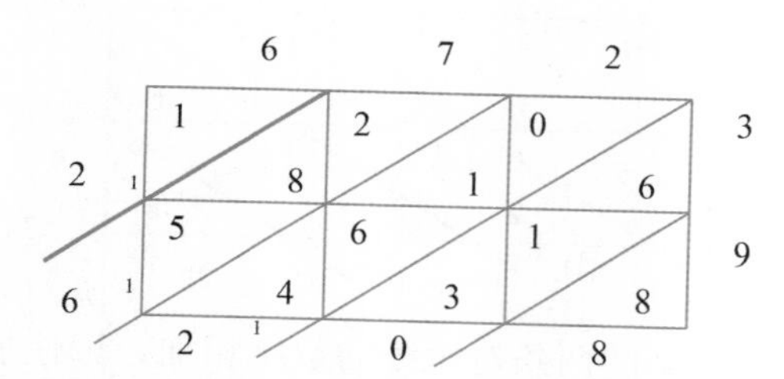

现在我们要做的是记下答案。

只需从网格左上角开始记。

答案： 26 208

再如：64×28，看起来会是这样的：

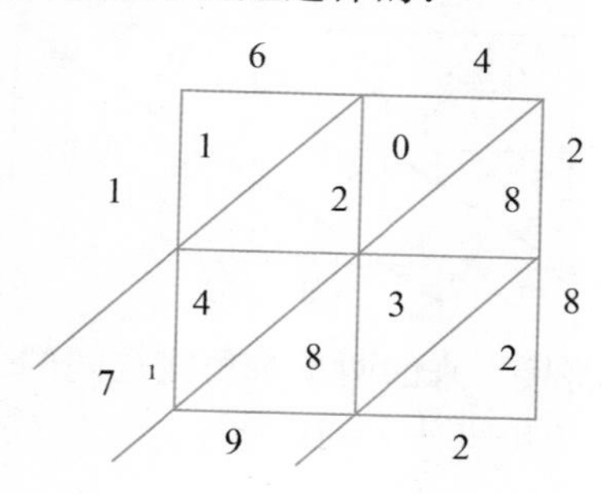

答案：1 792

再如：387×42

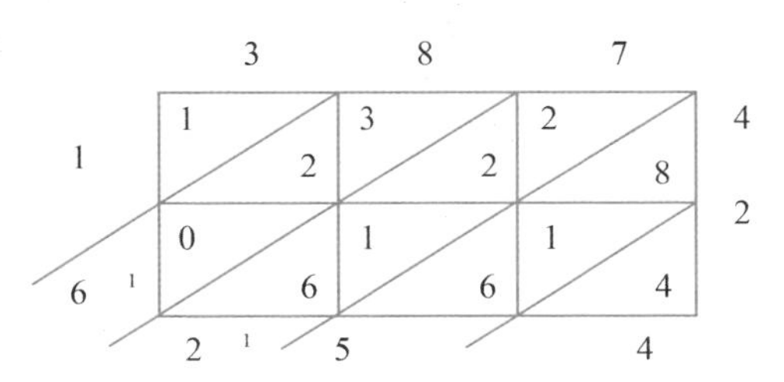

答案：16 254

非常快，非常容易！而且用对角线“保存”位值非常方便。因此，在前例中，不必计算 300×40，我们只需计算 3×4，但答案 12 实际上是通过定位对角线的“路径”被“保存”在 12 000（即 300×40）的位置上的。

这个方法是约翰·纳皮尔（一位来自爱丁堡的苏格兰人）400 多年前发明的，他当时对所有必须做的长乘法感到厌烦。由于当时还没有一个人有远见地创造计算器，因此他决定想出一个更好的办法。继续学习数学的学生们会在高年级时遇到对数，而纳皮尔算法正是这一概念的先驱。

所以，依我之见，纳皮尔算筹对大多数中学低年级的学生而言是非常有效的。一旦他们懂得如何画网格，剩下的就容易了。它仅依靠对个位数进行乘法运算（换言之，如果他们掌握了乘法表，就会发现这些都是小菜一碟）。

更多的乘法表

目的是 4 年级结束时能背出（直至 10×10）的所有的乘法口诀。事实上，孩子们的学习速度不一样，而且稍微修正绝不会有害，所以，更多的练习、更熟悉以及更单调的旧式死记硬背会继续贯穿5、6、7年级及以后。

在教学环境较为理想的学校里，你的孩子进入初中前基本掌握了乘以11和乘以12的运算方法。而一开始就以11的简单倍数形式：11、22、33、44、55、66、77、88、99、110进行练习，学生会觉得11的乘法口诀非常容易掌握。

而算出乘以12运算的一个简单方法是将乘以2的运算结果和乘以10的运算结果相加：

$1\times10=10$	而	$1\times2=2$	所以	$1\times12=12$
$2\times10=20$	而	$2\times2=4$	所以	$2\times12=24$
$3\times10=30$	而	$3\times2=6$	所以	$3\times12=36$
$4\times10=40$	而	$4\times2=8$	所以	$4\times12=48$

除定期操练乘法口诀以外，孩子们还要定期做大量的乘法运算心算练习。如果你接下来继续做更详细的笔算乘法以及/或者决定在计算器上按按钮，心算可让你大概知道结果是多少。

以下是一些值得强调的原则，而且在做心算乘法时可能特别有用。

乘法使得它更大……

当一个（正）数乘以一个比1大的数字时，乘法使其变得更大。

例如

$$3\times1.5=4.5$$

但是，

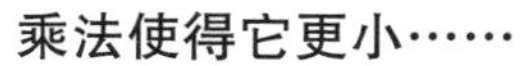

乘法使得它更小……

当一个（正）数乘以一个比 1 小的数字时，乘法使其变得更小。

例如

$$3\times0.5=1.5$$

或者 $3\times1/10=3/10$

或者 $3\times-2=-6$

到目前为止，已介绍了**乘以 10 及 100** 的技巧。现在进一步介绍比乘以 10 更加有影响力的数字，如 1 000，以及用小数来乘的技巧。例如：

$4\times10=40$	$3\times100=300$	$7\times1\,000=7\,000$
$32\times10=320$	$56\times100=5\,600$	$49\times1\,000=49\,000$
$5.2\times10=52$	$9.8\times100=980$	$3.5\times1\,000=3\,500$

在前一节中，我们提到是否能教孩子“如果你乘以 10 只需加一个零，如果你乘以 100 只需加两个零，如果你乘以 1 000 只需加三个零。”总的回答是：不！用小数来乘时，如 9.8×100，如果孩子们只是鹦鹉学舌般到处加零，而不理解为什么他们要这样做，就会犯各种各样的错误。

常见的**错误**答案有：

$9.8\times100=9.800$

$9.8\times100=900.8$

$9.8\times100=90.80$

$9.8\times100=90.8$

正确答案是：

9.8×100=980　或者　9.8×100=980.0

我们需要再次关注数字的“位值”并将这个数字看成：

百位	十位	个位	.	十分之一位
		9	.	8

现在，乘以 100 意味着每个数字变大 100 倍，因此答案是：

百位	十位	个位	.	十分之一位
9	8	0	.	0

再如：

4.236×100

百位	十位	个位	.	十分之一位	百分之一位	千分之一位
		4	.	2	3	6

答案：

百位	十位	个位	.	十分之一位	百分之一位	千分之一位
4	2	3	.	6	0	0

所以 4.236×100=423.6

老师可能曾经告诉过你：“如果乘以 10，将小数点向右移一位；如果乘以 100，移两位；如果乘以 1 000，移三位。”

你和我可能就是这样做的，而且我们也得出了正确的答案。但能不能这样跟我们的孩子们说呢？为了在技术上是正确的，我们应重复今天在课堂上教的大致内容，即：

- 数字移动，但小数点在原位上保持不动。
- 进行乘法运算时，数字向左移动（乘以 10 移一位，乘以 100 移两位，乘以 1 000 移三位，以此类推）。

这肯定是更正确的解释，尽管它听起来不怎么简洁！

最好的办法可能是让小孩做大量的小数乘以 10、100 及 1 000 的练习，并看看孩子们是否注意到任何模式。如果他们注意到了，那么他们可能开始找他们自己的“规则”。

用百位数和千位数计算的确会导致许多常见的错误答案，即使是相当简单的乘法运算。

请看：

3 000×200

典型的非正确回答包括：

6 000 或 60 000

要得到正确答案，我们可将这道运算改写为：

3 000×2×100

6 000×100

接下来用一个与上述例子类似的表：

6 000×100

千位	百位	十位	个位
6	0	0	0

答案（将每个数字向左移 2 位）：

十万位	万位	千位	百位	十位	个位
6	0	0	0	0	0

因此，3 000×200＝600 000

更多的心算策略

现在我们看到孩子们如何积极寻找简单快捷的方法进行心算。

下面的例子中，每个数字被分解成数个组成部分，接下来翻倍每部分然后再把它们放回原处组合：

- 86 翻倍＝80 翻倍＋6 翻倍＝160＋12＝172
- 168 翻倍＝100 翻倍＋60 翻倍＋8 翻倍＝200＋120＋16＝336
- 249 翻倍＝200 翻倍＋40 翻倍＋9 翻倍＝400＋80＋18＝498

最后一个例子也可以像这样解决：

- 249 翻倍＝ 250 翻倍－1 翻倍＝500－2＝498

前面我们看到乘法等于加法。举个简单的例子，4×6 等于 4“组”6，也就是 6＋6＋6＋6，等于 24。我们可以使用同一原则——但方向相反——做更复杂的算术题。

例如：

61＋64＋60＋67

通过简单的指导（以及一些简单分解），孩子们可以看到这道有着 4“组”60 及一些“额外数字”的算术题可以被改写成：

60＋60＋60＋60＋1＋4＋0＋7

或写成

4×60＋(1＋4＋0＋7)

等于

240＋12

等于

252

再如：

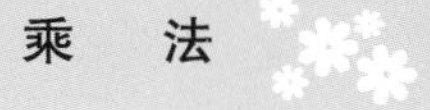

80＋81＋84＋89＋82

等于

5×80 ＋(0＋1＋4＋9＋2)

等于

400＋16

等于

416

乘以 10 普遍被认为要比乘以 5 容易。在下面每道算术题中，我们可以乘以 10 然后把结果减半。

18×5＝？　**答案：** 18×10＝180　将其减半得到 90
12×5＝？　12×10＝120　将其减半得到 60
32×5＝？　32×10＝320　将其减半得到 160

乘以 50 可以用一种非常类似的方法来计算：乘以 100，然后把结果减半。

例如：

24×50＝？　24×100＝2 400　然后将其减半得到 1 200
16×50＝？　16×100＝1 600　然后将其减半得到 800
49×50＝？　49×100＝4 900　然后将其减半得到 2 450

另一种让乘法运算更容易的常用策略是这样的：将问题中规定的偶数**减半**，进行简单的乘法运算然后将结果**翻倍**。

例如：

6×13 等于 **(3×13) 的翻倍**　**答案：** 78
12×7 等于 **(6×7) 的翻倍**　**答案：** 84

14×11 等于（**7×11**）**的翻倍**　　**答案：**154
9×24 等于（**9×12**）**的翻倍**　　**答案：**216

16 倍的乘法运算可通过翻倍乘以 8 的乘法运算计算出。

例如：

16×7 等于（**8×7**）**的翻倍**　　**答案：翻倍** 56＝112

同样的，乘以 24 的乘法运算可通过翻倍乘以 12 的乘法运算（其本身就是**翻倍**乘以 6 的乘法运算）计算出。

而乘以 36 的乘法运算毫无疑问可通过翻倍乘以 18 的乘法运算计算出，乘以 18 的乘法运算本身就是**翻倍**乘以 9 的乘法运算。

在脑子里进行乘以 25 的运算的一种方法是先乘以 100，然后将答案除以 4。

例如：

14×25＝14×100÷4＝1 400÷4＝350
9×25＝ 9×100÷4＝ 900÷4＝225
82×25＝82×100÷4＝8 200÷4＝2 050

要在你的脑子里乘以 15 呢？可以先乘以 10，接着将结果减半，然后将两部分相加。

例如：15×18 可像这样计算：

10×18＝180
5×18＝90（实际上它正是 180 的一半），

因此，

15×18＝180＋90＝270

所以 15×32 可像这样计算：

10×32=320

5×32=160(实际上它正是 320 的一半),

因此,

15×32=320+160=480

接着,我们来看看在继续学习乘以小数及负数前,孩子们目前可能接触的新概念。

公倍数和最小公倍数

公倍数会导致一些常见错误!关于倍数、因子、最大公因子和最小公倍数……人们常常有很多的误解。这是什么意思呢?

在 6 年级时(10~11 岁),有些孩子会接触**“公倍数”**和**“公因数”**的概念,接下来在中学低年级这些概念会帮助他们理解最小公倍数和最大公因数的概念。

首先,什么是倍数?简单来说,它们就是乘法表中的结果。所以 6 的倍数是:6、12、18、24、30、36、42、48……

倍数是无穷的,在这个例子中,你可以不断地加 6 以求出下一个,及下下个——这个序列永远不会结束。

6 的第 10 个倍数会是上述列表中的第 10 个(或 10×6),即 60。6 的第 18 个倍数会是上述列表中的第 18 个(或 18×6),即 108。

同样,8 的倍数是:8、16、24、32、40、48、56、64,以此类推。到目前为止,一切顺利!

其次,什么是**公倍数**?公倍数指的是两个数字共同拥有的倍数。下面用例子来说明。

我们已见到的 6 的倍数是:

6、12、18、**24**、30、36、42、**48**……

而 8 的倍数是：

8、16、**24**、32、40、**48**、56、64……

现在我们看看能不能找到相同的倍数。

嗯，是的，24 和 48 同时出现在两个列表中，因此是 6 和 8 的公倍数。

当然，还有更多的公倍数，如果我们将这个倍数的列表延长，会看到它们。

最后——什么是最小公倍数？到此为止，我们已经知道公倍数是两个数字共有的，所以现在我们可以找最小的。对 6 和 8 来说，最小公倍数是 24。

计算另一个例子：

- 贝丝被要求算出 3 和 5 的最小公倍数。
- 她先列出 3 和 5 的一些倍数。
- 3 的倍数是 3、6、9、12、**15**、18、21、24、27、30、33……
- 5 的倍数是 5、10、**15**、20、25、30……
- 贝丝现在看看是否有任何公倍数，如果有，哪一个是最小的。
- 她看到它们确实有些共同的倍数，而 15 正是最小的。

答案： 15。

公因数和最大公因数同样非常直观，对它们的解释会放在下一章节：除法。

小数乘法运算

大部分小学生会接触到小数的乘法。孩子们熟练掌握整数的乘法书写列式之后，才能顺利地学习小数乘法运算。

那么我们如何将整数乘法的书写方法延伸至小数乘法呢？这非常容易，小学生普遍应该掌握用一个小数乘以一个整数个位数的乘法。

同一方法在“发展提升部分”中早已介绍，而且在这一节开始时也进行了应用。我们只需要非常小心小数点的位置。例如：

3.92×4

使用方格法：

×	4
3.00	3.00×4=12.00
0.90	0.90×4=3.60
0.02	0.02×4=0.08

将各组成部分相加（要非常确保小数点对应小数点）：

$$\begin{array}{r} 12.00 \\ 3.60 \\ 0.08 \\ \hline \text{答案：}15.68 \end{array}$$

或者使用一种展开的方法：

$$\begin{array}{lr} & 3.92 \\ \times & 4 \\ \hline 3.00\times4 & 12.00 \\ 0.90\times4 & 3.60 \\ 0.02\times4 & 0.08 \\ \hline & 15.68 \end{array}$$

或者在乘以一个个位数时，使用标准（“传统的”）列式方法：

$$
\begin{array}{r}
3.92 \\
\times \quad 4 \\
\hline
\overset{3}{1}5.68
\end{array}
$$

运算思路是这样的：

- 先把小数点放在答案中，恰巧是在运算式中小数点的下方。
- 4×2 等于 8，所以写下 8。
- 4×9 等于 36，把 3 进一位，写下 6。
- 4×3 等于 12，与进一位的 3 相加得到 15。

此处**至关重要**的是，答案中的小数点是与运算式中的小数点排成一列的，而且是在**正下方对齐**的。

进入中学的低年级，孩子们开始学习用一个小数乘以另一个小数，如 3.4×2.1。

上面的方法在这种计算中所起的作用并不是非常直观。

想象：

$$
\begin{array}{r}
3.4 \\
\times \ 2.1 \\
\hline
\end{array}
$$

小数点会放在答案的哪个位置呢？即使不再乘以**十位数**，你仍要将一个 0 放在顶行？

要算出答案，传统的长乘法仍然有效，但在处理小数时需要更多的考虑。下面我们将讨论这一点。

个人而言，我认为纳皮尔算筹非常有利于小数乘法：

- 对于 3.4×2.1

  这个方格如前文所示可画成：

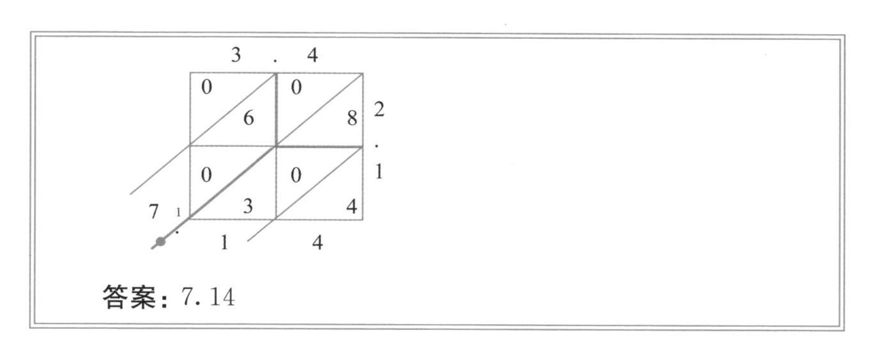

答案： 7.14

将小数点放在答案中正确位置的技巧是非常简单的——前提是我们知道怎么做！把一根手指指在网格顶部数字的小数点上，另一根手指指在网格右侧数字的小数点上。如图所示，一根手指沿着垂直线往下，另一根沿着水平线移动。**你的两根手指相遇的地方，正是你从此处沿对角线向下获取答案的那一点。而这就是你确定小数点的位置（参见上图）。**

这个方法适用于所有的小数乘法运算。它也是大部分孩子最终都能掌握的方法——不同于后面列出的更标准的程序。

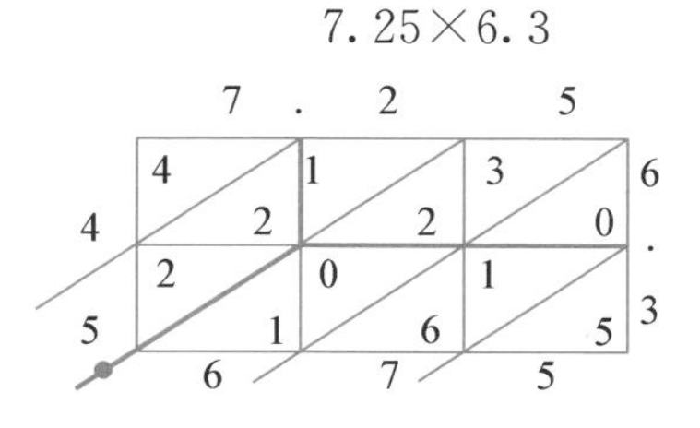

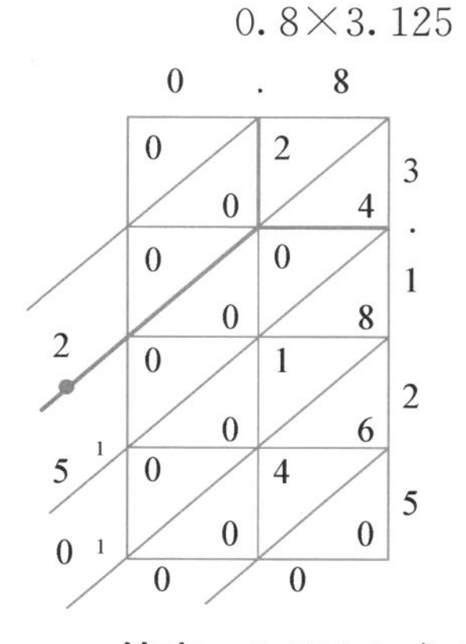

答案： 45.675

答案： 2.500 0 或 2.5

回到长乘法，你的小孩可能已经知道解决像 7.25×6.3 这种运算的标准方法是依靠他们先理解 7.25 等于将 725 除以 100，同样的，6.3 等同于 63 除以 10（事实上，情况并非总是如此，而且这可能是一块很大的绊脚石）。

理论上我们有：

$$7.25\times6.3=\frac{725}{100}\times\frac{63}{10}=\frac{725\times63}{100\times10}=\frac{725\times63}{1\,000}$$

接下来用传统方法计算 725×63

```
      725
×      63
---------
   1 3
   43 500
      1
    2 175
---------
   45 675
```

最后 45 675 除以 1 000，得出最终答案为 45.675。

下面是一个更具挑战性的例子：

$$6.17\times4.13$$

这依赖于小孩们已经理解 6.17 等于 617÷100，4.13 等于 413÷100 。

$$6.17\times4.13=\frac{617}{100}\times\frac{413}{100}=\frac{617\times413}{100\times100}=\frac{617\times413}{10\,000}$$

接下来用传统方法计算 617×413：

```
      617
×     413
─────────
  246 800
    6 170
    1 851
─────────
  254 821
```

最终 254 821 除以 10 000，得出答案 25.482 1。

这里有很多需要孩子们处理。因此，使用捷径可能是十分宝贵的起点。下面就是这样一个捷径。

- 对 6.17×4.13 而言，先忽视小数点，进行 617×413 的乘法运算（如上文）。现在数数算术题中小数点后出现的数字（右边的数字）的数目。6.17×4.13 例中一共是 4 个。

这是答案中小数点后必须出现的数字的数目。

现在 $617\times413=254\ 821$
所以 $6.17\times4.13=25.$**482 1**

因此对于 7.25×6.3，我们只需要简单计算 725×63（从上例中我们知道，等于 45 675），接下来将小数点“放回去”。运算式中小数点后一共有 3 个数字，所以答案中小数点后一定有 3 个数字：$7.25\times6.3=45.675$。

这个“诀窍”是有效的，但必须数出小数点后所有的数字——即使是零。

对 0.05×0.125 而言，标准的方法会是这样的：

$$0.05\times0.125=\frac{5}{100}\times\frac{125}{1\,000}=\frac{5\times125}{100\,000}=\frac{625}{100\,000}=0.006\,25$$

使用捷径，我们可以计算 5×125（等于 625），然后数数运算式中小数点后的数字的数目。

0.05×0.125 这道运算，小数点后一共有 5 个数字。

因此，答案中小数点后一定有 5 个数字。

所以，0.05×0.125=0.006 25。

由于开始时没有足够的数字——625 是三位数——我们必须用零“填补”必要的位置。关于这一点更多的内容会出现在第五章：除法，但是，现在只需要注意到数字前“填上的”是补位的零，就足够了，所以本例中是在数字 625 前补位。

有些人会强烈反对“数数字”的做法，他们认为这是无意义的愚蠢的想法。原则上，我完全同意要教给学生完整的、恰当的方法，因为理解是学习的基础。

但是，有时候我的确认为对很多孩子而言一下子要讲的内容这么多，会使他们觉得最终目标模糊且太难而无法实现。在这个例子中，捷径实际上还能促进孩子在后期学习中对数字更加充分地理解。事实上，只要孩子掌握了数数字这一方法，他们就能掌握两位小数的乘法运算，因为数数字的“有效”确实能帮助他们理解数字的位值。

用负数来乘

大部分的孩子初中才接触这一内容。

- 记住：负数可被写成带括号或不带括号的。比如“负 3”

可被写成（—3）或—3。

我们来看看：

$$4\times(-2)$$

4×(—2）意味着“4 组（—2)”，可以写成（—2)＋(—2)＋(—2)＋(—2)。

根据我们掌握的负数相加的知识，我们知道

$$(-2)+(-2)+(-2)+(-2)=-8$$

因此，

$$4\times(-2)=-8$$

同样：

$$5\times-3:$$
$$5\times-3=-3+-3+-3+-3+-3=-15$$

另一种方法是将—3 看成欠了 3 英镑，因此，5×—3 就像欠 3 英镑 5 次，结果是一共欠了 15 英镑，即—15。

(—10)×6 又怎样呢？

如前文所述，乘法可以按任何顺序运算（交换律），所以(—10)×6 与 6×(—10）是完全一样的。

而

$$6\times(-10)=-10+-10+-10+-10+-10+-10$$
$$=-60$$

那么，(—3)×(—7)，两负数相乘又怎样呢？

答案是正数，因此（—3)×(—7)＝21。

但是，为什么两个负数相乘，答案为正数？这种运算常会让学生出错。

两负数相乘，答案总是正数。

我会尝试提供一个解释。

首先，我们思考下日常语言和双重否定。

- “7年级，你**不能不学习**！”换言之“7年级，请继续学习。”
- “奥利弗，请！**别停止**吃！”换言之“奥利弗，请尽情地吃。”

我们很熟悉双重否定，知道双重否定实际上表示肯定。这一点不仅适用于日常语言也适用于数学。

在这个阶段，并不总能这么轻易掌握这个概念，孩子们可能只需要**学习**下面这些规则：

- 一个正数乘以一个正数，答案为**正数**。
- 一个正数乘以一个负数，答案为**负数**。
- 一个负数乘以一个正数，答案为**负数**。
- 一个负数乘以一个负数，答案为**正数**。

通常这些规则被总结在类似下面的这样一个表格中：

$$+\ \times\ +\ \rightarrow\ +$$
$$+\ \times\ -\ \rightarrow\ -$$
$$-\ \times\ +\ \rightarrow\ -$$
$$-\ \times\ -\ \rightarrow\ +$$

因此，如果符号是一致的（都是正的或都是负的），答案会是正的。

如果符号不同（一个是正的而另一个是负的），答案会是负的。

对小孩而言，他们也许只要专注就能学会这一知识！

下面有一些例子：

$$6\times 3 = 18$$
$$6\times -3 = -18$$
$$-6\times 3 = -18$$
$$-6\times -3 = 18$$
$$4\times -5 = -20$$
$$-9\times 3 = -27$$
$$(-8)\times(-2) = 16$$
$$(-7)\times 4 = -28$$
$$-2\times -8 = 16$$
$$-3\times 10 = -30$$

与上表类似的图表在除以负数时也同样有效。除法在下一章中会详细讨论。

除　法

这是“算术四则运算”中的第四种。除法通常被视为四则运算中最难的，这是有一定道理的。然而，知道除法只不过是乘法的**逆运算**（即截然相反）非常有用，而且已经具备加减乘三种运算良好的基础对学习除法也有很多的帮助。

除法（和乘法）往往会比加法和减法更晚些介绍给孩子们。正如下面将看到的，孩子们要先能加、减和乘，才能学除！

长除法对于很多学生而言是“最终目标”，但值得注意的是现在所教的长除法与我们大多数人求学时就熟知的长除法是完全不同的。因此，可能需要一些时间才能适应并接受。然而，就我们在前几章中见的所有手算方法而言，这一目标是在不同的阶段逐渐建立的。

孩子们将会在几年的时间内学习这些不同的阶段，而且仅当他们准备好了才会从一个阶段继续前进到下一个阶段。如果长除法的这种新方法是你不熟悉的，你可以按部就班、循序渐进。

在本章中，你会遇到新的术语如“**重复减法**”和“**组块**”。它们都被解释得很清楚，我确定你一旦读过一定会理解的。根据实际经验可以大致推断出，孩子们可能通过使用以下方法进行除法运算：

- 2 年级的“重复减法”。
- 4 年级简单的“组块”。
- 6 年级更标准的书写方法。

第一节　理解基础部分

（适合 1、2 年级，年龄 5～7 岁）

孩子们可能听过或用过许多与除法有关的不同术语，如，等分、分组、除、相等的组、减半、除以、把……分成、可整除的、

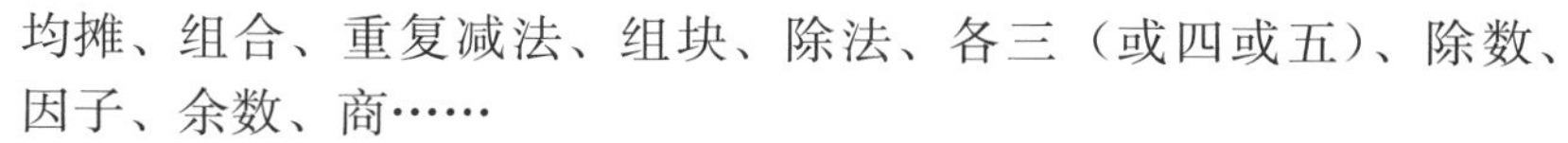
均摊、组合、重复减法、组块、除法、各三（或四或五）、除数、因子、余数、商……

除法往往会晚于加法和减法被引入，一般是在 2 年级刚开始的时候（大约 6 岁）。在此之前，小孩可能要具备把数字减半和将事物等分归组的经验。

本节所讨论的内容，是大部分的孩子从 2 年级开始经历和接触的。

除法的概念可以用两种方式来解释。作为成年人，我们可能不假思索地将两者混合使用。第一次发现除法的幼童们不会有这样的意识。向孩子们展示，除法能以两种替代性的方法解释（如下文所示），可以促进真正的理解。

平均分配

孩子们常常在故事的语境下接触到“等分”的概念。如：

- 袋子里有 10 颗糖果，有两个小朋友今天生日，那么我们该如何将这些糖果平分给他们呢？我们过生日的小朋友每人能得到多少颗呢？

这体现了平分 10 颗糖果（构建模式）：每人 1 粒轮流分发，直至 1 颗不剩。一旦“发糖果”完成，分发到每个孩子的量即可数出。每个孩子会得到 5 颗糖果，这就是答案。

接下来就可以向孩子们介绍除法的符号并向他们展示如何记录这则运算。在这种情况下，$10\div2=5$。

> 除法符号（÷）还可以用“/”（如 1/2）或“—”（如$\frac{1}{2}$）表示
>
> 因此上述的运算也可以被记录为$10/2=5$，$\frac{10}{2}=5$

再如：

> ● 袋子里有 15 个弹珠，你们 3 人可把它们平分。
> 15 个弹珠可按 1 次 1 个分发，直至全部发完为止。每个孩子会注意到他有 5 个弹珠。
> **答案：** 5　15÷3=5

重复减法（或分组）

另一种描绘运算“10÷2=5”的方法是从 10 中不断地减 2 直至减无可减。然后算算一共减了多少次“2”。

10－2=8
8－2=6
6－2=4
4－2=2
2－2=0

从上可知，2 被减了 5 次。

答案： 5　10÷2=5

这与“多少个 2 构成 10”的表达是一样的。换言之，小孩正将一个 10 分成“若干”组 2。

开始的时候，小孩不妨给每组 2 画个“圈”或“框”，直至再也画不出为止。然后他们只需要算出已圈组的总数就可得出答案。这会比做实际的减法运算要容易。

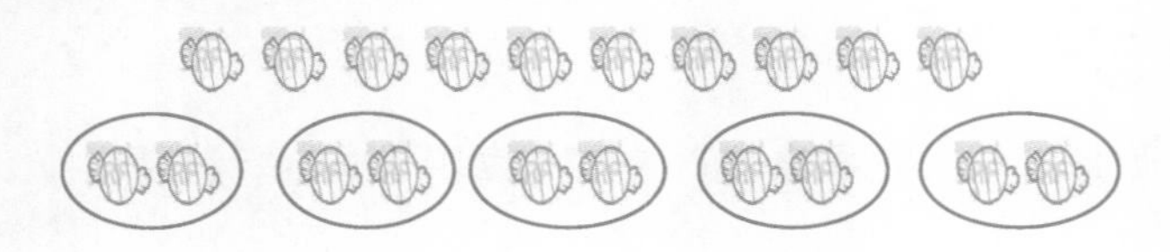

再举另一个重复减法运算的例子：

15÷3

不断减 3 直至无数可减。然后算算总共减了多少次 3。

15－3＝12

12－3＝9

9－3＝6

6－3＝3

3－3＝0

3 被减了 5 次。

答案：5 15÷3＝5

这与“多少个 3 构成 15”的表达是一样的。换言之，孩子们正将一个 15 分成“许多组”3。

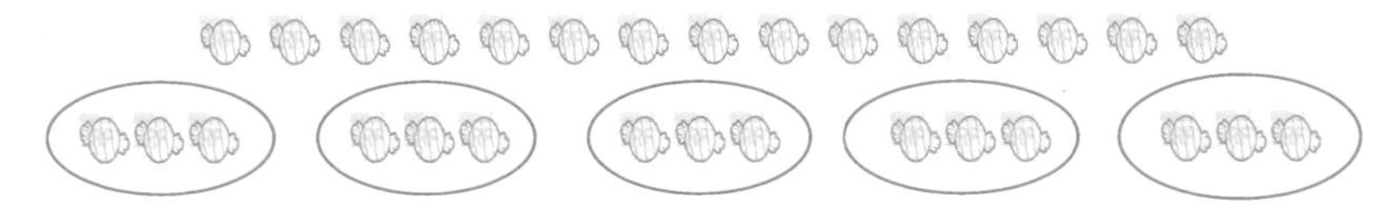

“均分”和“重复减法”之间的区分有时候看起来十分微妙。展示“均分”的一个真实例子就是人们打牌时发一副牌的过程。按照一定顺序给每个打牌的人一轮一张发下去直至无牌可发。接着每个打牌的人低头看他们“手”上的牌，看看他们被发了几张牌。

如果孩子们实在无法弄到真牌模仿发牌方式，他们可以用便条速记方式记录发牌数量。想象一下，一副牌 52 张，发给 4 个朋友：路易、里科、阿尔菲和哈里。孩子们可以在纸上画个点或做个记号以记录已发出去的牌，同时不间断地数数和分牌，直至数到 52。

首先给路易发一张牌，然后给里科，接着给阿尔菲，最后发给哈里；接下来照此顺序发第二张牌并以此类推。记录也许看起来会像这样：

路易　　里科　　阿尔菲　　哈里

←此处记录表明 10 张牌已被分发

……

现在全部 52 张牌都被分发完。

将每一栏中的纸牌数相加，可得出每个朋友名下有 13 张牌。

因此，当 52 张牌被发给 4 个人时，每人手上有 13 张牌。

$52 \div 4 = 13$

“重复减法”通常多见于与钱相关的场景中。试想象：

- 苏菲生日时收到了一部手机，以及为手机充值（本年内每周 1 英镑）的 52 英镑的现金。每次充值要花 4 英镑。苏菲能为她的手机充值多少次？

此计算是 $52 \div 4$

每次苏菲充值，她的现金总额就会减少 4 英镑。换言之，4 英镑会被反复减去直至一分不剩。

$52-4=48$

$48-4=44$

44－4＝40

40－4＝36

36－4＝32

32－4＝28

28－4＝24

24－4＝20

20－4＝16

16－4＝12

12－4＝8

8－4＝4

4－4＝0

4 被减了 13 次，因此 52 ÷ 4＝13。苏菲可以为她的手机充值 13 次。

或者，孩子们可以想想多少“组”4 能构成 52？如果他们对乘法表很熟悉就能做到这一点。这与把 52 分成许多“组”4 是一样的。13 组 4 构成 52。

你可以马上看到为什么熟悉乘法口诀对成功的除法而言是很重要的垫脚石。

当孩子们第一次与除法打交道时，让他们理解除法中除数的位置是**非交换的**（即 15÷3 和 3÷15 是不一样的），非常重要。他们不需要知道这个术语，但他们需要明白这个单词所体现的重要的规则，即除法不能随意改变顺序来计算。

如上述例子：15÷3 和 3÷15 是很不一样的，因为 15÷3＝5 而 3÷15＝0.2。

孩子们认为除法比乘法更复杂一些的一个可能原因是：就乘法本身而言，数字出现的顺序是不重要的：

3×5 与 5×3 是完全一样的。

除法的另一规则是：需要熟知除法是乘法的**逆运算**，反之亦然。

同样的，小孩不需要知道这个术语，但他们要尽早理解：除法是截然相反的，因此会“解除”乘法；正如乘法是截然相反的，因此会“解除”除法。

例如，4 个孩子一共有 20 颗糖果，他们想要公平地把糖果分给每个人，会用 20 除以 4。

那么每个孩子会开心地得到 5 颗糖果。

这时候，其中 1 个孩子的妈妈过来问：“你们 4 个人吃了多少颗糖果?”

其中 1 个孩子马上说：“啊，一点不难。4 组 5，5 的 4 倍一共是 20。”

本章稍后会有更多关于逆运算规则的讨论。

教师有时候会要求孩子写**算术运算式**。想象一下，黛西正在做一些除法算术题。她拿定主意要将 15 个弹珠分给她的三个朋友：佐依、马克斯和蒂莉。因此她需要平均分配这些弹珠。黛西把弹珠分完了，看到每位朋友得到 5 个弹珠。“干得好，黛西!”老师说，“你现在能把这作为一个算术运算式记录下来吗?”

除法运算式要使用除号（“÷”）和等号（“＝”）。

所以黛西写道：15÷3＝5。就这么简单。

使用符号

算术运算式还可以包括一些符号，如用■和▲来代表数字。下面例子的任务是算出每个符号代表什么数字。这是强化除法是**非交换的**规则的真正有用的练习。

例如：

20 ÷ 5 = ■	答案：■ = 4
9 ÷ ▲ = 3	答案：▲ = 3
⬢ ÷ 4 = 2	答案：⬢ = 8
⬢ ÷ ▲ = 9	可能的答案：⬢ = 18 ▲=2

纠结的除法

为什么比起乘法，孩子们（及大人们）往往更纠结于除法？

这是一个很好的问题，但我认为造成这一现象是有确实原因的。

第一，乘法练习的机会更多。大多数学校的大部分孩子在很早的时候就开始学习**乘法表**了。但在过去，乘法和除法之间的联系很少被强调——尤其是在重要的形成阶段。

孩子们一学会 7×8=56，就应该马上学习 56÷8=7 以及 56÷7=8。有人说除法是乘法的坏伙伴，还有说周一早上的乘法表测试应该被每天的除法表测试取代。

就如下列算式：

24÷6=?

60÷6=?

18÷6=?

42÷6=?

54÷6=?

30÷6=?

……

第二，除法的答案并不总是整数，因此，有时候我们可能在最没想到的时候无意卷入了分数和小数的领域。

- 整数乘以 2，其所得的答案总是整数。

- 整数加上或减去 2，其所得的答案也总是整数。

整数除以 2，其所得的答案可能是整数也可能不是！如 18÷6=3 而 18÷8=2.25。

在初期，孩子们在进行除法运算时，会通过使用**“余数”**避开分数和小数。这就像一个有用的附加条款，使事物变得简单且容易处理。

例如：17÷5

答案：3 余 2

第三，正如我们所见，与乘法不同，除法中除数的位置是**非互换的**，所以孩子们要格外留心数字的顺序。尤其是在文字型的题目中，例如：

“一支铅笔 15 便士，60 便士能买几支？”

60÷15=4

答案：60 便士能买 4 支

乘法表

以上种种归结起来，对除法有信心的关键是：对乘法表了如指掌。无论从内到外、从上到下还是从后往前都要烂熟于心。

孩子们将在这个阶段开始学习乘法口诀。此阶段孩子们学习的总体目标是到 7 岁（2 年级结束）时，要掌握乘以 2、乘以 5 和乘以 10 的乘法运算。

如果孩子们不但熟记了乘法口诀而且懂得了怎样运用，学习除法就变得“水到渠成”了。知道 9×5=45 并且懂得这意味着 9“组”5 构成了 45，会自然而然地让孩子们认识到 45÷5=9，因为他们将能回答“多少组 5 构成 45”（即将 45 分成“多少组”5）这

样的问题。

以完全相同的方式，孩子们将能做 45÷9 的运算，及将 45 分成“多少组”9，45÷9=5。

数轴又来了！

数轴可通过两种略有不同的方式运用于除法运算中。

例如：

10÷2

孩子们可从 10 开始，以两个数为单位回跳（向左）至 0（沿着相似的线条一直向前跳就像上文描述的**重复减法**）。然后他们数数跳了多少次，就可以知道多少组 2 构成 10。

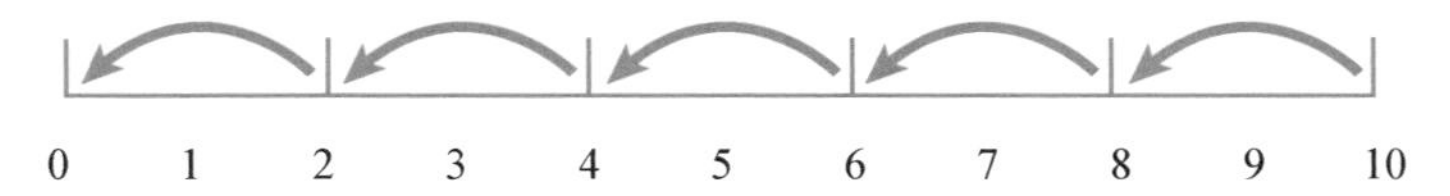

或者，孩子们可从 0 开始，以两个数为单位，跳至 10，此时线条数代表的是：“多少组 2 才跳到 10?”数数跳了多少次就能找到答案。

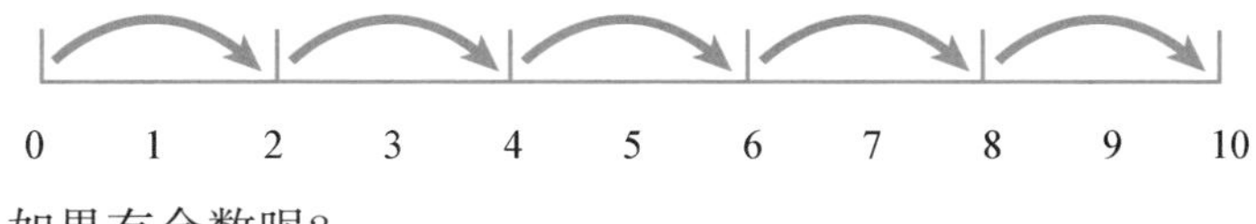

如果有余数呢?

例如：

11÷4

孩子们可从 11 开始，以 4 个格为单位回跳（向左）直至不超过 0 无法再进一步跳（沿着相似的线条一直向前跳就像上文描述的**重复减法**）。停在数字 3 的位置，所停位置上的数字就是余数。

答案：11÷4=2 余 3

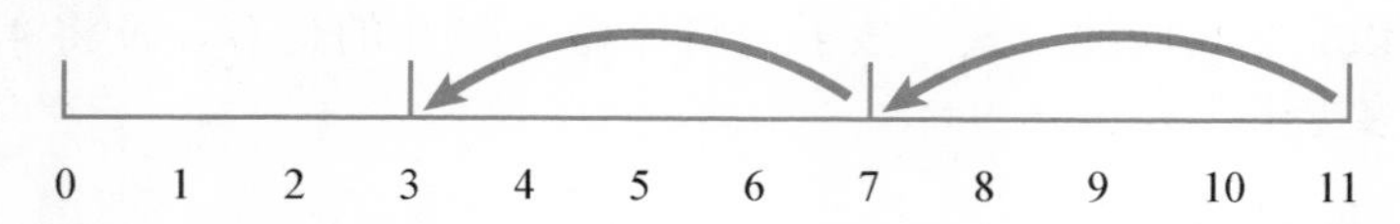

或者，孩子们可从 0 开始，以 4 个格为单位向右跳。在数字 8 的位置停了下来，因为他们发现如果再跳 4 个格，会跳得太远了，超过 11。数数跳的次数，8 和 11 之间的差值就是余数。

答案：11÷4=2 余 3

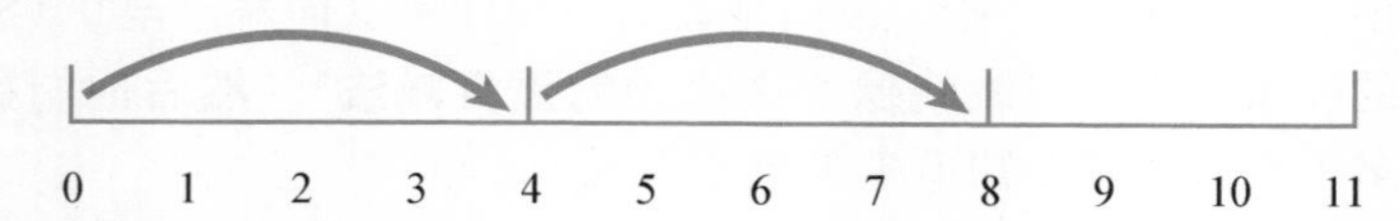

通常在除以一个更大的数字时，孩子们可能被告知用**百数方格**，并用上述方式数跳的次数。这种方法的问题在于**百数方格**并不是从 0 开始。所以如果你打算用百数方格进行除法运算（而且方格比一个长的数轴更紧凑），就在数字 1 前写一个“0”。

二等分

在 2 年级前，孩子们可能已经初次接触了二等分的概念。到 2 年级，孩子们将慢慢懂得二等分是二倍的倒数。正如前面章节所见，孩子们会很快学会 20 之内所有数字的翻倍。现在他们需要找到相对应的二等分。

例如：

- 找出 18 的一半　　　　答案：9
- 10 的一半是什么？　　　答案：5
- 你能找出 16 的一半吗？　　　答案：8

● 你能在你俩之间将这20颗珠子平均分配吗？　答案：10

最后，孩子们会学着理解二等分与除以2是完全一样的。

第二节　发展提升部分
（适合3、4年级，年龄7～9岁）

前面已经涉及了除法所有的基本概念，随着小孩的进一步学习，通常是在处理更大的数字时，这些基本规则将继续发挥作用。

值得注意的是，我们的目标是让孩子们尽可能使用心算方法。但有时候心算是应付不了的，因此，这部分介绍的是书写运算的方法，我们将从非正式“**书写**”算法开始，逐步达到更正式且更简明的书写计算方法。

开始介绍一些新的概念之前，先来快速回顾前面“理解基础部分”的主要内容。

● 除法是**非互换的**（即它是不能够以任意顺序来计算的）。例如，56÷7与7÷56是不一样的。

● 除法是乘法的**逆运算**（反之亦然，所以一方会“解除”另一方的运算）。例如，56÷7＝8，8×7会把你带回起初的56。这一点，在让孩子们检查计算结果并将他们认真学习的乘法表应用于除法运算中是十分有效的。

● 从上述两条规则继续展开，可鼓励孩子认识到，有时他们知道的远超于他们自认为知道的！实际上，就乘法和除法而言，如果你的小孩知道了一种运算方法，他们其实就懂了四种运算方法。

例如，如果你的孩子**懂得** 72÷6=12，那么无论他们认识到与否，他们也“**懂得**”：

- 72÷12=6，因为 6“组”12 构成 72。
- 12×6=72，因为乘法是除法的逆运算。
- 6×12=72，因为乘法中的乘数是可互换的。

重复减法

有时候，减法比除法要更容易。所以，对于 45 ÷ 9，我们可以重复减 9 次，直至减无可减。然后数减了多少次 9：

45−9=36
36−9=27
27−9=18
18−9=9
9−9=0

9 被减了 5 次。

答案：5　45÷9=5

另一种的思考方式是：“多少组 9 构成 45?”

在任何一种情况下，我们所做的都是将 45 分成“多少组”9。在第一种方案下，我们从 45 开始，不断往后减退直到 0 为止。在第二种方案下，我们从 0 开始，不断往前加进直到 45 为止。

空白数轴

这可以用来说明上述两种可相互替代的方案：

你的小孩可选择从 45 起，以 9 个格为单位回跳（向左）直至 0，数数跳的次数（而不是数字）就可得知多少组 9 构成 45。

你的小孩也可以选择从 0 起，以 9 个格为单位向前跳直至 45。数数跳的次数就会找到答案。**答案：**5。

现在来看看你的小孩可能刚接触的一些新概念。

被除数、除数和商

我知道这听起来就像我们更倾向于忽视的金融术语。但事实上这些术语描述了一则除法运算中的每一部分。那么，哪部分是**被除数**，哪部分是**除数**，以及哪部分是**商**呢？例如，在 51÷3＝17 中，51 是被除数，3 是除数，而 17 是商。

在实践中，学生们很少使用“被除数”和“除数”这些术语，但随着年龄的增长，他们要熟悉“商”这个词。

- 18 和 6 的商是 3（18÷6＝3）。
- 类似地，12 和 3 的商是 4（12÷3＝4）。

可被……整除的

这是孩子们要熟悉的表达式。

例如：

- 136 能被 3 整除吗？

  解这道题的所有方法有：

  “136 能完全被 3 整除吗？”或“3 除 136 能得到一个没有余数的确切数吗？”

答案： 不　136÷3=45 余 1

- 261 能被 9 整除吗？

答案： 是　261÷9=29

以下是一些你可能想知道的小技巧。

一个整数能被下列数字整除，其所需的前提条件是：

3　如果它的各个数字之和能被 3 整除，则这个数可以被 3 整除。如：321 能被 3 整除，因为 3+2+1=6，而 6 能被 3 整除。

6　如果该数是偶数，且它的各个数字之和也可被 3 整除，则这个数可以被 6 整除。如：162 可被 6 整除，因为它是偶数且它的各个数字之和也可被 3 整除（因为 1+6+2=9，且 9 能被 3 整除）。

8　如果这个整数的最后三位数能被 8 整除，则这个数也能被 8 整除。如：349 816 能被 8 整除，因为 816 能被 8 整除（816÷8=102）。

9　如果这个整数的各数字之和能被 9 整除，则这个数也可以被 9 整除。如：3 285 能被 9 整除，因为 3+2+8+5=18，而 18 能被 9 整除。

25　如果这个整数的最后两位数是 00、25、50 或 75，则这个数能被 25 整除。如：1 875 能被 25 整除，因为最后两位数是 75。

除以 1

一个数字除以 1，它永远保持不变。

6÷1=6

0 除以一个数字等于 0

0÷6=0

这是一个比较抽象的概念，直到你的孩子懂得，0 无论如何分其结果皆为 0。例如，如果你有 0 颗糖果要分，无论分给多少人这 0 颗糖果，结果仍是 0 颗糖果。

本规则的例外情况！

0÷0 不等于 0。

严格意义上讲，0÷0 被称为“不定的”。

除以 0

除以 0 根本不“起作用”。目前，说“你不能这样做”或“这是不能实现的”这类话是完全可以接受的。

例如：

6÷0=“不能实现的”

除以 0 是不能实现的！

也许有时你的孩子会问，为什么它是不能实现的（或者从严格意义上讲，“不明确的”这一说法更正确）。这可从思考乘法和除法之间是相关的这一方向入手来进行解释：

10 除以 2 等于 5，因为 2×5=10。

10 除以 0 等于“不能实现的”，因为 0×？不等于 10。

这是因为没有一个值会在乘以 0 时得出答案 10（0×任何数字都总是 0）。因此，当除以 0 时，答案就是：没答案！

理解题目：除法的语言

即使是对那些已理解并懂得除法是**非互换的**这一重要规则的孩子们而言，下列此类的题目仍可能会导致问题。

- 1支棒棒糖要9便士。我有54便士，能买多少支?
- 杰迈玛和她的3个姐妹一共得了46英镑，如果把这笔钱平均分给她们4个人，她们每个人能得到多少钱?
- 一块巧克力要花25便士，我有2英镑，能买多少块?

类似的问题在**减法**中也很常见。由于除法和减法都是非互换的，因此我们就更需要思考题目真正问的是什么，从而考虑用什么样的顺序使用这些数字。

另外，花时间确保你的孩子真正理解了问题是要养成的一个重要习惯。算术题有时是需要花点时间解读“题意”的。

上述问题的答案是：

54÷9＝6　“我能买6支棒棒糖。”
46÷4＝11.5“4姐妹（包括杰迈玛）每人能得到11.5英镑。”
200÷25＝8　（2英镑＝200便士）“我能买8块巧克力。”

更多的乘法表

到2年级结束时，你的小孩已经在一定程度上掌握了乘法表中关于乘以2、乘以5和乘以10的乘法运算；到3年级，他们也将继续学习乘法表中关于乘以3、乘以4和乘以6的乘法运算；接着在4年级结束时，他们将懂得乘法表中10以内的所有乘法运算。在做反向运算——除法时，如果能迅速想起乘法表中的口诀，是会有很大帮助的。

你所做的许多鼓励的尝试——练习、乘法口诀歌、将一张大的海报式的乘法方格贴在卧室的墙上，所有这些方法都有助于促进孩子们继续用心记住乘法表中的口诀，而能迅速想起这些乘法口诀会使除法运算变得更容易。

除以 10 或 100 是孩子们要掌握的一个重要技巧。

例如：

$40\div10=4$	$300\div100=3$
$320\div10=32$	$800\div100=8$
$7\,000\div10=700$	$9\,000\div100=90$

我们可能都曾经学过这一条规则：

- 如果除以 10，只要减掉 1 个 0；如果除以 100，则减 2 个 0。这可能是我们自己经常走的一条捷径，那么，把这条“规则”告诉孩子们好不好呢？

这条“规则”的问题在于它仅对那些本身是 10 或 100 的倍数的整数有效。小数或分数则完全无效。

因此，$40\div10=4$ 看起来确实遵循了这一“规则”：

- 如果除以 10，只要减掉 1 个 0。

但是 $47\div10$ 没能遵循此“规则”。**答案：**4.7。

另外 $300\div100=3$ 看起来也遵循了该“规则”：

- 如果除以 100，则减 2 个 0。

但是 $30\div100$ 没能遵循此“规则”。**答案：**0.3。

你的孩子今后会做许多关于除以 10 或 100 的除法运算练习，他们可能会自己发现减掉零的“规则”这一捷径。这会是个很好的“发现”。

相关的除法运算规则

在做除法时，使用**相关运算规则**是特别有效的。这恰好意味着用一个更简单的运算帮助解答一个更困难的运算。

例如：

21÷3=7　　那么　　210÷3=70

为什么这个成立呢？因为 210 是 21 的 10 倍。当我们仍然除以同一个数，即 3 时，答案必然是前一运算答案的 10 倍，也就是 70。

或者我们可以把运算改写为

210÷3　　等于　　10×21÷3

先进行乘法运算还是除法运算都没问题。

因此，先进行了 21÷3 的运算，然后计算 10×7

答案：70

同样的：

2 100÷3=700
21 000÷3=7 000
……

除法和分数

它们相互之间联系紧密。事实上你也可以认为它们之间有密切的关系。

值得注意的是某样东西的一半就等同于在 2 者之间平均分配。例如：8 的 1/2 等于 8÷2。

同样，某样东西的 1/4 等同于在 4 者之间平均分配。

例如：

12 的 1/4 等于 12÷4
2 的 1/4 等于 2÷4

更复杂的例子：

21 的 1/3 等同于在 3 者之间平均分配：21÷3 或 21/3
20 的 1/5 等同于在 5 者之间平均分配：20÷5 或 20/5
24 的 1/8 等同于在 8 者之间平均分配：24÷8 或 24/8

转换过来其意思一样：

6÷2　　等于 6 的 1/2 或 6/2
20÷4　　等于 20 的 1/4 或 20/4
3÷7　　等于 3 的 1/7 或 3/7
16÷3　　等于 16 的 1/3 或 16/3

通过二等分解决 1/4 和 1/8！

减半，再减半是找到某物 1/4（等同于将某物分成 4 等份）的一个快速简便的方法。例如：

- 160 的 1/4 是 40，因为将 160 对半分得到 80，然后再次对半分（80 的一半是 40）。

同理也可以找出某物的 1/8（或将某物分成 8 等份），减半减半再减半。例如：

- 160 的 1/8 是 20，因为将 160 对半分得到 80，然后再将 80 对半分得到 40，再将 40 对半分得到 20。

这个技巧很不错，应该掌握，而且目前在学校里学生也广泛运用。

整数分解也有助于除法的运算。

孩子们需要理解和使用**分配律**（但不只是名称）。

这表明，一个数字可先被分解为两个或更多“数字”，然后每个“数字”再分别进行除法运算，接着**重新结合**每部分答案，就可得到最终的答案。

例如：

$96 \div 8$

96 首先被分解成 80 和 16，然后每“部分”被 8 除，则：

$80 \div 8$ 等于 10，$16 \div 8$ 等于 2。

接下来将 10 和 2 相加就可以得到最终答案 12。概括如下：

$$\begin{aligned}96 \div 8 &= (80+16) \div 8\\ &= (80 \div 8)+(16 \div 8)\\ &= 10+2\\ &= 12\end{aligned}$$

那么，为什么将数字分成 80 和 16？为什么不是 90 和 6？问得好，但关于此点我们需要谨记的要点是让除法的运算变得更容易。

$80 \div 8$ 和 $16 \div 8$ 的除法运算“容易”，因为 8 恰好可整“除”这两个数。

更多例子如下：

$$\begin{aligned}87 \div 3 &= (60+27) \div 3\\ &= (60 \div 3)+(27 \div 3)\\ &= 20+9\\ &= 29\end{aligned}$$

$$
\begin{aligned}
78 \div 6 &= (60+18) \div 6 \\
&= (60 \div 6) + (18 \div 6) \\
&= 10+3 \\
&= 13
\end{aligned}
$$

$$
\begin{aligned}
51 \div 3 &= (30+21) \div 3 \\
&= (30 \div 3) + (21 \div 3) \\
&= 10+7 \\
&= 17
\end{aligned}
$$

毫无疑问，整数分解有助于除法心算，也同样有利于下列除法书写运算。

非正式的“书写”方法通常从 4 年级起开始介绍。到目前为止，我们认为孩子们用书写方式把运算过程记录下来不仅仅有助于加深他们对计算的理解，而且有助于他们最终掌握标准的书写方法。书写方法要分阶段逐步培养，目的是帮助孩子们建立信心以继续下一阶段的学习。

终点（对部分学生而言，尽管不是所有的学生都会达到这个阶段）是长除法，但请注意，长除法可能完全不同于你从自己读书时就非常熟悉的方法。

书写方法

为了轻松地使用这些书写方法，小孩必须熟悉下列内容（所有这些内容此前都在本章中进行了详细解释）。

- 理解术语。哪部分是“被除数”，哪部分是“除数”以及哪部分是“商”。快速提示：例如，在 $21 \div 3 = 7$ 中，21 是被除数，3 是除数，而 7 是商。
- 懂得如何分解。例如，39 等于 $30+9$。

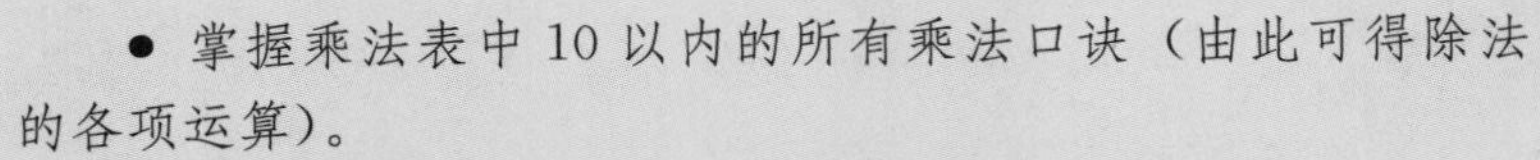

- 掌握乘法表中 10 以内的所有乘法口诀（由此可得除法的各项运算）。
- 懂得如何找余数。例如，43 除以 5，余数为 3。
- 理解**逆规则**，即乘法和除法是逆向的，并懂得如何运用。
- 懂得可通过**重复减法**做除法。
- 会进行两位数乘一位数的心算，例如，12×6。
- 运用列式法进行减法运算。

以下是各个阶段：

第一阶段：使用整数分解

正如上文所见，经过仔细推敲的整数分解有助于除法运算。

在 4 年级前后，孩子们也许会非正规地记录下他们的“计算过程”。

例如，84÷7 可以表示如下：

```
      84
 70  +  14
             ÷ 7
 10  +   2   =12
```

或者像这样：

$$
\begin{aligned}
84\div7 &= (70+14)\div7\\
&= (70\div7)+(14\div7)\\
&= 10+2\\
&= 12
\end{aligned}
$$

使用整数分解法成功进行除法运算的关键在于知道分解数字的最佳方式。如为什么我们将 84 分成 70 和 14？为什么不是 80 和 4？

因为除以 7，需要将 84 分解成我们知道的 7 能整除的不同数字。最好从 10 的倍数开始（换言之，10“组”我们要除的数字）。在这个例子中，10“组”7 为 70。再看看还剩多少？84 和 70 差 14。

即使有余数，这个方法也可以用。

例如，87÷7 可以像这样记录：

87
70 ＋ 17
÷7
10 ＋ 2 余 3＝12 余 3

或者像这样：

87÷7＝(70＋17)÷7
＝(70÷7)＋(17÷7)
＝10＋2 余 3
＝12 余 3

在 87÷7 的例子中，因为除以 7 所以从 70 开始（即 10“组”我们要除的数字）。接着会发现剩下的 17 正是 87 和 70 之间的差。

再如，85÷3 可以写成这样：

85
60 ＋ 25
÷3
20 ＋ 8 余 1＝28 余 1

或者像这样：

85÷3＝(60＋25)÷3
＝(60÷3)＋(25÷3)
＝20＋8 余 1
＝28 余 1

为什么将 85 分成 60 和 25？

除以 3，要从 30 开始（即 10“组”我们要除的数字）。但由于我们对乘法表非常熟悉，马上发现还能从 85 中再分出 1 组 30，所以一共构成了 20“组”3（即 60）。接着发现剩下的 25 正是 85 和 60 之间的差。

第二阶段：两位数的短除法

这可以看作使用整数分解进行除法运算更简明的记录。学生可能在 4 年级末或 5 年级初初次接触这一方法。从逻辑上讲，我将其列为紧随第一阶段的拓展——尽管 4 年级学生可能更主要使用第三阶段（下文）所倡导的方法。

例如：

$51 \div 3$

使用整数分解——如上文所述——上述运算可记录如下：

$$
\begin{aligned}
51 \div 3 &= (30+21) \div 3 \\
&= (30 \div 3)+(21 \div 3) \\
&= 10+7 \\
&= 17
\end{aligned}
$$

现在，在第二阶段，我们可以更简明地反映同样的运算逻辑。

你也许记得（从你读书时起）除法是这样阐述的：

$3\overline{)51}$ 表示“51 除以 3”。

（有时老师会把 $\overline{)\quad}$ 称为“公共汽车站”的标志。）

这个标志今天仍被用来表示哪个数被哪个数除。但现在的“短除法”看起来是这样的：

$$3\overline{)30+21}\quad \text{商：}10+7$$

答案：17

你可以清楚地看到 51 被分解成 30 和 21。每个“数字”被 3 除，每部分的答案（10＋7）都写在横线上，然后相加得出最终答案 17。

这还可以缩短为更常见的短除法：

$$3\overline{)5\,{}^{2}1}\quad \text{商：}1\ \ 7$$

你可能还记得做过与此描述类似的运算。你的内心可能喋喋不休地说着这样的话：

- 3 除 5 得 1 余 2。将 1 写在横线上，把 2 进一位紧挨着 1 放。3 除 21 得 7。因此将 7 写在横线上。答案为 17。

简单吧？只是现在的孩子们不会这么说。严格来说，迪娃是这样做除法的：

- 多少个 3 除 50 得出的答案是 10 的倍数？10 个 3 是 30。因此，在线上写个 1 代表 10。30 和 50 之间的差是 20，那么，就把这个 20 进一位放到 5 的对面（用一个 2 表示进位），再把差额加到 1 上。这样一来剩下的数字就为 21。21÷3＝7，因此，我将 7 写在横线上。答案为 17。

这样处理从技术上而言更准确，而且更完美地反映了前面的整数分解过程。然而，一旦孩子到了做“短除法”阶段（且对位值有了更透彻的理解），用“我们的方式”做除法则是非常合适的目标。

又如：95÷7，这次是有余数的

$$7\overline{)70+25}\quad 10+3 \text{ 余数 } 4$$

答案： 13 余 4

上面的算式最终可缩短为：

$$7\overline{)9\,{}^{2}5}\quad 1\ 3 \text{ 余 } 4$$

再一次，你的内心可能喋喋不休地说着这样的话：

- 7 除 9 得 1 余 2。将 1 写在横线上，把 2 进一位紧挨着 5 放。7 除 25 得 3 余 4。

当然迪娃会说：

- 多少个 7 除 90 得出的答案是 10 的倍数？10 个 7 是 70。因此，在线上写个 1 代表 10。将差额 20 转记到对边处（用一个 2 表示进位），再把差额加到 5 上。25÷7 等于 3 余 4。

同样适用于 97÷4。

$$4\overline{)80+17}\quad 20+4 \text{ 余数 } 1$$

答案： 24 余 1

上式可简化为：

$$4\overline{)9\,{}^{1}7}\quad 2\ 4 \text{ 余 } 1$$

你的内心可能喋喋不休地这样说：

- 4 除 9 得 2 余 1。将 2 写在横线上，把 1 进一位紧挨着 7 放。然后 4 除 17 得 4 余 1。因此将 4 余 1 写在横线上。

迪娃是这样做除法的：

- 多少个 4 除 90 得出的答案是 10 的最大倍数？是 20（因为 20 组 4 是 80），因此，在 10 位数所在纵列的横线上写个 2 代表 20。剩下的 10 则继续与 7 相加。17 除以 4 等于 4 余 1，所以，将 4 余 1 写在横线上。

又如：84÷3

$$\begin{array}{r} 20+8 \\ 3\overline{)60+24} \end{array}$$

还可写成：

$$\begin{array}{r} 2\ \ 8 \\ 3\overline{)8\ {}^{2}4} \end{array}$$

第三阶段：使用数字组块！

这对你而言可能是非常新颖的。我读书时肯定没用过“组块”。事实上它非常简单明了，许多 4 年级学生喜欢用这个方法。它简单来说是：（按照**重复减法**的方法）不断地从数字中拿走“组块”，直到全部拿完。

最初，孩子们可能会带走大量的小“组块”，但随着经验的丰富，会拿走最大可能的数字“组块”。这种方法不涉及任何整数分解。

例如：

97÷3

目前你肯定不会想着让一个孩子（或任何与此相关的人）不断地减 3（按照本章“理解基础部分”中所列的重复减法的方法）。相反，会想着减去更大的“组块”。开始时，可能会减去 30 的“组块”(也就是 10 “组” 3，10×3)：

```
  97
 -30    10×3      (10“组”3)
 ---
  67
 -30    10×3      (10“组”3)
 ---
  37
 -30    10×3      (10“组”3)
 ---
   7
```

此时，再也减不了 30 了，但可以再减一“组块” 6 (2×3)：

```
 - 6    2×3       (2“组”3)
 ---
   1
```

此时，再也减不了更多的“组块”了，因此，剩下的 1 就是余数。

要算出答案，只需合计共有多少“组” 3 被减，如有余数还需记下余数。

在此例中即为：10＋10＋10＋2＋余数 1

答案：32 余 1

尽管完全可以接受，但这一方法仍然有点啰唆且不太有效。应尽快鼓励小孩通过利用更大的“组块”减少过多计算步骤，即减法的数量。

上述例子还可表示如下：

```
  97
 -60    20×3      (20“组”3)
 ---
```

```
   37
 －30      10×3      (10“组”3)
    7
  －6       2×3      (2“组”3)
    1
```

答案： 32 余 1

下面是使用“组块”的一个更有效的记录：

```
   97
 －90     (30“组”3)
    7
 － 6     (2“组”3)
    1
```

答案： 32 余 1

如上文所见，“公共汽车站”的标志“⌈‾‾‾‾‾”仍在使用：

7⌈84 表示“84 除以 7”

使用数字“组块”方法时，这一标志可以被使用——仅仅显示什么数字被什么数字除。此法与上文所述完全一样。

下面是使用数字“组块”的一些例子：

- 84÷7：

```
7⌈84
 －70      10×7      (10“组”7)
   14
 －14       2×7      (2“组”7)
    0
```

答案： 12

- 168÷6：

```
6 ⟌168
  −60      10×6      (10“组”6)
  108
  −60      10×6      (10“组”6)
   48
  −48       8×6      (8“组”6)
    0
```

答案： 28

- 97÷4：

```
4 ⟌97
  −80      20×4
   17
  −16       4×4
    1
```

答案： 24 余 1

- 95÷7：

```
7 ⟌95
  −70      10×7
   25
  −21       3×7
    4
```

答案： 13 余 4

正如在别处讨论的，关键在于：**个位数**对应**个位数**、**十位数**对应**十位数**，**百位数**对应**百位数**，以此类推。

第三节　追求卓越部分

（适合 5、6 年级及以上，年龄 9～12 岁及以上）

只要孩子们继续在数学的征程上探索，前面所涵盖的除法规则及方法都将会被经常使用。接下来学生会遇到更大和更小的数字，以及更复杂的问题，但所学习过的方法同样有用。

继续学习和练习除法的心算方法和书写列式的计算方法。正如我们在前一节所见，书写计算方法是在不同阶段逐步建立的。前三个阶段已在上节中进行了介绍。本节将详细讲解最后两个阶段，熟悉更多的术语和方法，并开始介绍小数和负数。

本章一开始，我们就明白除法可用两种不同的方式来理解：

- 等分。
- 重复减法（分组）。

这是客观存在的事实，但现在要告诉孩子们，有时候使用其中一种方法更快速、更容易，也更有效，有时候另一种方法更好。例如，除以较小的数字时，等分的方法更好；除以较大的数字时，则重复减法（分组）更有效。

例如：

- 24÷3 可能会采用等分法：将 24 平均分配成 3 份，则每份为 8。
- 84÷21 可能会采用重复减法或分组：

84－21＝63

63－21＝42

42－21＝21

21－21＝0

答案：4

上节提到，进一步学习时能迅速想起相关的乘法口诀和规则会让除法更容易。这是针对 10×10 以内的乘法表而言的，这些乘法口诀在 4 年级结束时应能全部背出来。但实际上并非总是如此。因此，在整个 5、6、7 年级及以后的学习中，还会继续有更多的操练以及机械的死记硬背的练习使学生们熟悉这些运算。

除法使它更小

当一个（正）数被一个比 1 大的数字除时：

例如：

3÷2＝1.5

但，

除法使它更大

当一个（正）数被一个比 1 小的正数除时：

例如：

3÷0.5＝6

除法是乘法的逆运算（逆向），孩子们应该利用这一点严格检查他们的答案。

例如，奥尔拉认为 72÷8＝9。为了检验她的答案，她很快进行 9×8 的乘法计算。毫无疑问奥尔拉能够准确熟记乘法口诀，因为从 2 年级起她就一直在认真地对此进行练习。结果是 9×8＝72——如此一来，计算就完成了。

除以 10（或 100……）是不久前开始学习的一种技巧，但这一范围已扩展至 10 的更大的乘方，如 1 000，用小数来除也被纳入其内。

例如：

70÷10=7	900÷100=9	7 000÷1 000=7
32÷10=3.2	560÷100=5.6	4 900÷1 000=4.9
5.2÷10=0.52	98÷100=0.98	350÷1 000=0.35

前一节中，我们曾问过用下面这种方式教你的孩子是否可行？

如果除以10，直接减掉1个零；如果除以100，减掉2个零；而如果除以1 000，则减掉3个零。

一般的回答是："不行！"

请看：

560÷100

我们不能简单地说"减掉2个零"，因为560没有2个零可减。相反我们需要再次思考"位值"并把这个数字看成：

百位	十位	个位	.	十分之一位	百分之一位
5	6	0			

除以100意味着每个数字变小100倍，因此答案是：

百位	十位	个位	.	十分之一位	百分之一位
		5	.	6	0

再如：

354.8÷100

百位	十位	个位	.	十分之一位	百分之一位	千分之一位
3	5	4	.	8	0	0

答案：

百位	十位	个位	.	十分之一位	百分之一位	千分之一位
		3	.	5	4	8

因此：

354.8÷100=3.548

你也许听人说过：

- 如果除以 10，只需要将小数点向左移一位；如果除以 100，移两位；而如果除以 1 000，则移三位。

这样对孩子说行不行呢？

答案是：如果你我去做，这一点也许是可行的，且会得到正确的答案，但为了在技术上是正确的，我们应该重复目前在课堂上讲的内容。

即：

- 数字移动，但小数点在其位置上不动。
- 进行除法运算时，数字向右移（如果除以 10，移一位；如果除以 100，移两位；如果除以 1 000，则移三位，以此类推）。

另外，最好的办法可能是通过除以 10、100 及 1 000 做大量的小数除法练习，并看看你的孩子是否注意到任何模式。如果注意到了，他们也许会开始为自己制定“法则”。

下例中，因为除以 10，每个数字向右移一位。

32÷10

百位	十位	个位	.	十分之一位
	3	2	.	0

答案：

百位	十位	个位	.	十分之一位
		3	.	2

因此，

32÷10=3.2

接下来的这个例子，除以 1 000，因此每个数字向右移三位。

350÷1 000

百位	十位	个位	.	十分之一位	百分之一位	千分之一位
3	5	0	.	0	0	0

答案：

百位	十位	个位	.	十分之一位	百分之一位	千分之一位
		0	.	3	5	0

因此，

350÷1 000=0.35

顺序很重要

中学前几年（但有些是在 6 年级），大部分的小孩会遵循**先乘除后加减的基本原则（BODMAS）**做算术题。

先乘除后加减的基本原则（BODMAS）

这项法则主要是关于在对一个包含几个运算的计算进行求解时，如何处理运算顺序的。在数学中，运算仅仅是我们对数字所做的某种计算。我们已经讨论过“数字的四则运算”，它们是：加、减、乘和除。但也有其他的运算。

“BODMAS”只是一个缩写，目的是帮助学生记住进行这些运算的操作顺序，每个字母为该项运算的首字母：

B　括号
O　次/阶

D **除法**
M **乘法**
A **加法**
S **减法**

可能这其中唯一让人不熟悉的是**次/阶**，指的是幂和根。例如，4^2（“4 的平方”或“4 的 2 次幂”或 4×4）和 5^3（“5 的立方”或“5 的 3 次幂”或 5×5×5）都是幂。25 的 2 次方根（“$\sqrt{25}$”）是 5，即 5 是通过自身与自身相乘得出 25 的。

“BODMAS” 仅仅是一种记住一道算术题的哪部分先做的方法。顺序是：先算**括号内**的，再算**次/阶**，随后算**除法**和**乘法**，最后算**加法**和**减法**。你会发现**除法**和**乘法**的地位是一样的，**加法**和**减法**也是如此。

在做一道复合算术题时，简单地按照从左到右的顺序进行计算**不**一定会得出正确的答案。我们来看看下面这道例题：

3＋2×4

你得到的答案是多少呢？很多人会算出不正确的答案：20。

为什么 20 是错误的答案呢？因为在运算中没有使用 **“BODMAS”** 法则！我们再来看看这道运算式：

3＋2×4

使用 **“BODMAS”** 法则，应先进行乘法运算，然后再进行加法运算，因此我们先乘。而 2×4＝8，所以这道运算式现在变成：

3＋8

答案：11

再如：

16＋9－2×(9＋3)

要得到正确答案，你需要运用"**BODMAS**"法则。所以找找**括号**，并先算出运算式的这一部分：

(9＋3) 首先被计算，答案是 12

好，**接下来是一个重要的部分**，(9＋3) **被** 12 所**取代**，于是这道运算式被改写为：

16＋9－2×12

许多孩子会犯的一个错误是把 12 移到这道运算式的最前面（这样想是因为他们先做这部分的运算，因此这部分必须先出现）。当孩子们在进行每"部分"的运算时，如果能指导他们把每一步都写在列式的下方，并把还未计算的项目重复列出，那么这一错误是可以避免的。

在对括号内的表达式进行运算后，按照"**BODMAS**"法则，我们接着找**次/阶**，这道运算式中没有此类运算，因此，接下来找**除法**或**乘法**。该运算式中没有除法但有乘法：

2×12 被计算，答案是 24

再一次，我们用 24 取代 2×12 来改写这道运算式：

16＋9－24

接下来我们找**加法**和**减法**。这两种运算是同等的，因此，只需要按照它们在运算式中出现的先后顺序进行运算即可。本例中，**加法**运算先出现，因此我们将 16 与 9 相加，所得答案为 25，然后用其改写运算式：

25－24

因此，最后进行的是**减法**运算：

25－24

答案：1

孩子们在运用“**BODMAS**”法则时，会在哪儿出错呢？有时候是在所有的环节！轻松使用“**BODMAS**”法则对孩子们而言也许是非常困难的，因为这一法则违背了他们熟悉的模式，即从左向右计算/解读。

避免出现此类错误的最好方法就是用与上述例子类似的方法去记录每一步计算，不断地重写还没运算的项目或部分。

更多的例子：

$80-6\times5$	$=?$	（先算 6×5）
$80-30$	$=50$	
$8+5^2\times2$	$=?$	（先算 5^2 或 5×5）
$8+25\times2$	$=?$	（接着算 25×2）
$8+50$	$=58$	
$15-6/2$	$=?$	（先算 $6/2$）
$15-3$	$=12$	

试算：

$9+(1+5^2\times4)=?$

你得到的答案是多少呢？答案应该等于：

$9+101$

如此，可以看出做算术题并不是简单按照看到的顺序进行计算。而这正是“科学的”计算器和廉价的、非科学的计算器之间的区别。“科学的”计算器运用“**BODMAS**”法则，而另一种没有运用此法则因此产生了不正确的答案。如果你曾经疑惑为什么买一包玉米片赠送的廉价计算器算出的答案与一部科学的计算器算出的答案不同，现在你就知道了。答案就是“**BODMAS**”法则——廉价计算器根本没掌握它！如果你想给你的孩子买一部计算器，无论如何请选择一部科学型的。

正如在上一节中提到的，应该鼓励孩子们树立个人自信，其实有时他们真正懂的比他们认为自己懂得多！

总而言之，对于除法和乘法，只要你的孩子懂得了一种运算，他们实际上就懂得了四种运算。即使算术题看起来显得更加复杂，情况仍会如此。

例如：如果你的孩子懂得 $6\div12=0.5$，那么他也懂得：

$6\div0.5=12$ 且
$0.5\times12=6$ （因为乘法是除法的逆算法），并且
$12\times0.5=6$

这一点，用一个更简单的例子可能更容易看出来：如果你的孩子懂得 $15\div3=5$，那么他也懂得：

$15\div5=3$ 且
$5\times3=15$ （因为乘法是除法的逆算法），并且
$3\times5=15$

容易的二等分

孩子们会对二等分很熟悉，因为这与除以 2 是一样的。

现在我们要找一个快速简便的方法进行二等分。在下面的例子中，每个数字被分解（**分割**）成几个组成部分，然后被重组成原样之前再对每部分进行二等分。

- 86 的一半＝80 的一半＋6 的一半＝40＋3＝43
- 168 的一半＝100 的一半＋60 的一半＋8 的一半＝50＋30＋4＝84
- 249 的一半＝200 的一半＋40 的一半＋9 的一半＝100＋20＋4.5＝124.5

关于最后一个例子，孩子们可能会认为将 250 减半会更简便快捷，于是相应地进行调整，如此 250÷2＝125。接着通过减去 1 的一半来调准，即 125－0.5＝124.5。

乘数

这是另一个你的小孩一定要知道的术语。

因子是一些数字，将它们相乘得到另一个数字。

例如：

$$\underset{\text{乘数}}{\underset{\uparrow}{4}} \times \underset{\text{乘数}}{\underset{\uparrow}{5}} = 20$$

像这样，4 和 5 都是 20 的乘数。

同样的，2 和 10 也是 20 的乘数，因为：

2 × 10 = 20
↑ ↑
乘数 乘数

乘数对是成对的数字，这些数字相乘产生积。这听起来好像很难，其实很容易理解。

例如，20（积）的**乘数对**是：

1 和 20 因为 1×20=20
2 和 10 因为 2×10=20
4 和 5 因为 4×5=20

所以，20 有 3 对乘数对：1 和 20，2 和 10，4 和 5。

这意味着 20 一共有 6 个乘数，按照数字次序，是：

1、2、4、5、10、20

它一定是完美的……

完美的数字是存在的。

6、28、496 以及 8 128 都是完美的数字。

是什么让它们如此完美？

对一个完美的数字而言，所有的乘数（除了它自身）的和就等于这个数字，因此在真正的数学家看来，这再完美不过！

6 的乘数是 1、2、3 和 6。1、2 和 3 加起来的总数是 6。

28 的乘数是 1、2、4、7、14 和 28。1、2、4、7 和 14 加起来的总数是 28。

纵使你或许了解：生活中不是一切都是完美的，但 6 是！

素数是仅有 1 和它本身两个乘数的数字，例如，“11”是素数，因为它仅能被 1 和 11 这两个数字整除。

但是 12 不是素数，因为它有两个以上的乘数，即 1、2、3、4、6 和 12。

质因数

要理解什么是质因数，还不如告诉你什么数字不是质因数更容易。例如，如果我们要找 60 的因子（乘数），我们可能会想到 6 和 10，因为 6×10＝60。

但 6 和 10 不是质因数，因为它们不是素数——这两个数都有自己的乘数。6 的乘数对包括 2 和 3（2×3＝6）。10 的乘数对包括 2 和 5（2×5＝10）。好了，现在 2、3 和 5 都是素数，因此这些数字都是质因数。

质因数的树状图更清晰地描述了这一点。

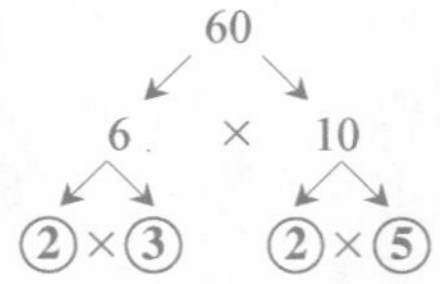

60
6 × 10
② × ③　② × ⑤

质因数就是那些在树枝下端的数字（此处以粗体显示）。

通过将所有素数相乘，可以将 60 写成它所有质因数的乘积：

2×3×2×5＝60

我们会发现，60 作为质因数的乘积，可以用不同形式呈现，但最终的计算结果都是一样的。下面用两种不同的质因数树状图说明这一点：

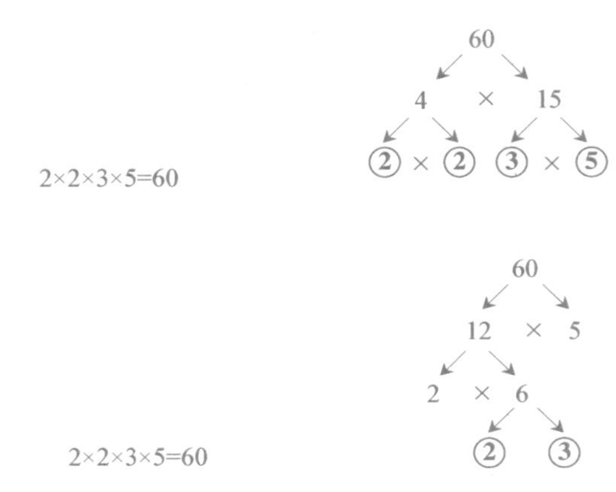

公因数（公因子）和最大公因数

很多人混淆了**因子（乘数）、倍数、最大公因数**以及**最小公倍数**这几个概念。这是什么意思呢？

在 6 年级时，有些孩子第一次接触**公因数**和**公倍数**的概念，继续下去在中学的前几年就会学习**最大公因数**（HCFs）和**最小公倍数**（LCMs）的概念。

那什么是“**公因数**”和“**最大公因数**”呢？

首先，什么是因子？简单地来说，好吧，我用个例子来说明：

12 的因子是 1、2、3、4、6 和 12。它们都可以被 12 整除，不会有余数。正如上文所见，找到一个数字所有因子（乘数）的一个有效方法就是列“乘数对”：

$1\times12=12$

$2\times6=12$

$3\times4=12$

任何数字都存在有限数量的因子。

其次，什么是公因子？简单地说，公因子就是两个数字共有的因子。

例如，如果我们想找出数字 36 和 27 的公因子，会先列出 36 的所有因子，再列 27 的所有因子。用乘数对来帮忙：

$1\times36=36$

$2\times18=36$

$3\times12=36$

$4\times9=36$

$6\times6=36$

因此，按照数字次序，36 的所有因子是：1、2、3、4、6、9、12、18、36。

$1\times27=27$

$3\times9=27$

因此，按照数字次序，27 的所有因子是：1、3、9、27。

为找出 36 和 27 的**公因子（数）**，我们观察上述两组列式，看看哪些数字在两组中都出现了。

数字 1、3 和 9 在两组列式中都出现了，因此，其恰好是 36 和 27 的公因子。

最后，什么是**最大公因子（数）**呢？

好了，现在这就很容易了！你知道两个数字的公因子是什么，现在只需要找到数值最大的那个数字。对 36 和 27 而言，最大公因子（数）是 9。

就这么简单！

卡米娜要找出 24 和 32 的最大公因子。

她先列出 24 和 32 的所有因子。

- 24 的因子：**1**、**2**、3、**4**、6、**8**、12、24
- 32 的因子：**1**、**2**、**4**、**8**、16、32

现在，卡米娜要看看是否有任何的公因子，如果有的话，哪一个是数值最大的。很快她就发现这两个数字有几个共同的因子（以粗体显示），而其中 8 是数值最大的。**答案：**8。

公倍数和最小公倍数也同样简单。

我想人们容易对这些术语感到困惑的一个原因是：**最大公因子**（HCFs）往往是数值较低的数字，而**最小公倍数**（LCMs）往往是数值较高的数字——与它们的名称相反。

除法的**书写运算方法**要学生分阶段逐步理解和掌握，并且只有孩子们在各个阶段都充分掌握之后才能介绍这一方法。前三个阶段已在前一节“发展提升部分”中做了概述。

此刻，在讨论最后两个阶段之前，我们重新来审视第三阶段，这次我们用更大的数字。第五阶段是“长除法”，这是大部分学生的终极目标，也许有些学生在 6、7 或 8 年级时才能达到，又或许有些学生还要稍晚才能掌握。

如果孩子们还没准备好，试图介绍这个阶段是完全没有任何意义的。要准备好的话，孩子们需要完全掌握**位值**的概念、除法和乘法的**逆规则**，同时还要能熟练进行乘法及加减运算。这是一个很高的要求！难怪很多人认为除法是四则运算中最难对付的。

第三阶段：继续

关于这一阶段及“组块”技巧的介绍，请参见本书 223 页。例如：

$173 \div 4$

从技术上讲，我们可以使用**重复减法**不断减 4，直至无法再减。

然后把减 4 的次数相加就可以得到答案。

但是你不能理性地期望一个孩子（或其他任何与此事相关的人）坚持不断地从 173 这么大的数字中减 4 这样的行为。这样做不但速度慢、烦琐而且容易出错——完全没效率可言！相反，我们期待通过**“组块”**进行减法运算。首先可以 40（10“组”4）为一组，做“组块”减法：

```
  173
−  40     10×4
  133
−  40     10×4
   93
−  40     10×4
   53
−  40     10×4
   13
```

- 此时再也减不了 40，但是可以减 1“组”12（3“组”4）。

```
−  12     3×4
    1
```

- 此时再也减不了任何更多的“组块”，所以余下的 1 就是余数。

答案：43 余 1

要计算出答案，只需要算一共减了多少“组”4，然后再把余数写下。

尽管完全可以接受，但这个方法仍然有些冗长而且效率不高。只要有可能，可以鼓励孩子们通过使用更大的“组块”减少步骤的次数，从而减少减法运算的次数。

```
  173
-  80     20×4
   93
-  80     20×4
   13
-  12      3×4
    1
```

答案：43 余 1

还可以像这样：

```
  173
- 160     40×4
   13
-  12      3×4
    1
```

答案：43 余 1

事实上，在开始计算 173÷4 这类除法时，孩子们首先会找一个近似的答案，或粗略地算算答案会是什么。要做到这一点，他们需要考虑 173 左右**两侧**容易被 4 除尽的数字。160 和 200 都是容易被 4 除尽的。根据相关运算 16÷4=4 和20÷4=5，于是得出160÷4=40 和 200÷4=50。由于 173 介于 160 和 200 之间，因此，此除法运算的答案必然介于 40 和 50 之间。做这样的粗略估计，还有助于决定第一个大的“组块”可能是什么（本例中为160，即 40“组”4）。

再如：

197÷6

由于懂得 180÷6＝ 30 和 240÷6＝40（根据相关运算 18÷6＝3 和 24÷6＝4），你的小孩可能首先会估算出一个近似的答案。通过这些，孩子们会知道答案必然介于 30 和 40 之间。进行这样的粗略估计后，他们或许选择将 180（30“组”6）作为第一个大的“组块”减去。在这个例子中，使用了“公共汽车站”——表明哪个数字正被什么除。但这种方法实际上是完全一样的。

```
6 | 197
－  180      30×6
    17
－   12      2×6
     5
```

答案： 32 余 5

是的！答案的确介于 30 和 40 之间。

第四阶段：三位数的短除法

有些孩子在 4 年级的时候可能就已经接触了两位数的短除法——因此这部分的介绍可参见“发展提升部分”。

现在更大的数字已被引入，因此，在 5 年级末或 6 年级初时，大部分的孩子将开始做三位数的短除法，如 192÷6。

在这个阶段，组块和重复除法都不再使用。孩子们将使用**整数分解**的技巧。

因此，192÷6 的计算过程或许一开始看起来会像这样：

```
   30＋ 2
6 | 180＋12
```

答案： 32

此处整数分解得以清楚说明：192 首先被分解成 180 和 12。然后每个分解的“单位”被 6 除。

所以，6“除”第一部分（180）得 30，接着除第二部分（12）得 2。然后将 30 和 2 相加，得出答案 32。

这最终可能会缩短成为短除法更加规范的书写形式：

$$\begin{array}{r} 3\ 2 \\ 6\overline{\smash{)}\,19^{1}2} \end{array}$$

我们的内心可能会喋喋不休地说：

- 6 除 1 不能得出整数商，所以 6 只能除 19 得 3 余 1。将 3 写在横线上，把 1 进一位紧挨着 2 放。这一来，6 除 12 得 2。

正如前一节所提及的，今天的孩子们可能会一边书写运算一边说：

- 多少个 6 除 190，以至答案是 10 的最大倍数？10 个 6 等于 60，20 个 6 等于 120，30 个 6 等于 180。所以答案就是 30 个 6。所以我将 3 写在十位数这一列的横线上以代表 30。180 和 190 之间的差额是 10，因此我将 10 进一位放在另一边，并把它与 2 相加。这样一来余 12。而 12 除以 6 等于 2。那么我就将 2 写在横线上。所以答案是 32。

正如我们前面所看到的，这是在技术上更加正确的版本，准确反映了先前练习的分解过程，但只要孩子们很好地理解了位值的概念，掌握了乘法和除法互为逆算法的性质，用“我们自己的方法”运算除法是恰当的目标。

再来看一个有余数的例子。

对 291÷8 的计算可能开始会像这样：

$$\begin{array}{r|l} & 30+6\text{ 余 }3 \\ \hline 8 & 240+51 \end{array}$$

答案：36 余 3

291 的整数分解通过以下处理得以清楚说明：240 被分解成 30“组”8，51 为剩余的“部分”。

最终这会被缩短为：

$$\begin{array}{r|l} & 3\ \ 6\text{ 余 }3 \\ \hline 8 & 29\,{}^{5}1 \end{array}$$

我们可能又会一边书写运算一边喋喋不休地说：

- 8 除 2 行不通，所以 8 只能除 29 得 3 余 1。将 3 写在十位数这一列的横线上，把 5 进一位紧挨着 1 放。这样一来，8 除 51 得 6 余 3。

第五阶段：长除法

一旦已掌握了短除法，下一步则是长除法。

例如：

805÷35，即 1 个三位数被 1 个两位数除。

对大部分孩子来说，这是他们在 6 年级时才会初次接触的。现在，对于今天的长除法，我们会“返回”使用组块的方法。请注意，今天教授长除法的方式与我们大多数人过去在学校里学的可能不一样。

如果使用长除法，关于 805÷35 的讨论可能会像这样：

- 10 组 35 等于 350，故 20 组 35 会是 700，但 30 组 35 会超过 1 000，因此一开始我会减去 700（20“组”35），这样一来还剩 105。好，3“组”35 等于 105，所以我会完全减去剩下这一块，不会有任何余数。接下来我会把已减去的所有“组”

的 35 相加，这样就得到了答案。答案是 23。

```
35│805
－ 700        20×35
   105
－ 105         3×35
     0
```

答案：23

它也可以记成这样：

```
      23
35│805
－ 700
   105
－ 105
     0
```

思维过程和讨论的是完全一致的，但 20 和 3 现在是记在线上，而不是沿着侧边记。你的小孩可使用这两种方式中的任何一种。

正如上文所见，在孩子们开始计算 805÷35 这类除法前，他们首先要找出近似的答案。为此他们可能会考虑700÷35＝20 以及1 050÷35＝30（根据 70÷35＝2 和 105÷35＝3）。

根据这一点，他们会认识到答案一定介于 20 和 30 之间。做这样的粗略估计，还有助于决定第一个大的“组块”可能是什么，那就是 20“组”35（700，本例中）。

更多的例子：

204÷17　　近似答案:10 和 20 之间
　　　　　（因为 170÷17＝10，340÷17＝20）

```
17⟌204
— 170        10×17
   34
—  34         2×17
    0
```

答案：12

1 344÷24　　近似答案：50 和 100 之间

（因为 2 400÷24=100，1 200÷24=50）

```
24⟌1 344
— 1 200        50×24
    144
—    96         4×24
     48
—    48         2×24
      0
```

答案：56

896÷32　　近似答案：20 和 30 之间

（因为 640÷32=20，960÷32=30）

```
32⟌896
— 640        20×32
  256
— 160         5×32
   96
   96         3×32
    0
```

答案：28

过去我们常常是像下面这样运算的……

你可能会认为，这种做除法的新的方法看起来相当麻烦。为什么不能按照我们过去做的那种方法来教小孩呢？

尽管这段时间我们大家都做了很多不太长的除法，但事实上我们能记得住吗？令人惊讶的是，这是非常困难的。但如果你试图回想自己是怎样学的，那有可能记住的是你是如何花上数小时做诸如 934÷26 的算术题的。（如果你不理解，请不要担心。很少有人做得到！）

```
     35 余 24
26 | 934
      1
      78
     ----
     154
       3
   — 130
     ----
      24
```

然后我们心里可能会自言自语：

● 9 能被多少个 26 整除？1 个也没有。93 能被多少个 26 整除？答案是 3。因此，我将 3 写在十位数这一栏的横线上。

● 接着我乘：3 个 6 等于 18，把 1 进一位，将 8 写下。

● 而 3 个 2 等于 6，把其加在已进位的 1 上得 7。将 7 写下。

● 接着我减：93—78，答案为 15，然后把它记下。

● 接下来，我把下一个数字也就是 4“移下”。这样一来我有的不再是 15 而是 154。

- 下一步：154 能被多少个 26 整除？嗯，让我想想……5 个。
- 因此，我紧挨着 3 将 5 写在横线上。
- 接着又乘：5×6 等于 30。把 3 进一位，将 0 写下。
- 而 5×2 等于 10，把其加在已进位的 3 上得 13。将 13 写下。
- 接着我又减：154－130，答案为 24，然后把它记下。
- 因为再也没有数字要“移下”，所以剩下的 24 为余数。
- 然后就可以得出答案：35 余 24。

现在知道为什么这个方法不再作为标准方法来教授了吧。我再次强调：如果你不理解，请不要担心！你根本不需要明白——现在已不再这样教了！谢天谢地！

接下来我们来看看今天是怎么教 934÷26 的除法运算的：

$$
\begin{array}{rrl}
26 & \overline{)934} & \\
- & 520 & \quad 20\times 26 \\
\hline
 & 414 & \\
- & 260 & \quad 10\times 26 \\
\hline
 & 154 & \\
- & 130 & \quad \underline{5}\times 26 \\
\hline
 & 24 &
\end{array}
$$

答案：35 余 24

思维过程可能是这样的：

- 10 组 26 是 260，所以我知道 20 组 26 一定是 520，因此

我一开始会减去520（20组26）这一大块。这样一来就给我留下了414。既然10组26是260，因此我会减去这块，如此则剩154。接下来我可以减去5组26，即130。这样一来剩下的24则为余数。

这还可以记录成：

```
       35 余 24
26 | 934
   - 520
     414
   - 260
     154
   - 130
      24
```

尽管这看起来更像我们的旧方法，但实际上是不一样的。它仅仅是上一种记录略简洁的方式。此时数字记在横线上，而不是侧边。逻辑推理和讨论所得完全是一致的。

小数的除法

同样的方法也适用于此处。只是我们必须十分小心处理小数点，这些小数点在彼此下方必须对齐。

直到进入中学，才可能要求孩子们像这样处理除法运算。我将其纳入此处是为了内容完整，同时也为了说明这些同样的方法仍旧是有效的。

例如，94.5÷7，使用带“组块”的长除法，可能看起来像这样：

7 ⟌ 94.5		
− 70.0	10×7	我们写下 70.0 而非 70，这样一来小数点可在彼此下面对齐。
24.5		
− 21.0	3×7	我们写下 21.0 而非 21，这样一来小数点可在彼此下面对齐。
3.5		
− 3.5	0.5×7	7 的一半
0.0		

答案：13.5（即 10+3+0.5）

先减一“块”70，接着减一“块”21，剩下 3.5。下一步则找出 3.5 是 7 的一半（0.5）。最后把减 7 的次数相加，得到的答案就是 13.5。

再如：106.8÷8：

8 ⟌ 106.8		
− 80.0	10×8	（10“组”8）
26.8		
− 24.0	3×8	（3“组”8）
2.8		
− 2.0	0.25×8	（8 的 1/4）
0.8		
− 0.8	0.1×8	（8 的 1/10）
0		

答案：13.35（即 10+3+0.25+0.1）

带负数的除法

大多数孩子可能会在中学稍晚些时候接触这部分内容。

● 请记住：负数可以被写成带括号的，也可被写成不带括号的。所以，如“负4”既可被写成（−4）也可被写成−4。

让我们来看看：

$16\div(-2)$

解这道题的关键在于知道乘法和除法是互为逆运算的（也就是说，除法会“解除”乘法，反之亦然。）

● 快速提示：　　$4\times3=12$

如果我们想要“解除”乘以3，只需要除以3，就会返回至运算的起点处(4)　　$12\div3=4$

根据掌握的乘以负数的知识，我们知道：$(\mathbf{-8})\times(-2)=16$

那么，使用逆运算规则：　　$16\div(-2)$ 一定把我们带回到起始的数字$\mathbf{-8}$。

因此：　　$16\div(-2)=(\mathbf{-8})$

如果用负数除以正数呢？

如：

$(-27)\div3$

我们知道：　　$(\mathbf{-9})\times3=(-27)$

那么，使用逆运算规则：$(-27)\div3$ 一定把我们带回到起始的数字$\mathbf{-9}$。

因此：　　$(-27)\div3=(\mathbf{-9})$

- 所以一个**负数被一个正数除**或者一个**正数被一个负数除**，答案永远是**负数**。

那么−15÷−3，用一个负数除以另一个负数，会怎么样？
逻辑是完全一样的。
我们知道：5×−3＝−15，
如果我们现在想要“撤销”乘以−3，要除以−3。

那么，使用逆运算规则：	−15÷−3一定把我们带回到起始的数字**5**。
因此：	−15÷−3＝**5**

- 所以一个**负数被一个负数除**，答案永远是**正数**。

在这个阶段掌握这一概念不容易，因此，孩子们也许要做的只是学习这些规则。类似的适用于带负数的除法运算的规则也许值得一提：

- 一个正数除以一个正数，答案为**正数**。
- 一个正数除以一个负数，答案为**负数**。
- 一个负数除以一个正数，答案为**负数**。
- 一个负数除以一个负数，答案为**正数**。

通常，这些规则被总结在像下面这样的表格中：

＋	÷	＋	→	＋
＋	÷	−	→	−
−	÷	＋	→	−
−	÷	−	→	＋

因此，如果两个符号都是一样的（都是正的或都是负的），答案总会是正的。但是如果两个符号是不同的（一个是正的，而另一

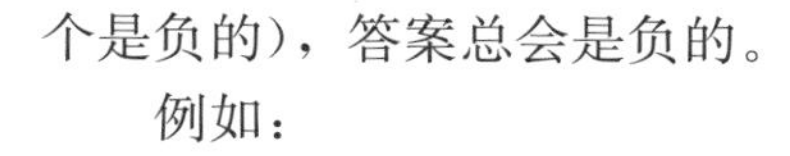

个是负的)，答案总会是负的。

例如：

$$
\begin{aligned}
18 \div 3 &= 6 \\
18 \div (-3) &= -6 \\
(-18) \div 3 &= -6 \\
(-18) \div (-3) &= 6 \\
24 \div -8 &= -3 \\
-45 \div 9 &= -5 \\
-36 \div (-6) &= 6 \\
100 \div -10 &= -10
\end{aligned}
$$

请注意：本章一开始所教的除法方法——**重复减法**，在除以负数时，是**无效**的。这样，对重要的算术四则运算：加法、减法、乘法以及除法算术方法的归纳就到此为止了。所有的这些方法都会在课堂上不断地重新讨论以复习、巩固及加深孩子们的理解，每次都会扩大并增进孩子们对知识的理解——更何况现在还有你的帮助。

数字模式和代数

数字模式无处不在，在自然界中、艺术品里以及我们每天使用数字的方式中都可找到其身影。在本章中，我们探讨孩子们如何与这些模式首次相遇，以及它们如何能帮助我们学习和记忆数学的功能和规则。也许最重要的是，我们可以开始看到数字模式是如何成为秩序、和谐，甚至是美丽的基础。

第一节 理解基础部分

（适合 1、2 年级，年龄 5～7 岁）

孩子们从很小的时候起就用数字模式了。童谣、歌曲、故事以及计数游戏都使用模式和节奏。这样的例子有很多，想想：

- 1、2、3、4、5，一下子我抓了一条活鱼……
- 有一天，5 只小鸭子去游泳……
- 10 个绿色的瓶子……
- 1 个男人去割草，去草地割草……

所有这些童谣都有助于孩子们按顺序排列好数字，或了解如何按顺序排列数字，无论是一个个往前数（如“1、2、3、4、5，一下子我抓了一条活鱼……”），还是倒回来一个个向后数（“10 个绿色的瓶子……”）。

因此，孩子们学习的第一个数字模式（数字系列）是“一个一个”地数数。对我们来说这似乎太显而易见了，以至于“忘记”它是一个模式。但它确实是一个非常重要的模式。孩子们往往会从不同的数字开始，以各种不同的方式用“一个一个的数字”来练习数数，以帮助他们做加减运算（例如，8、9、10、11……）。

孩子们喜欢找模式。他们常常会在各种不寻常的地方：天花板

的灯、建筑物的窗户或食物包装袋的标记上，找到模式。小孩子指向哪个地方，哪个地方就存在某种模式——我们（成年人）往往对这些模式“视而不见”。

孩子们很小的时候似乎就意识到找模式和计数密切相关。他们也喜欢建立自己的模式，可能通过图画，也可能通过排列不同的物体（如玩具车、乐高积木、叶子，或令人生气的是，有时还会用到他们碟子里的食物），又或者通过跳的次数或骰子数（例如，跳 1 格、跳 2 格，跳 3 格等）。

稍后，孩子们学会两个两个地数数。于是，孩子们学到了奇数和偶数，并开始接触乘法表中 2 的乘法运算。

奇数和偶数是孩子们接触到的第一批数字模式，而且很可能会使用下面的百数方格来识别它们。

使用**百数方格**，我们可以看到：

- 奇数从 1 开始，每隔一个数字列入，像这样：1、3、5、7、9、11、13，等等。
- 它们不能被 2 整除，而且它们全都以数字 1、3、5、7 或 9 结尾。
- 如果真的用一个奇数除以 2，总会余下 1（即余数是 1）。
- 偶数从 2 开始，每隔一个数字列入，像这样：2、4、6、8、10、12、14，等等。
- 它们能被 2 整除，而且全都以数字 0、2、4、6 或 8 结尾。

7 岁左右（2 年级结束时）的小孩能认出 30 以内的奇偶数，甚至更多。

从 0 开始，以两个数为单位数数，可能是大部分的孩子首次接触**乘法表中 2 的乘法运算**的方式。“2、4、6、8，我们使谁增值？”

是许多孩子在学习启用它们时的押韵诗。

孩子们可能会使用类似上面的百数方格去识别**乘法表中 2 的乘法运算**，也或者会用**数轴**或**乘法方格**。

百数方格可能会在你孩子的课上被使用。对计数和发现模式而言，它是一种非常有用的工具。

1	2	3	4	5	6	7	8	9	10
11	12	13	14	15	16	17	18	19	20
21	22	23	24	25	26	27	28	29	30
31	32	33	34	35	36	37	38	39	40
41	42	43	44	45	46	47	48	49	50
51	52	53	54	55	56	57	58	59	60
61	62	63	64	65	66	67	68	69	70
71	72	73	74	75	76	77	78	79	80
81	82	83	84	85	86	87	88	89	90
91	92	93	94	95	96	97	98	99	100

展示乘法表中 2 的乘法运算的数轴可能看起来会是这样的：

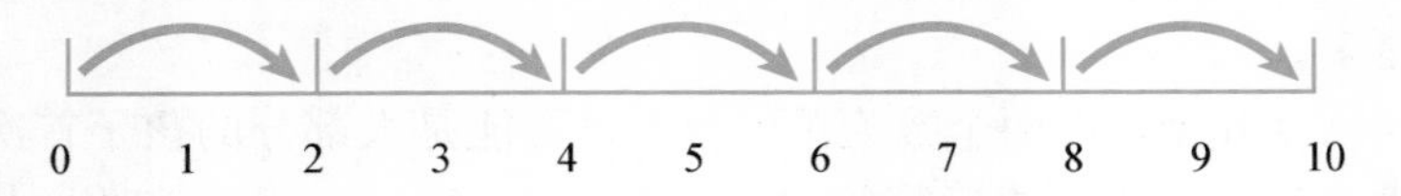

这是一个数字模式，而最后当孩子们把乘法表都学完后，他们会意识到所有的“倍数”都是数字模式。

乘法方格是展示最小倍数的大网格。以下网格展示的是数字 1 至 10 中每个数字最小的 10 个倍数。

×	**1**	**2**	**3**	**4**	**5**	**6**	**7**	**8**	**9**	**10**
1	1	2	3	4	**5**	6	7	8	9	10
2	2	4	6	8	**10**	12	14	16	18	20
3	3	6	9	12	**15**	18	21	24	27	30
4	4	8	12	16	**20**	24	28	32	36	40
5	**5**	**10**	**15**	**20**	**25**	**30**	**35**	**40**	**45**	**50**
6	6	12	18	24	**30**	36	42	48	54	60
7	7	14	21	28	**35**	42	49	56	63	70
8	8	16	24	32	**40**	48	56	64	72	80
9	9	18	27	36	**45**	54	63	72	81	90
10	10	20	30	40	**50**	60	70	80	90	100

例如，5 最小的 10 个倍数分别是：5、10、15、20、25、30、35、40、45 和 50。这些数字既可以沿着表格的横栏横向读，也可以顺着表格的纵列往下读（两种方式都在上图中突出显示）。两队的数字都是一样的，这可以帮助我们记住乘法是**可交换的**（例如，5“组”3 和 3“组”5 是一样的，或 $5\times3=3\times5$）。

早期，孩子们会练习的另一个数列是以十个数字为单位往前数以及倒过来向后数，如10、20、30、40，以此类推。以上这些是10的最小的一部分“倍数”，而类似上面这样的乘法方格恰好验证了这一点。但孩子们可能会从任何一个数字起，十个十个地数数。例如，23、33、43、53、63……或67、57、47、37、27……在这些情况下，百数方格更有用。

我们来看看本节中的**百数方格**。沿着一列往下看——每次向下移1行，通过这样的方式，孩子们很容易就理解如何十个十个地数数。从数字23开始，这个数字的正下方是33，正好是比23多10。33下面是43，接着是53、63，以此类推。

稍后，孩子们会一百一百地数数（从零开始或以零结束）。

往前数的例子：0、100、200、300、400……

往后数的例子：700、600、500、400、300、200、100、0。

一旦孩子们理解了数字模式（或数列）的概念，他们会开始通过**预计**下一个数字**延续**一个序列。这意味着：孩子们会看到一个数列，并且会被要求描述他们找出了什么。找出模式，接下来就可以为这个数列扩充或延续更多的数字。

例如：

- 关于下面的数列，你注意到了什么？

  2　5　8　11　14　17……

  你能说出接下来的4个数字会是什么吗？

  你怎么知道的？

  答案：孩子们会用自己的语言来表达：这个数列中的每个数字比前一个数字要多3。

  所以接下来的4个数字是：

  20　23　26　29

这样一来，孩子们开始意识到数字模式遵循着某种“**规则**”。

这个“**规则**”是他们找到的模式，在这个例子中，是“加 3”。他们使用这个“**规则**”来**预计**接下来的 4 个数字，从而扩充或**延续**这一数列。

再如：

- 你能为这个序列再增加两个数字吗？

  28　26　24　22……

  答案：20、18。这个“规则”是：每个数字减掉 2 会得到下一个数字。

小学阶段的前几年，延续序列的“规则”是非常简单易懂的。通常这些序列以两个数、三个数、五个数或十个数为单位增加或（减少）。

随着时间的推移，这些“规则”会慢慢变得更复杂和更有挑战性（小学生们在做数学的高级考试题时，仍然在寻找和扩充序列，只是他们寻找的“规则”变成了“公式”，而在这个序列中寻找的下一个数字变成了第 n 个数字——关于这一点下文将有更多的介绍）。

小学阶段的前几年，孩子们会花大量的时间考虑各种各样的模式。并非所有这些模式都一定是数字模式。但这些模式全都有助于促进大脑的发展，而大脑正是通过识别不同的模式来理解世界的。

第二节　发展提升部分

（适合 3、4 年级，年龄 7～9 岁）

基于对基本原理的理解，孩子们会继续描述和扩充数列。如我们前面所见，他们会十个十个、百个百个地数数，但现在他们会从（1 000 以内）任意一个数字开始。如：

- 从 340 起，一百一百地向前数到 940。你能数出多少个百？
  你从 340 开始，然后——440、540、640、740、840、940。
  答案：“我数出了 6 个百。”

再如：

- 序列如下：
  854　754　654　554　454……
  接下来是多少？
  答案：序列中的数字每次递减 100，因此接下来的数字是 354。（或是用孩子们的语言进行的类似表述。）

数字模式可以你喜欢的任何数字为单位逐步通过往前数或倒过来向后数的方式构建。课堂上常见的数字模式可能涉及的数数多是以 25 或 50 为单位逐步往前数或向后数。现在，往后数的数字可能会低于 0。

例如：

- 从 300 起，25 个 25 个地往后数到－100。
  答案： 300、275、250、225、200、175、150、125、100、75、50、25、0、－25、－50、－75、－100
- 50 个 50 个地数，一直往前数到 1 000，然后再倒过来向后数。
  答案： 50、100、150、200、250、300、350、400、450、500、550、600、650、700、750、800、850、900、950、1 000……然后再反着方向数，1 000、950……

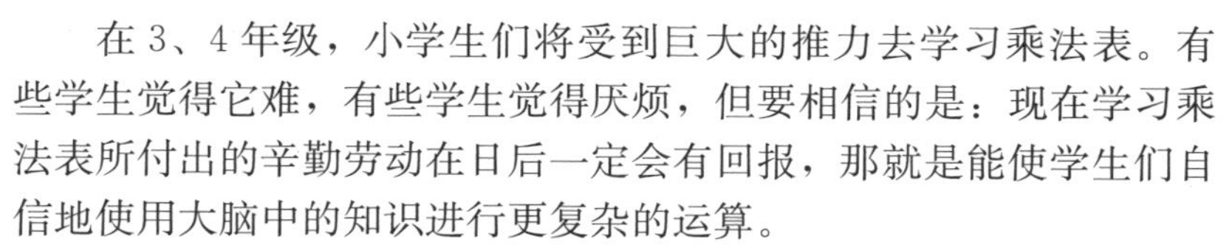

在3、4年级，小学生们将受到巨大的推力去学习乘法表。有些学生觉得它难，有些学生觉得厌烦，但要相信的是：现在学习乘法表所付出的辛勤劳动在日后一定会有回报，那就是能使学生们自信地使用大脑中的知识进行更复杂的运算。

如果孩子们记住所有的倍数都是数字模式，他们就会发现乘法表学起来更容易也更有趣。例如，4最小的10个倍数是：4、8、12、16、20、24、28、32、36、40，这个序列可简单地通过“加4”进行扩充。

毫无疑问，孩子们会使用**百数方格**中的各种模式来帮助自己学习乘法表。他们常会被要求从乘法表的第一行起为数字画阴影。很快，一种模式就浮现了。这些视觉图像对某些孩子而言很有帮助。

一个突出显示乘法表中2的乘法运算的简易模式如下：

1	**2**	3	**4**	5	**6**	7	**8**	9	**10**
11	**12**	13	**14**	1	**16**	17	**18**	19	**20**
21	**22**	23	**24**	25	**26**	27	**28**	29	**30**
31	**32**	33	**34**	35	**36**	37	**38**	39	**40**
41	**42**	43	**44**	45	**46**	47	**48**	49	**50**
51	**52**	53	**54**	55	**56**	57	**58**	59	**60**
61	**62**	63	**64**	65	**66**	67	**68**	69	**70**
71	**72**	73	**74**	75	**76**	77	**78**	79	**80**
81	**82**	83	**84**	85	**86**	87	**88**	89	**90**
91	**92**	93	**94**	95	**96**	97	**98**	99	**100**

乘法表中 5 的乘法运算，它的模式如下：

1	2	3	4	**5**	6	7	8	9	**10**
11	12	13	14	**15**	16	17	18	19	**20**
21	22	23	24	**25**	26	27	28	29	**30**
31	32	33	34	**35**	36	37	38	39	**40**
41	42	43	44	**45**	46	47	48	49	**50**
51	52	53	54	**55**	56	57	58	59	**60**
61	62	63	64	**65**	66	67	68	69	**70**
71	72	73	74	**75**	76	77	78	79	**80**
81	82	83	84	**85**	86	87	88	89	**90**
91	92	93	94	**95**	96	97	98	99	**100**

乘法表中 3 的乘法运算，它看起来如下（见 267 页）。

乘法表中 4 的乘法运算的模式并非如此直接明显，但还是存在（见 267 页）。

孩子们可以尝试为乘法表中任何一个数字的乘法运算寻找模式。乘法表中 9 的乘法运算的模式见 268 页。

乘法方格是按照行和列来记录乘法表的，是帮助孩子们学习乘法表的另一种非常好的工具。孩子们也能从中看出如何寻找模式，以及如何利用方格的对称性帮助他们学习乘法表。

例如，如果有一个乘法方格，孩子们可能会被要求尽可能地找出更多的模式并对其进行解释。所有“3”的倍数都被突出显示后

构建出的模式见 268 页。

1	2	**3**	4	5	**6**	7	8	**9**	10
11	**12**	13	14	**15**	16	17	**18**	19	20
21	22	23	**24**	25	26	**27**	28	29	**30**
31	32	**33**	34	35	**36**	37	38	**39**	40
41	**42**	43	44	**45**	46	47	**48**	49	50
51	52	53	**54**	55	56	**57**	58	59	**60**
61	62	**63**	64	65	**66**	67	68	**69**	70
71	**72**	73	74	**75**	76	77	**78**	79	80
81	82	83	**84**	85	86	**87**	88	89	**90**
91	92	**93**	94	95	**96**	97	98	**99**	100

1	2	3	**4**	5	6	7	**8**	9	10
11	**12**	13	14	15	**16**	17	18	19	**20**
21	22	23	**24**	25	26	27	**28**	29	30
31	**32**	33	34	35	**36**	37	38	39	**40**
41	42	43	**44**	45	46	47	**48**	49	50
51	**52**	53	54	55	**56**	57	58	59	**60**
61	62	63	**64**	65	66	67	**68**	69	70
71	**72**	73	74	75	**76**	77	78	79	**80**
81	82	83	**84**	85	86	87	**88**	89	90
91	**92**	93	94	95	**96**	97	98	99	**100**

1	2	3	4	5	6	7	8	**9**	10
11	12	13	14	15	16	17	**18**	19	20
21	22	23	24	25	26	**27**	28	29	30
31	32	33	34	35	**36**	37	38	39	40
41	42	43	44	**45**	46	47	48	49	50
51	52	53	**54**	55	56	57	58	59	60
61	62	**63**	64	65	66	67	68	69	70
71	**72**	73	74	75	76	77	78	79	80
81	82	83	84	85	86	87	88	89	**90**
91	92	93	94	95	96	97	98	**99**	100

x	1	2	3	4	5	6	7	8	9	10
1	1	2	**3**	4	5	**6**	7	8	**9**	10
2	2	4	**6**	8	10	**12**	14	16	**18**	20
3	**3**	**6**	**9**	**12**	**15**	**18**	**21**	**24**	**27**	**30**
4	4	8	**12**	16	20	**24**	28	32	**36**	40
5	5	10	**15**	20	25	**30**	35	40	**45**	50
6	**6**	**12**	**18**	**24**	**30**	**36**	**42**	**48**	**54**	**60**
7	7	14	**21**	28	35	**42**	49	56	**63**	70
8	8	16	**24**	32	40	**48**	56	64	**72**	80
9	**9**	**18**	**27**	**36**	**45**	**54**	**63**	**72**	**81**	**90**
10	10	20	**30**	40	50	**60**	70	80	**90**	100

而下图展示的是当所有“4”的倍数都被突出显示后构建出的模式：

x	1	2	3	4	5	6	7	8	9	10
1	1	2	3	**4**	5	6	7	**8**	9	10
2	2	**4**	6	**8**	10	**12**	14	**16**	18	**20**
3	3	6	9	**12**	15	18	21	**24**	27	30
4	**4**	**8**	**12**	**16**	**20**	**24**	**28**	**32**	**36**	**40**
5	5	10	15	**20**	25	30	35	**40**	45	50
6	6	**12**	18	**24**	30	**36**	42	**48**	54	**60**
7	7	14	21	**28**	35	42	49	**56**	63	70
8	**8**	**16**	**24**	**32**	**40**	**48**	**56**	**64**	**72**	**80**
9	9	18	27	**36**	45	54	63	**72**	81	90
10	10	**20**	30	**40**	50	**60**	70	**80**	90	**100**

利用正方形的对称性，下图所示的对角线将正方形一分为二，乘法表在对角线的两边都得以呈现（见 270 页）。

突出显示的对角线中的数字实际上就是另一个数字模式。这些数字（1、4、9、16、25……）被称为**平方数**，对此之后有更详细的叙述。

奇数和偶数在前面的“理解基础部分”中已进行了介绍。现在孩子们也许能认出 100 以内（3 年级结束时）和 1000 以内（4 年级结束时）的偶数和奇数。

除了能识别奇数和偶数外，孩子们会开始发现当奇数和偶数相加或相减时会发生什么：

- 如果两个**偶数**相加或相减，答案总会是**偶数**。例如，24＋12＝36，14－6＝8。

x	1	2	3	4	5	6	7	8	9	10
1	**1**	2	3	4	5	6	7	8	9	10
2	2	**4**	6	8	10	12	14	16	18	20
3	3	6	**9**	12	15	18	21	24	27	30
4	4	8	12	**16**	20	24	28	32	36	40
5	5	10	15	20	**25**	30	35	40	45	50
6	6	12	18	24	30	**36**	42	48	54	60
7	7	14	21	28	35	42	**49**	56	63	70
8	8	16	24	32	40	48	56	**64**	72	80
9	9	18	27	36	45	54	63	72	**81**	90
10	10	20	30	40	50	60	70	80	90	**100**

- 无论多少个偶数相加或相减，答案都是偶数。例如，8＋32＋16＋4＝60，32－10－4＝18，6＋2－4＋10－8＝6。
- 如果两个奇数相加或相减，答案总是**偶数**。例如，15＋3＝18，15－3＝12。

0 是奇数还是偶数？

这是年龄较大的孩子经常会问的问题。

这个问题并不像看起来这么容易回答，而且常会引起很多争论。

有人认为它两者都不是。我们会谈论奇数对的袜子或偶数位的晚宴宾客，但单独的 0 用在这些语境下看来全无意义。

但在判断数字是否具有偶数性时，将 0 也纳入了考虑，0 似乎又是偶数。这是因为，0 能被 2 整除。

正如“理解基础部分”中所介绍的，孩子们会开始描述和扩充数列。根据“**规则**”，他们会开始**预计**数列中的下一个数字。

例如：

- 描述下列数列：

  37　46　55　64……

  接下来的两个数字是什么？

  你怎么知道的？

  答案：孩子们会用自己的语言表达：这个数列中的每个数字比前一个数字要多9。

  所以接下来的两个数字是：73、82。

这个“**规则**”是他们找到的模式，在这个例子中，是“加9”。他们使用这“**规则**”来**预计**接下来的两个数字，从而扩充或**延续**这一数列。

再如：

- 将这个序列中缺失的数字补充完整。

  86　__　78　74　__　66　__

  解释规则

  答案：82、70、62。序列中的数字每次递减4。

第三节　追求卓越部分

（适合5、6年级及以上，年龄9～12岁及以上）

接下来孩子们学习时，本章前面所讨论的内容仍然有效。在这一阶段，识别 10×10 以内的倍数、利用百数方格和乘法方格寻找模式仍是学习的重点。

孩子们继续识别和扩充数列。数列的构建，可从任何数字开始，一步步按照固定的数目数数来实现。

具体的例子如：

- 每次 25，从 800 数到 1 000，然后倒着数。
- 每次 0.1，从 5 数到 7，然后再倒着数。
- 每次 0.25，从 0 数到 3。
- 每次 0.5，从 4 数到—3。

答案：

800、825、850、875、900、925、950、975、1 000，然后倒着数 1 000、975、950、925、900、875、850、825、800。

5、5.1、5.2、5.3、5.4、5.5、5.6、5.7、5.8、5.9、6.0、6.1、6.2、6.3、6.4、6.5、6.6、6.7、6.8、6.9、7.0，然后倒着数 7.0、6.9、6.8、6.7、6.6、6.5、6.4、6.3、6.2、6.1、6.0、5.9、5.8、5.7、5.6、5.5、5.4、5.3、5.2、5.1、5.0。

0、0.25、0.5、0.75、1、1.25、1.5、1.75、2、2.25、2.5、2.75、3。

4、3.5、3、2.5、2、1.5、1、0.5、0、— 0.5、— 1、—1.5、—2、—2.5、—3。

所有的数字不是**奇数**就是**偶数**。孩子们需要依据前文所发现的“特性”识别出至少 1 000 以内的奇偶数。此前我们已经知道了对奇偶数进行加减运算会产生怎样的结果。

如果对奇偶数进行乘法运算会发生什么呢?

- 两个偶数的积是偶数（例如，4×6=24）。
- 两个奇数的积是奇数（例如，3×5=15）。
- 一个奇数和一个偶数的积是偶数（例如，3×4=12）。

纵观本章，我们已经知道孩子们是如何描述和扩充数列的。根据“规则”，他们可以预计数列中接下来的数字是什么。

例如：

- 将这个序列中缺失的数字补充完整。

  −30　−27　−24　__　−18　__　−12　__

  口头解释其规则并把它写下来。

  答案： −21　−15　−9。序列中的数字每次递增 3。

在数列中，经常使用的措辞是“**项**”而不是“数字”，因此孩子们必须要知道这个措辞。

例如：

- 填写以下数列中接下来的两项：

  91　72　53　34　__　__

  答案： 15　−4。每一项比前一项少 19。

数列不一定非得按照固定的数目增加或减少。

请看下面的数列：

1　　3　　6　　10　　15　　21　　……

接下来的项会是多少？

1 和 3 之间的差是 2，3 和 6 之间的差是 3，6 和 10 之间的差是 4，10 和 15 之间的差是 5，15 和 21 之间的差是 6，接下来……

这可图解如下：

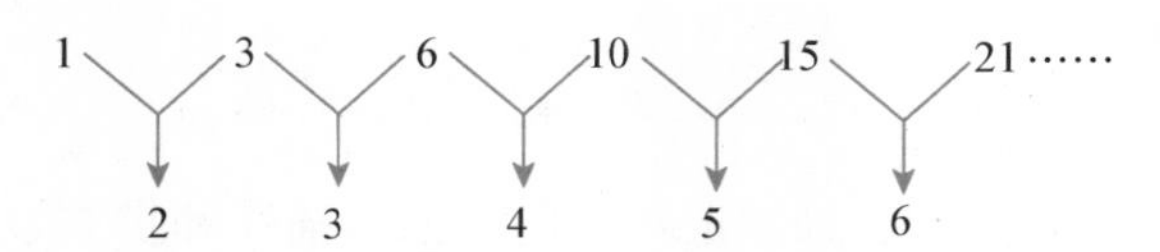

这些差反映了一个模式。接下来的差会是 7，所以数列中接下来的项会是 28（即，21 加 7），那么再接下来的项会是 36（28 加 8）。

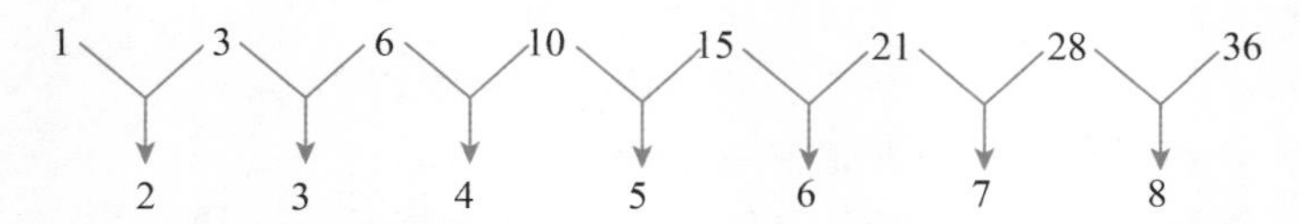

这是一个特殊的序列。这个模式中的数字是**“三角形数”**。

三角形数之所以这样被命名，是因为它们可构成三角形的形状（要发挥点想象力才能将第一个点想成一个三角形，但它在序列中的位置变得非常清晰）。

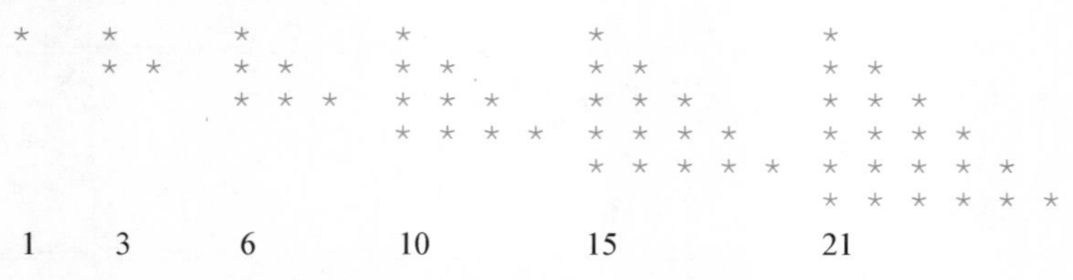

另一个非常特别的数列是**平方数（也称正方形数）**。

平方数是：

1　4　9　16　25　36　49　64　81　100……

平方数是每个数字自身相乘的结果

1×1　2×2　3×3　4×4　5×5　6×6　7×7　8×8
9×9　10×10……

因此接下来的两项是：

121　　　和　　　144
(11×11)　　　　　(12×12)

当点的数量可被排列起来构建序列时，平方数也可以形象地呈现出来。再来一次，将第一位的单点想象成一个正方形。

```
*      * *    * * *    * * * *    * * * * *
       * *    * * *    * * * *    * * * * *
              * * *    * * * *    * * * * *
                       * * * *    * * * * *
                                  * * * * *
1      4      9        16         25
```

两个连续的**三角形数**相加，就构成一个**平方数**。

例如：

1+3=4
3+6=9
6+10=16
10+15=25
以此类推。

平方数可在乘法方格中最长的对角线上找到，而且这些平方数恰好将方格一分为二。

因此，要计算一个数字的平方数，只需要用这个数字乘以它自身。

例如：

- 7 的平方（或 7^2）是“7×7”，等于 49（7×7=49）。

这一运算的**逆运算**是求这个数字的**平方根**。

例如：

- 49 的平方根是 7（因为 $7\times7=49$）。

平方根符号是这样的：

- “$\sqrt{\ }$”，因此 49 的平方根可被写成 $\sqrt{49}$。

完全平方数的平方根为整数。最小的 12 个完全平方数为：

1　4　9　16　25　36　49　64　81　100　121　144

相应的**平方根**为：

1　2　3　4　5　6　7　8　9　10　11　12

接下来的完全平方数为 13×13 也就是 169，所以 169 的平方根是 13。

如果孩子们非常“熟悉”最小的 12 个平方数和其相应的平方根，这会和乘法表一样对他们很有帮助。

另一个非常著名的数字模式是**斐波那契数列**。

它是这样的：

1　1　2　3　5　8　13　21　34　55　89……

你的小孩在小学未必会遇到这种模式，但在中学的某一时刻肯定会见到它。这是一个非常美丽的序列，而且常常可在自然界中发现（它常见于花朵中花瓣的排列、贝壳的螺旋线以及众多其他自然形态中）。

找到这个序列中的下一项，要将前两项相加：

1　1　2

$1+1=2$

1　2　3

$1+2=3$

2　3　5

2＋3＝5

3　5　8

3＋5＝8

5　8　13

5＋8＝13

8　13　21

8＋13＝21

以此类推。

“连续的”意思是紧挨着的或“邻接的”。孩子们要熟悉数学语境下的这个措辞。例如，在斐波那契数列中 3、5 和 8 是连续的。8、13、21、34 和 55 也一样。

在平方数的序列中：1、4、9、16、25、36、49、64 和81……项 16 和项 25 是连续的。49、64 和 81 也是连续的。

7、10、13、16、19、22、25、28、31、34……这个序列的前四个连续的项分别是：7、10、13 和 16。

相邻数简单来说就是自然数。

3 和 4 是相邻数。

7、8、9、10 和 11 是相邻数。

34、35 和 36 是相邻数。

小学的前几年，孩子们可能被要求通过将相邻数相加，“制造出”1 至 30 之间的所有数字。下面我来告诉你我是什么意思：

1　　0＋1

2

3　　1+2
4
5　　2+3
6　　1+2+3
7　　3+4
8
9　　4+5
10　　1+2+3+4
11　　5+6
12　　3+4+5
以此类推。

并非 1 和 30 之间的所有数字都能通过相邻数相加制造出来，但大部分可以。不能这样被制造出来的数字是：2、4、8 和 16，这些数字本身就是具有某种**联系**的序列。

"联系"是孩子们在数学语境中要熟悉的另一个措辞。它描述数字和数字之间是如何彼此联系的。

"公式"是数学中对**联系**更严谨的说法。公式是一组说明，适用于任何情况。它是一个始终有效的规则。

要找出一个公式，必须非常认真地观察联系，下文将详细叙述。

5、6 年级的小学生会通过简单的序列首次接触公式。

例如：

- 找出以下序列的公式：3、6、9、12、15……

小孩会开始寻找联系。在这个例子中，联系是：每个数字是 3 的倍数。

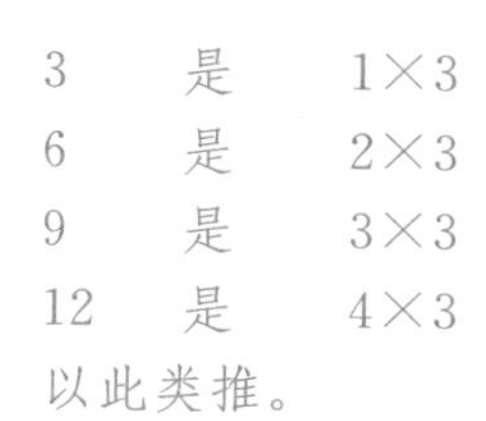
3　是　1×3
6　是　2×3
9　是　3×3
12　是　4×3
以此类推。

接下来，把这个信息重新写在表格里。表格的第一行显示的是序列中每一项所处的位置。表格里的第二行显示的是序列中实际各项，而第三行强调的是联系。

位置	第1项	第2项	第3项	第4项	第5项	……	第n项
序列	3	6	9	12	15	……	
联系	1×3	2×3	3×3	4×3	5×3	……	

找出公式，需要找到“位置编号”之间的关系和“联系”。

首先，你的小孩也许能找到数列里接下来的数字。第6项会是6×3(18)，第7项会是7×3(21)，而第8项会是8×3(24)。他们也许还能不按顺序地预计各项，如第20项是20×3，第100项是100×3。

能做到这些是不错的，但还不足以找出一个公式。

对一个公式而言，我们需要有一个适合任何情况的规则。换言之，即我们想要找的是这个数列中的**第n项**。

第n项究竟是什么？可用来指“任何”一项——第1、第8、第27，等等。

现在我们只需要再想多一步就能找到第n项。

通过找模式且能不按顺序预计各项，你的小孩将会在“位置编号”之间建立联系和关系。在这个例子中，“位置编号”作为3的倍数再次出现。如：

- 第5项是5×3，第7项是7×3，而第29项是29×3。

那第n项会是什么呢？简单：n×3。

为了看起来漂亮，可改写成 3×n，而且如果你喜欢，可以缩写成 3n。这就是这个序列的**公式**。

利用公式（n×3），现在可以任何一个位置编号替换“n”来找出序列的这一项。

- 如果 n=1，序列的第 1 项是“1×3”也就是 3；
- 如果 n=2，序列的第 2 项是“2×3”也就是 6；
- 如果 n=13，序列的第 13 项是“13×3”也就是 39；
- 如果 n=17，序列的第 17 项是“17×3”也就是 51；
- 如果 n＝134，序列的第 134 项是“134×3”也就是 402。

有了公式，就意味着我们可以轻松高效地“找出”序列中的任何一项，而不需要写出所有前面的项。

再如：

- 找出以下序列的公式：5、10、15、20、25……

我们又会开始找联系。在这个例子中，联系是序列中的每个数字是 5 的倍数。

5　是　1×5
10　是　2×5
15　是　3×5
20　是　4×5
以此类推。

重新把这个信息写在表格里：

位置	第 1 项	第 2 项	第 3 项	第 4 项	第 5 项	……	第 n 项
序列	5	10	15	20	25	……	
联系	1×5	2×5	3×5	4×5	5×5	……	

找模式总是一个好起点。第六项会是 6×5(30)，第 7 项会是 7×5(35)，而第 8 项会是 8×5(40)。

“位置编号”作为 5 的倍数再次出现在“联系”这一行。

那第 n 项是什么呢？

- 简单：n×5

接着这个可写成 5×n 或 5n。这就是这个序列的公式。

再如：

- 找出以下序列的公式：6、11、16、21、26……

再一次，我们会尝试寻找一个模式帮我们找到一种联系。这一个需要多一些思考，但如果我们记住了前一个例子，是有帮助的。每个数字都比前一个数字增加了 5，但它们不是 5 的倍数。实际上，它和前一个公式非常相似——只需要小小的调整！

现在还需要两步，而且孩子们常常要被指导一下才会找出这个公式。

6　　是　　1×5 然后加 1
11　 是　　2×5 然后加 1
16　 是　　3×5 然后加 1
21　 是　　4×5 然后加 1
以此类推。

重新把这个信息写在表格里：

位置	第 1 项	第 2 项	第 3 项	第 4 项	第 5 项	……	第 n 项
序列	6	11	16	21	26	……	
联系	(1×5)+1	(2×5)+1	(3×5)+1	(4×5)+1	(5×5)+1	……	

- 第 6 项是 $(6\times5)+1$
- 第 7 项是 $(7\times5)+1$
- 第 8 项是 $(8\times5)+1$

“位置编号”作为 5 的倍数再次出现在“联系”这一行，然后每次加 1。

- 第 n 项是 $(n\times5)+1$。

接下来这个公式可以非常圆满地写成这样：

$5n+1$

再如：

- 找出以下序列的公式：1、4、9、16、25……

这是一个很常见的序列，你的小孩可能会认出来：

1　是　1×1　或称作 1 的平方（1^2）
4　是　2×2　或称作 2 的平方（2^2）
9　是　3×3　或称作 3 的平方（3^2）
16　是　4×4　或称作 4 的平方（4^2）
25　是　5×5　或称作 5 的平方（5^2）
以此类推。

重新把这个信息写在表格里：

位置	第 1 项	第 2 项	第 3 项	第 4 项	第 5 项	……	第 n 项
序列	1	4	9	16	25	……	
联系	1^2	2^2	3^2	4^2	5^2	……	

- 第 6 项是 6^2，第 7 项是 7^2，而第 8 项是 8^2。
- 第 n 项是 n^2

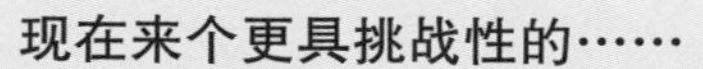

现在来个更具挑战性的……

7 年级或 8 年级的学生也许能找到这个序列的公式，但它对许多学生来说是一个挑战。再来看看序列 2、4、8、16……我们发现这些数字是可以用指数计数法改写的。

指数计数法是一种用较简洁的格式，是书写类似 2×2×2×2×2 这种表达式的好方法，在这个例子中表达式可写成 2^5。这个小数字被称为**指数**或**幂**。

上述序列的联系是序列中的每个数字可被写成“2 的×次方”。换言之：

2　是　2　　或 2 的 1 次方或 2^1

4　是　2×2　　或 2 的 2 次方或 2^2

8　是　2×2×2　　或 2 的 3 次方或 2^3

16　是　2×2×2×2　　或 2 的 4 次方或 2^4

这个序列接下来的数字会是：

32 就是

2×2×2×2×2　　或 2 的 5 次方或 2^5

再接下来的一个是：

64 就是

2×2×2×2×2×2　　或 2 的 6 次方或 2^6

我们将所有这些信息重新写在表格里。和前面一样，表格的头一行显示的是序列中每一项所处的位置。表格里的第二行显示的是序列中各实际项，而第三行强调的是联系。

位置	第 1 项	第 2 项	第 3 项	第 4 项	第 5 项	……	第 n 项
序列	2	4	8	16	32	……	
联系	2^1	2^2	2^3	2^4	2^5	……	

你的小孩也许能找出或预计出序列中的第6项会是“2的6次方”，第7项会是“2的7次方”，而第8项会是“2的8次方”，等等。你的小孩也许还能不按顺序预计各项，比如第10项是“2的10次方”；第24项是“2的24次方”；而第100项是“2的100次方”；等等。

再一次，通过找模式且能不按顺序预计各项，你的小孩将会在“位置编号”之间建立关系和联系。在本例中，“位置编号”作为幂数再次出现在“联系”这一行。所以，第10项是“2的10次方”，第17项是“2的17次方”，第98项是“2的98次方”，以此类推。

第n项很简单，即“2的n次方”，还可被写成2^n。

因此，这就是这个序列的**公式**。

代数

用字母符号代替任一数字并创建公式是代数的基础。这是数学一个非常重要的分支。

代数是一种语言，因此需要用一种能让学生逐步学会表达、书写和理解的方式去讲授。代数的基本步骤会在小学时被引入。在这个阶段，代数应看起来非常简单直观——因为它确实如此！

孩子们将从以下内容开始学习代数语言的基本原理：

字母符号被用来表示**未知数。**

课堂上可能会使用人人都懂的很简单的代数。例如，孩子们可能会有一些数字题帮助他们练习四则运算：加、减、乘和除。有时候会是一个需要完成的答案，有时也许是一个缺失的数字。这个缺失的数字可能会用一个图形、一个符号或一个字

母来表示。

下面有一些例子，你需要从中找出“y”的值：

$4+5=y$　　答案：$y=9$
$12-y=8$　　答案：$y=4$
$y+6=18$　　答案：$y=12$
$3\times 9=y$　　答案：$y=27$
$27\div 9=y$　　答案：$y=3$
$42\div y=7$　　答案：$y=6$
$y\div 7=8$　　答案：$y=56$

在以上各例中，“y”是字母符号，被用来代表“缺失的”或未知数。

如果孩子们掌握了四则运算，能熟练地加、减、乘和除，他们可能会发现上述各例的运算非常容易。如果是这样，他们已经在使用代数！

如果孩子们对代数感到恐惧，会在面对上述此类的例子时感到沮丧。如果他们学起来很自然又很自信，那孩子们完全会一如既往地坚持下去。如果你的小孩表现出任何的犹豫，你完全可以把算术题大声读出来：

- 4 加 5 等于“多少”?
- 12 减去“多少”等于 8?

以此类推。

已经“养成”害怕习惯的大孩子在面对上述代数例子时确实会感到恐慌。他们认为这一定很难，所以往往连试都不试。这真的很丢脸，因为这些题目往往一点都不难。

大部分的老师都知道下面的笑话：

某次考试时，其中有道题问的是“找出 y”；作为回答，学生写道：

“在这里！”同时在题中所写的“y”旁边画了一个大大的箭头。

好笑吧？是的。但也非常真实。

孩子们感到恐慌，就忘了简单的规则。我们只有让他们看到我们不怕代数，才能确保他们不会感到恐慌。

下面是代数语言的一些基本原理：

- n+n+n+n 等于“4 组 n”，即 4n。
- 4×n 习惯被缩写成 4n 以避免使用乘号。

按照传统，代数中不使用乘号（×），因为它很容易与字母符号“x”混淆。相反，我们有所谓的“隐含乘法”。“n”的 4 倍可写成“4×n”，将其改写成不带乘号的“4n”，不但避免了混淆而且更简洁。我们只需要记住“4n”即是“4×n”。

- n×4 也可改写成 4n，因为：n×4 等于 4×n，而我们总是先写数字。
- a×b 同样可改写成 ab，“a×(b+c)”同样可改写成“a(b+c)”。
- a^2 等于“a×a”或“a 的平方”。

一个很常见的错误是认为“a×a”和 2a 是一样的，但实际完全不一样。而是 a+a 等于 2a。

- “a×a×a”等于 a^3 或“a 的立方”。

此外，一个很常见的错误是认为“a×a×a”和 3a 是一样的，但实际完全不一样。而是 a+a+a 等于 3a。

- $(3n)^2 = (3n) \times (3n) = 9n^2$

注意：3n 周围使用了括号。没有括号，$3n^2$ 只是 $3n^2$。

- 在“做”代数时，所有普通算术的规则和惯例都适用。

例如：

如果 $a=2$ 且 $b=5$，求：$3(a+b)$

正如做普通算术一样，我们会先算括号里的“数字”。

$(a+b)$ 等于 $(2+5)$ 也就是等于 7
$3(a+b)$ 等于 3×7
$3(a+b)=21$

- 当我们用数字代替字母符号时，如上例所示，被称为**代换**。这就像让一个足球运动员从球场上下来，再把另一个队员放上去代替他。

下面再来看看更多的例子。

如果 $a=3$，$b=6$ 且 $c=2$，计算：

$4+a$	答案：$4+a=7$
$b+c$	答案：$b+c=8$
$b-5$	答案：$b-5=1$
$a+b+c$	答案：$a+b+c=11$
$b-c-2$	答案：$b-c-2=2$
$2a$	答案：$2a=6$
ab	答案：$ab=18$
$12-ac$	答案：$12-ac=6$
$a(b+c)$	答案：$a(b+c)=24$

- 这是一个**表达式**的例子：$2a+5$。
- 这是一个**等式**的例子：$2a+5=17$。

表达式和等式之间的差别在于等式有等号，而表达式没有。

孩子们会被要求写出简单的表达式。

“n”常会被用来表示未知数，但实际上任何小写字母都可被使用。

例如：

- 5和一个未知数相加　　答案：$n+5$
- 一个数减去3　　答案：$n-3$
- 10乘一个数　　答案：$10n$
- 一个数字乘自身　　答案：n^2
- 一个数字除以4　　答案：$n\div4$ 或 $n/4$
- 2和一个数相加，然后乘7　　答案：$7(n+2)$
- 2乘一个数，然后加5　　答案：$2n+5$

还可以要求孩子们解答简单的等式。

例如：

$a+4=10$	答案：$a=6$
$5a=15$	答案：$a=3$
$8a-2=6$	答案：$a=1$
$2a+5=17$	答案：$a=6$

在这个阶段，解简易方程将会是一种“尝试”——想想未知数可能是多少然后用它进行试验。对等式进行“探索”是非常有意义的起点，而且它有助于解释清楚整个过程。

所以，在上面给出的第一个例子中，“‘多少’加4等于10?”在第二个例子中，“5组‘多少’等于15?”第三个和第四个有点

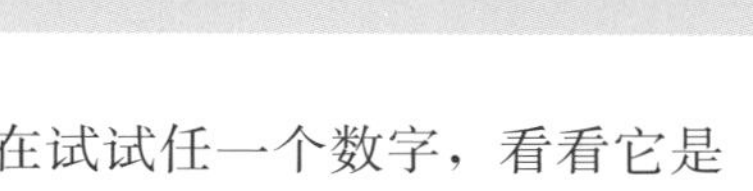

难，但鼓励你的小孩勇敢去尝试。现在试试任一个数字，看看它是否“有效”。在第三个例子中，先用 1 替换“a”，得出 8 组 1 是 8，减 2 等于 6。是的，它有效！所以，“a”一定等于 1。

用同样的方法计算 2a+5。先用 4 试：“2 组 4 是 8，加 5 等于 13。不，这是不对的。”再试 5，“2 组 5 是 10，加 5 等于 15。不对！”再试，这次是 6，“2 组 6 是 12，加 5 等于 17。对了！所以 a=6”。

此外，良好的数学技巧确保我们能将重点放在理解题意的同时又不会被简单的算术难倒。

- “让 a 作问题”是什么意思？

简单来说，它仅意味着：重新排列等式，找出“a”等于什么。记住：等式两边必须始终相等，换言之，你对一边做了什么，就必须对另一边做同样的操作。

例如：

$2a-b=c$　　两边都加 b

→　$2a=c+b$　　两边都除 2

→　$a=\frac{c+b}{2}$

注意：“等于”符号必须始终是两边作用的结果。

用代数解题

下面是可用代数来解的一种文字类型的题目。

- 露西和她的哥哥共有 25 年的室内设计工作经验。露西哥哥工作经验比她多 7 年，露西有多少年工作经验？

试试看。显然你不用代数也能算出来，但我想让你看看用代数来解是如何既快速又简单。

如果我们假定露西有“n”年工作经验，那么她的哥哥一定有n+7年的经验（因为他从事室内设计这一行的时间要比露西多7年）。

现在他们一定共有

$n+n+7$ 年的经验。

从题目中，我们知道他们一共有25年的经验。

所以	$n+n+7$	一定等于25
我们可将这改写成	$n+n+7$	$=25$
然后再改写成	$2n+7$	$=25$
现在如果我们两边都减7	$2n$	$=18$
然后两边减半	n	$=9$

回答：露西有9年的经验（而她的哥哥有16年的经验）。

“想起一个数字”类型的题目在课堂上很普遍。这些题目用代数来解是非常简单的，因此可让孩子们在解题前试着自己来写等式。

来看下面的例子：

- 我想起一个数字，然后减8，答案是20。我的数字是多少？

  答案：用n来代表这个数字。

  $n-8=20$

  $n=28$

- 我想起一个数字，然后加12，答案是25。我的数字是多少？

  答案：用n来代表这个数字。

  $n+12=25$

  $n=13$

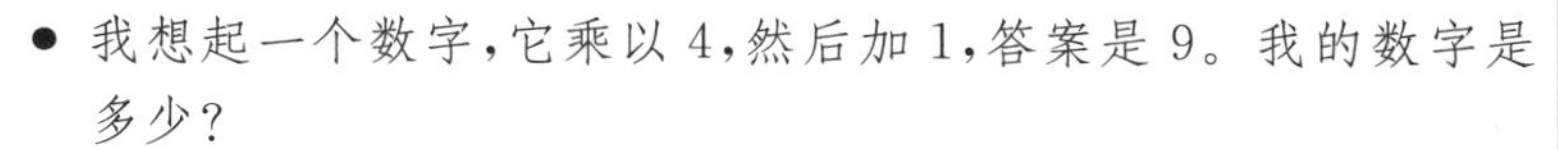

- 我想起一个数字,它乘以 4,然后加 1,答案是 9。我的数字是多少?

  答案: 用 n 来代表这个数字。

  $4n+1=9$

  $n=2$

- 我想起一个数字，它乘以 5，然后减 3，答案是 17。我的数字是多少?

  答案: 用 n 来代表这个数字。

  $5n-3=17$

  $n=4$

大多数青少年及一些 13 岁以下的儿童会问的一个典型问题是：

- 为什么我们要做代数?

嗯，我的老一套的回答（用一种适合我年龄的语言）总是类似下面这样：

代数是数学非常重要的一部分。它有很多种用途，从本质上讲，用它来沟通想法和解决问题是最为高效和严谨的。代数是数学的语言。它是一种准确记录题意的速记法。

即使在日常生活中，代数也被广泛用于解决问题和制定决策。简单地将一个烹饪食谱从“两人食谱”改成“5 人食谱”就涉及代数计算。不可否认，你不可能将公式写成：$\frac{a}{2}\times 5$，这里 a 代表食谱中的每一份的量，但你仍然要进行计算。事实上，许多关于钱、时间、距离、面积、数量等的问题都会使用代数。

- 这里离沙滩有60公里，我想2小时内到达。我行进的平均速度必须是多少？

  答案：每小时30公里，因为速度=距离÷时间。

- 这种地毯的价格是每平方米30英镑，我的房间长8米，宽4米。会花费多少钱？

  首先，我们要考虑如何求长方形的面积，即“面积=长乘以宽”（$A=l\times w$），这本身就是代数的一个例子。然后用每平方米的价格乘以面积（平方米的数字）。

  答案：费用等于：$30\times(8\times4)$。

- 但如果我不知道我所想铺地毯的房间的面积，该怎么办呢？而且如果我想要考虑不同价格的地毯又该怎么办呢？这时候，通用的公式更有用。

  答案：费用等于：$p\times(l\times w)$，p是每平方米地毯的价格，而l和w分别是房间的长和宽。

许多职业会依靠代数公式来让自己有效且高效工作，包括木匠在计算精确的尺寸时；建筑工人在考虑负重载荷时；执业医师在计算病人的药物剂量时；以及其他的职业。

就连运动场上也使用代数。已识别的智力类型中，“身体智力”就是其中一种。贝克汉姆就完全是身体智力起作用的一个典型例子。他在踢球时所做出的判断依赖于对许多变量（“未知的”），如角度、踢的力量和估计的距离的处理。我确定他没有意识到他正在使用代数——但他确实是！

用变量来解决问题，进行决策或达到/恢复平衡（或射入一粒完美的进球），这一切都跟代数有关。

代数本身就存在于数学众多的其他分学科中，而且对科学的各

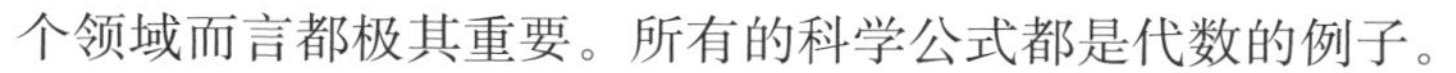

个领域而言都极其重要。所有的科学公式都是代数的例子。

想想所有在学校学过的你能（依稀）记住的公式：

- $e=mc^2$，这是爱因斯坦著名的质量与能量相关的等式。
- $A=\pi r^2$，这表示一个圆的半径和圆周之间的关系。
- $C=\frac{5}{9}(F-32)$，这是用来将华氏度转换为摄氏度的。

在所有这些公式中，代数都在起作用。

我知道，上述内容会让典型的青少年相信代数的优点。因此，我只想说：代数对你是有好处的，它强化思维，促进形成严谨的逻辑思维——这是任何雇主都会欣赏的技能。

下一章，我们学一些更有用的规则，用分数、小数和百分数来计算。

第七章

分数、小数和百分数

分数让我们中的一些人满心惊惧。分数看起来很复杂，它们有很多小数字，而且让我们焦虑的是有些规则我们曾经学过，却不太记得了。当你的小孩找你帮忙解答分数题时，如果你有上述感觉，也许要回去看下基本原理，仔细想一想分数实际上是什么。分数表示的只是一个整体的一“部分”。

- 你想把你的吐司切成两半，还是留着整块不切？

我敢打赌，我们都在吃早餐时向一个一贯爱挑剔的 5 岁大的孩子说过这样的话。如果这个 5 岁大的孩子想要把它切成两半，我们就会把吐司切成同样大小的两块。这样就已经让他看到：**两个半块**（的吐司）**组成了一个整块**（的吐司）。

第一节　理解基础部分
（适合 1、2 年级，年龄 5～7 岁）

简单的二分之一和四分之一的分数，在小学前几年就会被探讨。求图形及多组物体的二分之一、四分之一和四分之三常常是 2 年级的学习目标。

话虽如此，我认为在对话中引入其他的分数是非常值得做的事情。在孩子们还小的时候，将分数融入日常对话中，可让他们自然而然地理解和熟悉分数的表达，日后分数才不会成为一个大问题。年纪小的孩子确实会像海绵一样吸收新的思想。

再想想我们的“吐司”场景，只要你的小孩感兴趣，绝对没有任何事物能阻止我们对它再进一步切分。一旦这块吐司被切成四等份，你可以问小孩：

- 如果我们将每四分之一块再切成两半，会有多少块呢？

- 8。是的，这些就被称为**八分之一**块。所以，你需要 8 块八分之一块的吐司才能组成一整块的吐司。

你也许想要加强“八分之一”的词尾“分之一”的音调，因为许多分数都是以这个音调结尾。

- 如果我们将每八分之一块再切成两半，又会怎样呢？
- 那现在就有很多小块了。（烤面包片和一个熟鸡蛋的完美搭配？）
- 会有 16 块。这些就被称为**十六分之一**块。所以，你需要 16 块十六分之一块的吐司才能组成一整块的吐司。

这对你的孩子来说可能太难，也可能一点都不难。但要记住，这仅仅是对话。我们并不是想让他们在早餐桌上“学习”什么，只是想让他们慢慢熟悉分数的表达。

在学校里，孩子们会学到如何识别和用数字书写简单的分数。例如：

- 二分之一　　1/2
- 四分之一　　1/4

上面的“1”是**分子**，可被视为代表“**一个整体**”。这个“**整体**”可以是一整块吐司、一整个蛋糕、一整块比萨、一整张图片、一整套纽扣、一个班上所有的学生。它只是代表整个物体、全额、所有一切、总数（当分子是一个比 1 大的数字时会发生什么呢？当问自己这样的问题时，你可能正在实现一个智力上的飞跃。请再忍耐下，你的问题稍后会得到解答，但现在让我们继续这个解释吧）。

下面的数字被称为**分母**，表明这个“整体”被切成或分成多少块。

所以，1/2 表明，“1”个整体被切成大小相等的“2”块：1 除以 2。

1/4 表明，“1”个整体被切成大小相等的“4”块：1 除以 4。

孩子们可能先被展示类似下图的一些图片，然后被问到哪部分已被绘成阴影？

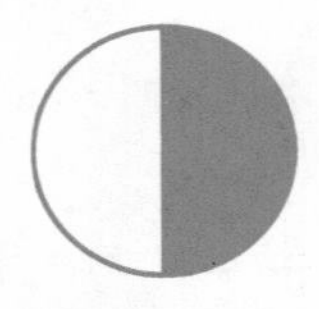 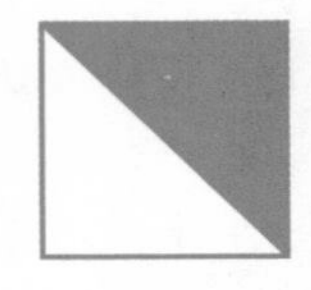 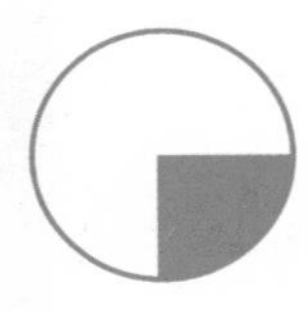

孩子们在课上很有可能听到的其他问题有：

- 你能告诉我：8 的一半是多少吗？
- 12 的一半是多少？
- 18 的一半是多少？

在这个阶段，孩子们经常会被要求将 20 以内的偶数二等分。除此以外，他们也可能被要求熟悉下列内容：

- 你能告诉我：50 的一半是多少吗？
- 100 的一半是多少？

在上述的每个例子中，找到答案的关键就在于确定**整量**，然后将它一分为二。均分的符号是在“第五章：除法”中所见的“÷”。但“/”和“—”同样也是表示除法的符号。

所以，上述问题的答案是：

- $\frac{8}{2}$等于 4，可以读成“8 除以 2 等于 4”。
- $\frac{12}{2}$等于 6，可以读成“12 除以 2 等于 6”。

- $\frac{18}{2}$等于9，可以读成“18除以2等于9”。
- $\frac{50}{2}$等于25，可以读成“50除以2等于25”。
- $\frac{100}{2}$等于50，可以读成“100除以2等于50”。

与四分之一有关的问题可能会是这种模式：

- 你能求出8的四分之一吗？
- 我有12颗纽扣，它们的四分之一会是多少？
- 我想将这块蛋糕分给4个泰迪熊，每个泰迪熊会得到多少？
- 100的四分之一是多少？

上述每个例子，都是关于确定**整量**，然后将它一分为四的问题。

所以答案是：

- $\frac{8}{4}=2$，你可以读成“8除以4等于2”。
- $\frac{12}{4}=3$，你可以读成“12除以4等于3”。
- 1块蛋糕被4分：你可以读成“$\frac{1}{4}$（四分之一）”。
- $\frac{100}{4}=25$，你可以读成“100除以4等于25”。

所以，孩子们会认识到**一个整体**可以被分成（在……之间平分、被分解成、被分裂成、被切成……任何这些词语都可被使用）“两个完全相同的**二分之一**”或“四个完全相同的**四分之一**”。而且，“两个二分之一构成一个整体”，“四个四分之一构成一个整体”。

另一种表示上述内容的简单方法是拿出一张纸，把它对折。打开它，你会发现出现了完全一样的两部分（两个二分之一）。再完全对折，打开它，你会发现出现了完全一样的四部分（四个四分之一）。

孩子们也可能开始认出两个四分之一等于二分之一。他们还可能意识到二分之一加四分之一等于四分之三。

第二节 发展提升部分

（适合 3、4 年级，年龄 7～9 岁）

在小学的最初几年，孩子们会学到这些非常重要的规则：

- 求“某物”的二分之一等于除以 2。
- 求“某物”的四分之一等于除以 4。

现在，除了识别二分之一和四分之一以外，孩子们会开始接触其他的分数：三分之一、五分之一和十分之一。

- 三分之一 $\frac{1}{3}$
- 五分之一 $\frac{1}{5}$
- 十分之一 $\frac{1}{10}$

这些都被称为**单位分数**。这意味着**分子**（上面的数字）是一个单位（数字 1），而**分母**（下面的数字）可以是你喜欢的任何数字。

所以：

- $\frac{1}{7}$是七分之一，意味着**1个整体**被分成或切成同样大小的7块。
- $\frac{1}{8}$是八分之一，意味着**1个整体**被分成或切成同样大小的8块。
- $\frac{1}{12}$是十二分之一，意味着**1个整体**被分成或切成同样大小的12块。
- $\frac{1}{20}$是二十分之一，意味着**1个整体**被分成或切成同样大小的20块。

认识并理解上面的内容可以帮助孩子们避免常见的错误。

- 问题：$\frac{1}{12}$和$\frac{1}{8}$，哪一个大？

答案：$\frac{1}{8}$比$\frac{1}{12}$大。

$\frac{1}{12}$是：一整块吐司（或其他任何物品）被切成12块后，其中的一块。

$\frac{1}{8}$是：一整块吐司（或类似物品）被切成8块后，其中的一块。这里的每一块吐司都会比$\frac{1}{12}$块的吐司大一点。

为什么会有这么多的孩子在这部分表现得一团糟呢？根据我的经验，这些孩子往往因为学得太快而没有完全理解分数的基本原

理，因此他们在理解分数时不太有信心。在这种情况下，可以理解的是，孩子们会转向依赖他们熟悉的数学。他们看到了数字 12 和数字 8，然后做出了错误的假设。他们认为有 1 个 12 在里面的“东西”一定比有 1 个 8 在里面的“东西”大。

分数的语言很有趣，有些孩子会注意到明显的差异。如果我们将某样东西切成或分成 2 个完全相同的部分，我们就有了 2 个**二分之一**；把某样东西切成 3 个完全相同的部分，我们就有了 3 个**三分之一**；把某样东西切成 4 个完全相同的部分，我们就有了 4 个**四分之一**。

切成 5 部分呢？那么我们有 5 个**五分之一**。切成 6 部分呢？那就是 6 个**六分之一**。同样的，还有 7 个**七分之一**、8 个**八分之一**、9 个**九分之一**、10 个**十分之一**等。

为什么表示“二分之一”、“三分之一”和“四分之一”的词语和表示其他“几分之几”的词语，在英语中所用的构词法不一样？很多孩子问这个问题，当然，由于这个语言传统非常古老，没有人真正知道。有时候，只知道“这是因为它就是这样的”有助于他们整理思路，打消疑虑。

稍后，孩子们会开始接触其他类型的真分数。

真分数是**分子**（上面的数字）比**分母**（下面的数字）小的分数。例如，$\frac{2}{5}$是一个真分数。分子比分母大的分数就被称为**假分数**，例如$\frac{6}{5}$，这将在后面介绍。

所有这些分数也被称为**普通分数**。

让我们回到前面将分子看作“整体”的描述，有时候学习上质的飞跃要在这个阶段发生。

“三分之二”看起来像$\frac{2}{3}$。根据本章前文所述的基本原理，$\frac{2}{3}$

代表 2 个整块的（比如说吐司）被均分成 3 块完全相同的。这完全是正确的。

而分数式所表示的意思正如你大声说出来的“两个三分之一”解释一样，即 2 组的“三分之一”。所以，如果你将你的吐司切成 3 个三分之一块（3 等分），三分之二$\left(\frac{2}{3}\right)$就会是其中的 2 块。

但是，即使你更喜欢三分之二$\left(\frac{2}{3}\right)$的第一种解释，即 2 个整块的吐司被均分成三等份，仍会发现最终你碟子里吐司是完全一样的！

“等值分数”指的是相等的两个分数。

一块吐司的二分之一和一块吐司的四分之二是完全相等的，所以“二分之一”和“四分之二”是等值分数：

$$\frac{1}{2}=\frac{2}{4}$$

其他常用的等值分数有：

- “八分之四”和“二分之一”　$\frac{4}{8}=\frac{1}{2}$
- “八分之四”和“四分之二”　$\frac{4}{8}=\frac{2}{4}$
- “十分之五”和“二分之一”　$\frac{5}{10}=\frac{1}{2}$
- “两个二分之一”和“一个整体”　$\frac{2}{2}=1$
- “四个四分之一”和“一个整体”　$\frac{4}{4}=1$
- “五个五分之一”和“一个整体”　$\frac{5}{5}=1$

每当分子和分母是同样的数字时，这个分数本身就相当于“**一个整体**”，这个认知对孩子们而言是非常有用的。

下面是一些常用的等值分数：

$$\frac{2}{8}=\frac{1}{4}$$

$$\frac{4}{8}=\frac{2}{4}$$

$$\frac{2}{10}=\frac{1}{5}$$

$$\frac{2}{6}=\frac{1}{3}$$

$$\frac{4}{6}=\frac{2}{3}$$

“**数轴**”无疑会被用来向你的小孩说明分数的定位和大小。数轴始于0，止于1，各种各样的真分数都可以在其上显示。

0 $\frac{1}{2}$ 1

0 $\frac{1}{3}$ $\frac{2}{3}$ 1

0 $\frac{1}{4}$ $\frac{2}{4}$ $\frac{3}{4}$ 1

0 $\frac{1}{5}$ $\frac{2}{5}$ $\frac{3}{5}$ $\frac{4}{5}$ 1

0 $\frac{1}{10}$ $\frac{2}{10}$ $\frac{3}{10}$ $\frac{4}{10}$ $\frac{5}{10}$ $\frac{6}{10}$ $\frac{7}{10}$ $\frac{8}{10}$ $\frac{9}{10}$ 1

与上图（多行数轴同时显示）类似的图表，被称为“**分数墙**”。下面是一个“分数墙”的经典例子。墙的每一“层”被划分出来说明不同的分数。在这个例子中，从上往下看，这些层分别表示：一个整体、二等分、三等分、四等分、六等分、九等分、十等分和十二等分。

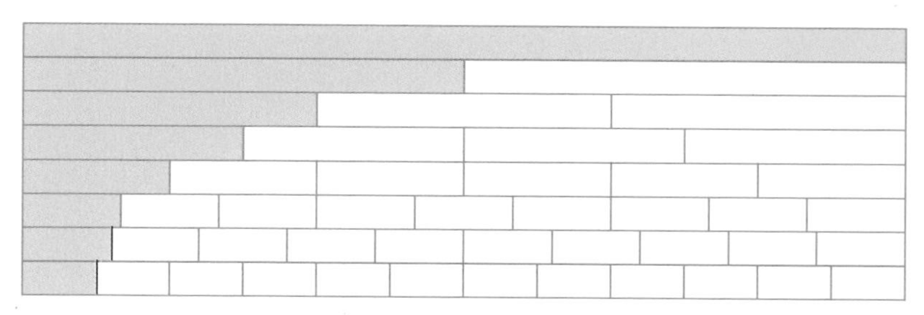

下图是另一个表示一组不同分数的例子：

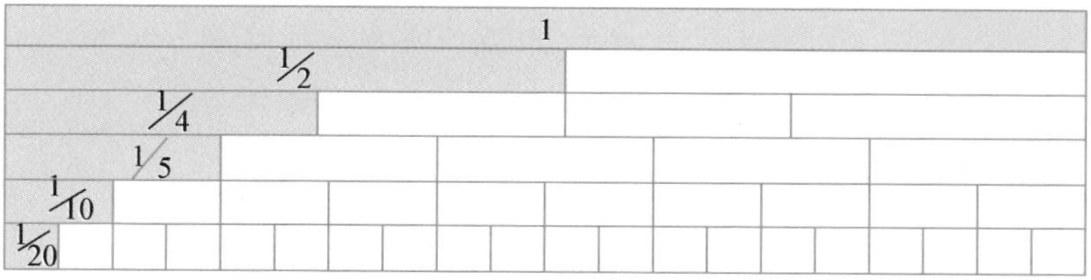

1

1/2

1/4

1/5

1/10

1/20

孩子们会在课堂上把这些作为道具帮助他们理解分数相互之间是如何关联的。

例如：

- 等值分数可被识别$\left(\frac{1}{2}=\frac{2}{4}=\frac{5}{10}\right)$。
- 相应分数的大小也得以明确——“十分之七”$\left(\frac{7}{10}\right)$比“三分之二”$\left(\frac{2}{3}\right)$大。

孩子们在课堂上很有可能听到的其他问题有：

- 30 的$\frac{1}{10}$是多少？
- 20 的$\frac{3}{4}$是多少？
- 4 和 5 中间的数字是多少？
- 哪一个更大：$\frac{1}{2}$还是$\frac{3}{4}$？
- 这个蛋糕被切成相等的 10 片。我们可看到 7 片，所以这个蛋糕的$\frac{7}{10}$被留下。有多少已被吃掉？
- 在西娅的生日派对上，整个蛋糕被平均分给 8 个孩子。他们每人得到的蛋糕是多少？
- 以下分数中，哪一个比$\frac{1}{2}$大：

$\frac{2}{3}$、$\frac{6}{10}$、$\frac{1}{4}$、$\frac{2}{5}$、$\frac{5}{8}$

上述问题的答案是：

3	30 被分成完全相等的 10 部分：$\frac{30}{10}=3$。
15	首先 20 被分成完全相等的 4 部分（4 个四分之一），$\frac{20}{4}=5$。 每四分之一是 5，所以四分之三是“3 组 5”，即 15。
$4\frac{1}{2}$	4 和 5 之间相差 1，1 的对半是$\frac{1}{2}$，所以中间数为 $4\frac{1}{2}$。

$\frac{3}{4}$	二分之一等于四分之二，而四分之三比四分之二大。
$\frac{3}{10}$	10个十分之一构成一个整体：$\frac{7}{10}+\frac{3}{10}=\frac{10}{10}$。
$\frac{1}{8}$	1个蛋糕被切成完全相同的8块。
$\frac{2}{3}$　$\frac{6}{10}$　$\frac{5}{8}$	“分数墙”可显示出这些分数比$\frac{1}{2}$大。

其他的典型问题用“……的几分之几是多少”的方式提问：例如：

- 1英镑的几分之几是50便士？
- 1英镑的几分之几是20便士？
- 1米的几分之几是10厘米？
- 1米的几分之几是75厘米？
- 大包土豆的几分之几是小包土豆？2千克和7千克。
- 以下*模型中，大模型的几分之几是小模型？

  * * *　　　　* * * * * * * *

在上述所有例子中，我们想求的都是小数量占大数量的几分之几。

- 1英镑的几分之几是50便士？

在这个阶段，会假设孩子们知道2个50便士的硬币才等于1英镑。因此，1个50便士的硬币是1英镑的二分之一。

答案： $\frac{1}{2}$

但还有另一种方法：

- 一英镑等于 100 便士。

  100 便士中的 50 便士可被写成分数$\frac{50}{100}$。

  $\frac{50}{100}$等于$\frac{5}{10}$（参见下节更多关于“等值分数”的叙述），而$\frac{5}{10}$等于$\frac{1}{2}$。

  答案： $\frac{1}{2}$

- 1 英镑的几分之几是 20 便士？

  再一次，又假设孩子们知道 5 个 20 便士的硬币才等于 1 英镑。因此，1 个 20 便士的硬币是 5 个硬币中的 1 个或 1 英镑的五分之一。

  答案： $\frac{1}{5}$

但和上面的一样，还有另一种方法：

- 一英镑等于 100 便士。

  100 便士中的 20 便士可被写成分数$\frac{20}{100}$。

  $\frac{20}{100}$等于$\frac{2}{10}$，而$\frac{2}{10}$等于$\frac{1}{5}$。

  答案： $\frac{1}{5}$

- 1 米的几分之几是 10 厘米？

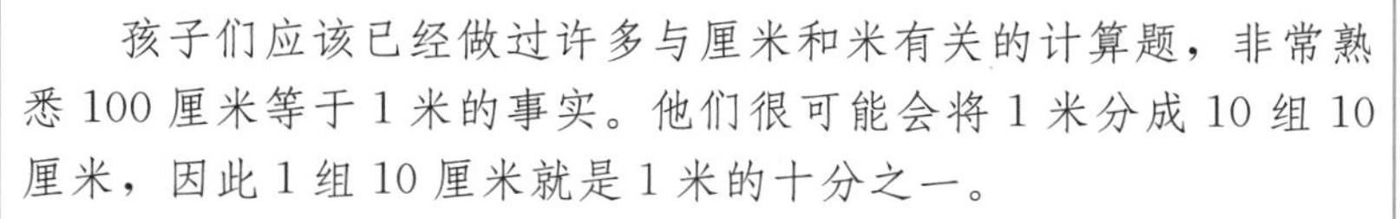

孩子们应该已经做过许多与厘米和米有关的计算题，非常熟悉 100 厘米等于 1 米的事实。他们很可能会将 1 米分成 10 组 10 厘米，因此 1 组 10 厘米就是 1 米的十分之一。

答案： $\frac{1}{10}$

另一种方法：

- 100 厘米中的 10 厘米可被写成分数$\frac{10}{100}$。

  $\frac{10}{100}$等于$\frac{1}{10}$。

  答案： $\frac{1}{10}$

- 1 米的几分之几是 75 厘米？

  50 厘米等于 1 米的$\frac{1}{2}$。

  25 厘米等于 1 米的$\frac{1}{4}$。

  所以 75 厘米等于 1 米的$\frac{1}{2}$加上 1 米的$\frac{1}{4}$。而$\frac{1}{2}+\frac{1}{4}=\frac{3}{4}$。

  答案： $\frac{3}{4}$

另一个方法：

- 100 厘米中的 75 厘米可被写成分数$\frac{75}{100}$。

  $\frac{75}{100}$等于$\frac{3}{4}$。

答案：$\frac{3}{4}$

- 大包土豆的几分之几是小包土豆？2 千克和 7 千克。

答案：“7 中的 2”，被写成分数$\frac{2}{7}$

- 以下 * 模型中，大模型的几分之几是小模型？

* * *　　　　* * * * * * * *

答案：“8 中的 3”，被写成分数$\frac{3}{8}$

带分数指的是一个数字由一个整数部分和一个分数部分构成。例如：

$5\frac{1}{2}$　“五又二分之一”

$2\frac{1}{4}$　“二又四分之一”

$10\frac{3}{4}$　“十又四分之三”

带分数可以被转化成**假分数**。让我们依次看看上面的每一个：

$5\frac{1}{2}$

想想 $5\frac{1}{2}$个苹果。游戏时间：我们想给每一个小朋友分半个苹果。我们能给多少个小朋友分半个苹果？换句话说，我们有多少个“二分之一”？

- 1 个苹果会为我们提供 2 个“二分之一”；
- 2 个苹果会为我们提供 4 个“二分之一”；

- 3 个苹果会为我们提供 6 个“二分之一”；
- 4 个苹果会为我们提供 8 个“二分之一”；
- 5 个苹果会为我们提供 10 个“二分之一”；
- $5\frac{1}{2}$个苹果会为我们提供 11 个“二分之一”；
- 所以 $5\frac{1}{2}$等于$\frac{11}{2}$（11 个二分之一）。

$\frac{11}{2}$是一个**假分数**，因为分子（上面的数字）比分母（下面的数字）大。

$2\frac{1}{4}$

- 1 等于 4 个四分之一；
- 2 等于 8 个四分之一；
- $2\frac{1}{4}$等于 9 个四分之一；
- 所以 $2\frac{1}{4}$等于$\frac{9}{4}$（9 个四分之一）。

$10\frac{3}{4}$

- 1 等于 4 个四分之一；
- 10 等于 40 个四分之一；
- $10\frac{3}{4}$等于 43 个四分之一；
- 所以 $10\frac{3}{4}$等于$\frac{43}{4}$（43 个四分之一）。

带分数也可以显示在一条数轴上。例如下图所示的 $10\frac{3}{4}$，有助于强化这一认识：$10\frac{3}{4}$位于 10 与 11 之间，但更接近 11。

10　　　　　　$10\frac{3}{4}$　　11

小数计数法

在查看“十分之一”和“百分之一”的位值时，孩子们应该已经碰到了**小数计数法**。

当然，**十分之一**是分数，**就像**八分之一或九分之一一样。它表示的是一个整体被分成完全相等的 10 份，十分之一$=\frac{1}{10}$。

我们熟悉百位、十位和个位的计算，而这种小数记数制的方法也非常适合十分之一，小数点将它与整数分隔开。当十分之一用这种方法表示时，被称为**小数**。（当然这也同样适用于百分之一和千分之一，只是在这个阶段可能更容易把握住十分之一和其他熟悉的分数之间的关系。）

快速回顾一下。

H	T	U	.	t	h
百位	十位	个位	小数点	十分之一位	百分之一位
100	10	1	.	$\frac{1}{10}$	$\frac{1}{100}$
		0	.	1	

数字“0.1”意味着**没有个位数**，只有 **1 个十分之一**；“0.1”是“十分之一”的小数制记数。

这个术语“小数制记数”往往被简称为“小数”。

如果你的孩子喜欢“0.1”（与“$\frac{1}{10}$”是完全一样的），他们也许还能理解其他的小数，如：

0.2　等于　$\frac{2}{10}$

0.3　等于　$\frac{3}{10}$

0.4　等于　$\frac{4}{10}$

0.5　等于　$\frac{5}{10}$

0.6　等于　$\frac{6}{10}$

0.7　等于　$\frac{7}{10}$

0.8　等于　$\frac{8}{10}$

0.9　等于　$\frac{9}{10}$

1.0　等于　$\frac{10}{10}$

你的孩子也会发现下面这些有必要知道，而且可能恰好需要学习：

0.5　等于　$\frac{1}{2}$

0.25　等于　$\frac{1}{4}$

0.75　等于　$\frac{3}{4}$

0.1　等于　$\frac{1}{10}$

第三节　追求卓越部分

（适合 5、6 年级及以上，年龄 9～12 岁及以上）

当孩子们升上更高年级时，他们会继续巩固本章前几节中涉及的所有知识。过段时间再来看分数，你也许会发现你的孩子显然“遗忘了”他们曾经非常了解的一切内容。这其实很正常，分数不是大多数孩子在日常生活中会遇到的事物，所以经常复习已学过的分数规则是非常必要的。在帮助孩子学习这一主题前，你不妨复习一下本章前几节的内容。

越来越难对付？

分数可能引起焦虑，根据我的经验，这是毫无疑问的。即使预料到分数会很复杂，也可能无济于事。但是，像数学的所有其他领域一样，它也有逻辑规律可遵循。牢牢记住这些规则，分数应该不成什么问题。

也许，分数与日常生活相关的“点”不够明显。某些职业需要应用分数的知识，但我们其余的人呢？

例如：

- 这个商品特价，买二送一，我能省下多少钱呢？
- 这是半价销售。
- 这些牛仔裤减价三分之一。
- 我已经刷完了这间房的三面墙，剩下的油漆会足够我用吗？
- 如果我再保有这辆车一年，它的价值会流失多少？

- 如果每个人在晚餐上都会喝 3 杯酒，那我应该买多少？

这么看来，除吐司外，很多时候也会用到分数，但实际上，我们很多人可能更熟悉小数和百分数。由于英寸和盎司即将被淘汰，因此我们的重量、尺寸、货币和利率都开始使用最容易的十分之一、百分之一和千分之一的小数记数方法。我们只需要记住：小数和百分数都是普通分数的替代形式，它们是同样的东西。

但（比起小数和百分数）分数的一个优点在于它可以精确地表示一个值。小数和百分数往往可能需要一个粗略的近似值。比较一下$\frac{3}{7}$和它对应的小数 0.428 571……

到现在，孩子们应该已经认识了：**真分数、假分数、带分数、“分子”和“分母”**项、**分数墙、等值分数、分数的求得、用另一个数字的分数来表示一个数字**，并且开始意识到分数和小数是**相关联的**。

这并不是说，孩子们就已经完全理解或“学会”这些内容。他们很可能在接下来的数年时间内需要做更多的练习，才可能完全掌握这一内容。

正如我们在前面几节中所见，分数可以用几种不同的方式来读或解释：

例如：$\frac{5}{8}$可被读或描述成：

- 八分之五；
- 5 除以 8；
- 8 中的 5（如在一个测试中）；

- 一个馅饼的 5 块，而这个馅饼已经被切成同样大小的 8 块；
- 5 个馅饼平均分给 8 个人；
- 等同于$\frac{10}{16}$或$\frac{15}{24}$或$\frac{20}{32}$或$\frac{25}{40}$……（或任何一个等值分数）。

等值分数在“发展提升部分”已进行了介绍。等值分数相互之间的值是相等。所以，如果你吃了$\frac{5}{8}$的馅饼，那你吃的量和你吃了$\frac{10}{16}$的馅饼的量是一样的（只不过 5 片时每片大些，而 10 片时每片小些）。

起初，孩子们会学习如何用分数墙或类似工具来识别等值分数。

稍后，孩子们会看到分子和分母都乘以（或除以）同样的数额会得出等值分数。

再来看看$\frac{5}{8}$：

- 分子分母都乘以 2，我们得到$\frac{10}{16}$；
- 分子分母都乘以 3，我们得到$\frac{15}{24}$；
- 分子分母都乘以 4，我们得到$\frac{20}{32}$；

  以此类推。

这个方法适用于所有的分数，包括**真**分数和**假**分数。

- $\frac{5}{8}$ 是**真**分数，因为分子比分母小。

- $\frac{8}{5}$（八个五分之一）是**假**分数，因为分子比分母大。

假分数可被转化为**带分数**。

带分数之所以被这样命名，是因为它们由整数部分和小数部分组合而成。

- $\frac{8}{5}$等于 $1\frac{3}{5}$（一又五分之三）。

为什么？因为$\frac{5}{5}$构成了**1 个整的**，然后余$\frac{3}{5}$。

- $\frac{17}{3}$等于 $5\frac{2}{3}$（五又三分之二）。

为什么？因为$\frac{3}{3}$构成了**1 个整的**，$\frac{6}{3}$构成了**2 个整的**，$\frac{9}{3}$构成了**3 个整的**，$\frac{12}{3}$构成了**4 个整的**，$\frac{15}{3}$构成了**5 个整的**，然后余$\frac{2}{3}$。

在前一节中，我们思考了用另一个数字的分数来表示一个数字。

例如：

- 大包土豆的几分之几是小包土豆？2 千克和 7 千克。

  答案：“7 中的 2”，被写成分数$\frac{2}{7}$

现在孩子们还将被要求“用一个较小整数的分数来表示一个较大的整数”。

例如：

- 彼得最喜欢“至尊比萨饼”店的比萨饼，这家店的每个比萨饼都被提前切成 5 片。一个比萨饼的几分之几是 7 片？

答案： 每片比萨饼是$\frac{1}{5}$，7 片比萨饼等于$\frac{7}{5}$。

$\frac{7}{5}$是假分数，也可写成带分数$1\frac{2}{5}$（即 1 整个比萨饼再加另一个比萨饼的 2 片）。

通过约去公因数（子）来简化分数属于那种堂而皇之的听起来有点吓人的方法，但实际上并非如此。它是你的小孩学习用最简单、最容易理解的方式来帮助他们自己表示答案的方法。它还可以帮助孩子们再次思考等值分数，引入公因数和分母的概念，这些在稍后的分数加减运算中是非常有用的（详见下文）。

下面的例子有助于我们理解。

$\frac{4}{20}$（4 个二十分之一）可被**约减**。简单来说，这指的是为$\frac{4}{20}$找一个用更小数字做分子和分母的等值分数。

我们先将分子和分母减半，然后再减半：

$$\frac{4}{20}=\frac{2}{10}=\frac{1}{5}$$

因此，$\frac{1}{5}$就是$\frac{4}{20}$的简化形式。

这种方法适用于这个例子。但如果不能减半，怎么办呢？例如，如果分子不是偶数，或分母不是偶数呢？一个更可靠的方法应该是仔细观察$\frac{4}{20}$，想出一个可同时除 4 和 20 的数字（换言之，就

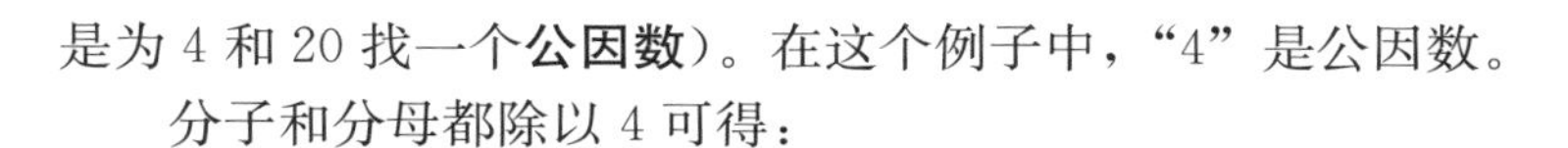

是为 4 和 20 找一个**公因数**)。在这个例子中,“4”是公因数。

分子和分母都除以 4 可得:

$$\frac{4}{20}=\frac{1}{5}$$

这就是“通过约去公因数(子)来简化分数”的意思。

再如:

- 简化$\frac{3}{12}$。

先为 3 和 12 找一个公因数。换言之,什么数字可同时“除”3 和 12?

3 可同时“除”3 和 12。

所以我们把分子和分母(上面的数字和下面的数字)都除以 3(3÷3=1,12÷3=4)。

答案:$\frac{3}{12}=\frac{1}{4}$

另举一例:

- 将$\frac{15}{25}$约减成它的最简形式。

再一次,我们先为 15 和 25 找一个公因数。在前面的例子中,分子是公因数。这个例子并非如此,所以我们必须更努力一些去寻找。什么数字可同时“除”15 和 25?嗯,5 可以。

所以我们把分子和分母(上面的数字和下面的数字)都除以 5。15÷5=3,25÷5=5。

答案:$\frac{15}{25}=\frac{3}{5}$

将分母不同的分数转化为分母相同的分数是孩子们必须会用的方法，目的是将分数按大小顺序排列好，然后再进行分数加减运算。

以下是一个典型的题目：

- 按顺序排好以下分数，最小的放在最前面：

  $\frac{3}{5}$　$\frac{7}{10}$　$\frac{1}{2}$　$\frac{3}{4}$

将分母不同的分数转化为分母相同的分数这种方法完全取决于我们对等值分数知识的运用。鼓励你的小孩为列出来的每个分数写出一系列的等值分数。要想符合逻辑地、有效地做到这一点（并确保他们不会遗漏任何一个），就得让他们先用每个分子和分母乘以 2。

$$\frac{3}{5}=\frac{6}{10}=\cdots\cdots$$

$$\frac{7}{10}=\frac{14}{20}=\cdots\cdots$$

$$\frac{1}{2}=\frac{2}{4}=\cdots\cdots$$

$$\frac{3}{4}=\frac{6}{8}=\cdots\cdots$$

接着继续用（原始分数的）每个分子和分母乘以 3，然后乘以 4，然后乘以 5，然后乘以 6，以此类推。

$$\frac{3}{5}=\frac{6}{10}=\frac{9}{15}=\frac{12}{20}=\frac{15}{25}=\cdots\cdots$$

$$\frac{7}{10}=\frac{14}{20}=\frac{21}{30}=\cdots\cdots$$

$$\frac{1}{2}=\frac{2}{4}=\frac{3}{6}=\frac{4}{8}=\frac{5}{10}=\frac{6}{12}=\frac{7}{14}=\frac{8}{16}=\frac{9}{18}=\frac{10}{20}=\cdots\cdots$$

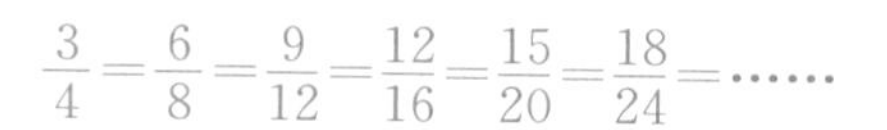
$$\frac{3}{4}=\frac{6}{8}=\frac{9}{12}=\frac{12}{16}=\frac{15}{20}=\frac{18}{24}=\cdots\cdots$$

现在的问题仅仅是，仔细观察列表中的每一个分数，注意这些分数中是否有一个共同的分母。如果没有，可能需要将这个列表延续长一些。在上面的例子中，它们都有带有“二十分之几”的等值分数：

$$\frac{3}{5}=\frac{12}{20}$$

$$\frac{7}{10}=\frac{14}{20}$$

$$\frac{1}{2}=\frac{10}{20}$$

$$\frac{3}{4}=\frac{15}{20}$$

现在，很容易按照从小到大的顺序排列它们：

$$\frac{10}{20}\quad\frac{12}{20}\quad\frac{14}{20}\quad\frac{15}{20}$$

答案：$\frac{1}{2}\quad\frac{3}{5}\quad\frac{7}{10}\quad\frac{3}{4}$

分数的加减运算：这个并不是特别难，但需要几个步骤，而且这可能导致错误。在初期，孩子们可能会在头脑里对很简单的分数进行加法运算。

这类的例子可能会是：

$\frac{1}{4}+\frac{1}{4}$　等于 $\frac{2}{4}$ 或 $\frac{1}{2}$

$\frac{1}{2}+\frac{1}{4}$　等于 $\frac{3}{4}$

$\frac{1}{3}+\frac{1}{3}$　等于 $\frac{2}{3}$

稍后，对于一些更难的运算，可能需要铅笔和纸。

例如：

$\frac{2}{5}+\frac{1}{3}$

面对这样的运算，孩子们往往不知道从哪入手。但起步点总是一样的：

- 要对分数进行加或减的运算，它们的分母必须是相同的。
- 如果分母不相同，必须先找有**共同分母**的**等值分数**。

例子 $\left(\frac{2}{5}+\frac{1}{3}\right)$ 中的分母是不同的，所以我们还不能将它们相加。相反，必须先寻找等值分数。如上文所述般操作，每个分子和分母都乘以 2，然后乘以 3、4、5、6，以此类推。

- $\frac{2}{5}$ 的等值分数是 $\frac{4}{10}$、$\frac{6}{15}$、$\frac{8}{20}$、$\frac{10}{25}$、$\frac{12}{30}$……
- $\frac{1}{3}$ 的等值分数是 $\frac{2}{6}$、$\frac{3}{9}$、$\frac{4}{12}$、$\frac{5}{15}$、$\frac{6}{18}$……

现在要看我们延伸得够不够长，是否足以找到一个共同分母（如果不够，请写下更多的等值分数）。

它们两个都有一个带有“十五分之几”的等值分数：

$\frac{2}{5}=\frac{6}{15}$

$\frac{1}{3}=\frac{5}{15}$

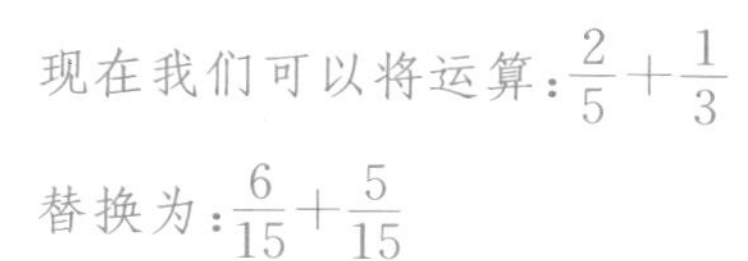

现在就非常容易了，特别是如果你大声地读出这个运算：

十五分之六加十五分之五

答案：十五分之十一

$$\frac{6}{15}+\frac{5}{15}=\frac{11}{15}$$

所以，$\frac{2}{5}+\frac{1}{3}=\frac{11}{15}$

> 在对分数进行加（或减）法运算时，大多数孩子会犯的一个常见错误是认为他们必须加（或减）分母。这是完全错误的！只要分母是一样的，所需要做的仅仅是加（或减）分子。

再如：

$$\frac{3}{8}+\frac{1}{3}$$

这个例子$\left(\frac{3}{8}+\frac{1}{3}\right)$中的分母又是不同的，所以，我们还不能将它们相加，必须寻找到分母相同的等值分数。

- $\frac{3}{8}$的等值分数是：$\frac{6}{16}$、$\frac{9}{24}$、$\frac{12}{32}$、$\frac{15}{40}$、$\frac{18}{48}$……
- $\frac{1}{3}$的等值分数是：$\frac{2}{6}$、$\frac{3}{9}$、$\frac{4}{12}$、$\frac{5}{15}$、$\frac{6}{18}$、$\frac{7}{21}$、$\frac{8}{24}$……

现在看看我们延伸得够不够长，是否足以找到一个共同分母。它们两个都有一个带有“二十四分之几”的等值分数：

$\frac{3}{8}=\frac{9}{24}$

$\frac{1}{3}=\frac{8}{24}$

现在我们可以将运算：$\frac{3}{8}+\frac{1}{3}$

替换为：$\frac{9}{24}+\frac{8}{24}$

$\frac{9}{24}+\frac{8}{24}=\frac{17}{24}$

答案： $\frac{3}{8}+\frac{1}{3}=\frac{17}{24}$

再举一个例子，这次是用减法：

$\frac{5}{6}-\frac{2}{9}$

再一次，分母又是不同的，所以我们不能将它们直接相减。

- $\frac{5}{6}$的等值分数是：$\frac{10}{12}$、$\frac{15}{18}$、$\frac{20}{24}$……
- $\frac{2}{9}$的等值分数是：$\frac{4}{18}$、$\frac{6}{27}$、$\frac{8}{36}$……

它们两个都有一个带有“十八分之几”的等值分数：

$\frac{5}{6}=\frac{15}{18}$

$\frac{2}{9}=\frac{4}{18}$

现在我们可以将运算：$\frac{5}{6}-\frac{2}{9}$

替换为：$\frac{15}{18}-\frac{4}{18}$

$$\frac{15}{18}-\frac{4}{18}=\frac{11}{18}$$

答案：

$$\frac{5}{6}-\frac{2}{9}=\frac{11}{18}$$

分数的乘法和除法运算

乘法运算

这可能是用分数来做的最容易的事情。

我们只需要将两个分子相乘，然后再将两个分母相乘。

例如：

$$\frac{2}{5}\times\frac{4}{9}=\frac{2\times4}{5\times9}=\frac{8}{45}$$

就这么容易！

至于带分数，只需要先将它们转换为假分数，然后继续上面的步骤。

例如：

$$2\frac{1}{4}\times3\frac{1}{2}$$

等于：

$$\frac{9}{4}\times\frac{7}{2}$$

$$\frac{9}{4}\times\frac{7}{2}=\frac{9\times7}{4\times2}=\frac{63}{8}$$

接下来，你不妨将答案转换回带分数：

$$\frac{63}{8}=7\frac{7}{8}$$

除法运算

例如：

$$\frac{2}{5} \div \frac{4}{9}$$

孩子们将学习按照以下规则来做这道算术题：

- 先别碰第一个分数；
- 用乘号（×）代替除号（÷）；
- 将第二个分数上下颠倒；
- 现在将两个分数相乘以得出答案；

所以上面的运算变成：

$$\frac{2}{5} \div \frac{4}{9} = \frac{2}{5} \times \frac{9}{4} = \frac{2 \times 9}{5 \times 4} = \frac{18}{20}$$

通过把分子和分母都减半，这可被简化为$\frac{9}{10}$。

答案： $\frac{9}{10}$

有些孩子会错误地认为，必须对这个答案做进一步的处理，而且一定要再将答案上下颠倒。千万别这么做。

典型的“文字”类型题目常常会让孩子们出错。例如：

- $\frac{1}{10}$的$\frac{1}{10}$等于多少？
- $\frac{3}{4}$的$\frac{2}{5}$等于多少？
- $\frac{1}{8}$的$\frac{1}{2}$等于多少？

只要孩子们记住乘号“×”和措辞“的”是可互换使用的，那

这些问题就很容易回答。

- $\frac{1}{10}\times\frac{1}{10}$等于多少？
- $\frac{3}{4}\times\frac{2}{5}$等于多少？
- $\frac{1}{8}\times\frac{1}{2}$等于多少？

使用上面方框中所概括的乘法的运算方法：

$$\frac{1}{10}\times\frac{1}{10}=\frac{1}{100}$$

$$\frac{3}{4}\times\frac{2}{5}=\frac{6}{20}=\frac{3}{10}$$

$$\frac{1}{8}\times\frac{1}{2}=\frac{1}{16}$$

一个很常见的误解就是：　$0.1\times0.1=0.1$

并非如此！

这个误解如此普遍的原因可能是：　$1\times1=1$

为了得出正确答案，

我们知道 0.1 是十分之一，

可以写成$\frac{1}{10}$。

所以 0.1×0.1 可以写成：　$\frac{1}{10}\times\frac{1}{10}$

像上面一样进行乘法运算：　$\frac{1}{10}\times\frac{1}{10}=\frac{1}{100}$

而$\frac{1}{100}$等于 0.01，所以　$0.1\times0.1=0.01$

用一个分数乘以一个整数

例如：

$$\frac{1}{3}\times 12$$

如果我们记住乘号“×”和措辞“的”是可互换使用的，那这可能看来更容易些。

所以，$\frac{1}{3}\times 12$ 等于 12 的 $\frac{1}{3}$，而 12 的 $\frac{1}{3}=4$

再如：

$$16\times\frac{1}{4}$$

我们知道用什么样的顺序来乘并不重要。

所以，$16\times\frac{1}{4}$ 等于 $\frac{1}{4}\times 16$，而 16 的 $\frac{1}{4}=4$

或者，用一个分数乘以一个**整数**，仅需要将这个**整数**转变为一个头重脚轻的分数，然后再将分数相乘，如 326 页方框中所示。要将任何一个整数转换成分数，只需将它除以 1（一个数字除以 1，这个数字永远保持不变）。

数字 5 可写成：

$\frac{5}{1}$ 或 5/1

所以，对于例子：$5\times\frac{2}{3}$

我们可改写成：$\frac{5}{1}\times\frac{2}{3}$

现在这道题就很容易解了：$\frac{5\times2}{1\times3}=\frac{10}{3}=3\frac{1}{3}$

寻找高效的解题方法

只要可能，应该经常鼓励孩子们采用最有效的方法。例如，解下面这道题的最佳方法是什么？

$$\frac{5}{9}\times63$$

我们可以尝试用上述方式来解题，将 63 转变为一个头重脚轻的分数：

$$\frac{5}{9}\times\frac{63}{1}$$

但这会导致一个不必要的 5×63 的乘法运算，随后再用其除以 9。尽管正确，但这很低效而且难处理。

一个更好的办法就是记住乘号“×”和单词“的”是可互换使用的。

所以现在有：

63 的$\frac{5}{9}$

换句话说，“63 的九分之五是多少？”

我们现在要做的是，按照逻辑，先找 63 的九分之一，也就是将 63 分成完全相等的 9 份（即 7）。接下来用 5 乘以这个结果，可得出 63 的九分之五的答案（结果是 $5\times7=35$）。

这可表示如下：

$$5\times\frac{63}{9}$$

$$5\times7=35$$

答案： 35

简单而且高效！

用一个整数除以一个分数

这往往会引起许多问题，但根本没必要。

例如：

- $4\div\frac{1}{2}$ 的意思是数字 4 里有多少个二分之一。

回想下基本规律，我们就知道**整数 1 包含**两个二分之一，**整数 2** 包含四个二分之一，**整数 3** 包含六个，**整数 4** 包含八个。八个二分之一构成了数字 4。

$$4\div\frac{1}{2}=8$$

或者，我们可将这个**整数**转变为一个头重脚轻的分数，然后再将分数相除（要将任何一个**整数**转换为分数，只需要用这个数字除以 1）。

这里有一个例子：

$$6\div\frac{2}{3}$$

$$\rightarrow \frac{6}{1}\div\frac{2}{3} \rightarrow \frac{6}{1}\times\frac{3}{2}=\frac{6\times3}{1\times2}=\frac{18}{2}=9$$

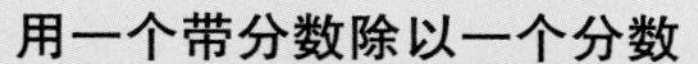

用一个带分数除以一个分数

以下是一个很多人都觉得难处理的典型问题：

- $2\frac{1}{2}\div\frac{1}{4}$等于多少？

这真的是非常简单。

我们只要记住这个问题等于：

- 多少个四分之一除 $2\frac{1}{2}$？

（正如 15÷5 等于多少个 5 除 15?）

为了帮助你想象这个问题，只需要想象 1 个蛋糕被切成 4 块四分之一块，2 个蛋糕被切成几块四分之一块。于是我们有 8 块四分之一块了。现在只需要思考二分之一块蛋糕里有多少块四分之一块的蛋糕。一整个蛋糕有 4 块四分之一块的蛋糕，因此半块蛋糕有 2 块四分之一块的蛋糕。

$2\frac{1}{2}$块蛋糕里一共有 10 块四分之一块的蛋糕。

答案：$2\frac{1}{2}\div\frac{1}{4}=10$

或者，我们可将 $2\frac{1}{2}$ 转变为一个假分数，然后再如 326 页方框中所示来除，如下：

$$\frac{5}{2}\div\frac{1}{4}\ \rightarrow\ \frac{5}{2}\times\frac{4}{1}=\frac{20}{2}=10$$

分数和小数是直接相关的，分数可被转换为相应的小数形式。**将分数转换为小数**比孩子们想象中容易得多。如果你有计算器，这一点尤为明显。请记住：从 5 年级开始，孩子们将可以使用计算器。

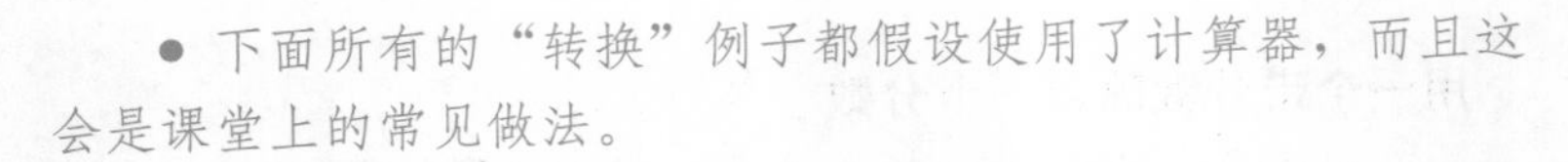

● 下面所有的“转换”例子都假设使用了计算器，而且这会是课堂上的常见做法。

例如，我们知道$\frac{5}{8}$可被读成“5 除以 8”。只需要将这个运算输入计算器，就可以得出与分数等值的小数。

● $\frac{5}{8}=5\div8$（被输入计算器）$=0.625$

如果这么容易就能将所有的分数转换为与它们等值的小数，为什么它给孩子们带来问题呢？也许“将分数转换为小数”只是听起来难。真的，最重要的是首先认识分数，然后知道$\frac{5}{8}$可被读成“5 除以 8”。

再来看几个例子：

$\frac{3}{5}=3\div5$（被输入计算器）$=0.6$

$\frac{9}{10}=9\div10$（被输入计算器）$=0.9$

$\frac{2}{7}=2\div7$（被输入计算器）$=0.285\,714\,286$

$\frac{14}{4}=14\div4$（被输入计算器）$=3.5$

$\frac{1}{8}=1\div8$（被输入计算器）$=0.125$

$\frac{8}{8}=8\div8$（被输入计算器）$=1$

孩子们犯的一个很常见的错误是认为分数中的数字必须以某种方式重新出现在小数中。例如，$\frac{1}{8}$常常被误写成 0.8 或 0.18。如果我每次看见这个错误，都能拿到1英镑，那我早已……嗯，下面你知道的。

出现这种常见错误的其中一个原因，可能是孩子们往往是通过十分之一、百分之一和千分之一这些分数来认识小数的。

而

$\frac{1}{10}=0.1$　　$\frac{1}{100}=0.01$

$\frac{2}{10}=0.2$　　$\frac{2}{100}=0.02$

$\frac{3}{10}=0.3$　　$\frac{3}{100}=0.03$

……

在处理十分之一、百分之一和千分之一时，分子确实在小数中再次出现！

如果要将**带分数**转化为小数形式，则先要将其转换为假分数，然后如上所述继续：

$2\frac{1}{4}=\frac{9}{4}=9\div4$（被输入计算器）$=2.25$

$4\frac{3}{8}=\frac{35}{8}=35\div8$（被输入计算器）$=4.375$

常见的等值小数

对一些很常见的分数而言，如果你的孩子每次不需要计算就认识并且知道它相对应的小数，这会让你的孩子更高效而且更自信。

这些有：

$\frac{1}{2}=0.5$

$\frac{1}{4}=0.25$

$\frac{3}{4}=0.75$

$\frac{1}{10}=0.1$

$\frac{1}{100}=0.01$

也许还有：

$\frac{1}{3}=0.333\,333\,3\cdots$（“零点三循环”*）

$\frac{2}{3}=0.666\,666\,6\cdots$（“零点六循环”*）

$\frac{1}{8}=0.125$

$\frac{3}{8}=0.375$

$\frac{1}{1\,000}=0.001$

*循环小数常常通过将一个点放在重复出现的数字上来表示。如果重复的数字不止一个，那点就被放在第一个和最后一个重复的数字上。

$\frac{1}{3}=0.3\,333\,333\cdots\cdots$可被写成 $0.\dot{3}$

$\frac{1}{7}=0.142\,857\,142\,857\,142\,857\cdots\cdots$可被写成 $0.\dot{1}42\,85\dot{7}$

百分数

正如分数与小数是有关的，**百分数**也是如此。

“百分数”符号是这样的：%。

“百分数”的字面意思是“每百”，但可以被理解为“100 中的”或“除以 100”。

所以 75%可读成“百分之七十五”，等于“100 中的 75”或“75÷100”或“$\frac{75}{100}$”。

同样的，4%可读成“百分之四”，等于“100 中的 4”或“4÷100”或“$\frac{4}{100}$”。

将百分数转换为小数真的很容易。

例如：

- 25%等于 $\frac{25}{100}=25\div100=0.25$
- 50%等于 $\frac{50}{100}=50\div100=0.5$
- 75%等于 $\frac{75}{100}=75\div100=0.75$
- 100%等于 $\frac{100}{100}=100\div100=1$

同样的：

- 10%等于 $\frac{10}{100}=10\div100=0.1$
- 20%等于 $\frac{20}{100}=20\div100=0.2$

- 30%等于 $\frac{30}{100}=30\div100=0.3$
- 40%等于 $\frac{40}{100}=40\div100=0.4$

以此类推。

一个很常见的错误是将 5%写成 0.5，事实上 5%等于：

$$\frac{5}{100}=5\div100=0.05$$

为了将小数转换成百分数，我们需要进行与上述相反的操作，因此要**乘以** 100 而不是除以 100。

例如：

$0.25=0.25\times100\%^{*}=25\%$
$0.5=0.5\times100\%=50\%$
$0.75=0.75\times100\%=75\%$
$1=1\times100\%=100\%$

* **总是**记住“百分数”符号是非常重要的。0.25 不等于 25。这里的“%”符号告诉我们它是“100 中的 25”。

将分数转换为百分数也一样简单。先将分数转换为它相应的小数，然后按上述方法操作。

例如：

$$\frac{3}{10}=3\div10=0.3=0.3\times100\%=30\%$$

$$\frac{1}{4}=1\div4=0.25=0.25\times100\%=25\%$$

$$\frac{2}{5}=2\div5=0.4=0.4\times100\%=40\%$$

为了将百分数转换为分数，我们需要用“100 中的”代替“%”符号，然后再简化分数就可以了。例如：

70%等于“100 中的 70”$=\frac{70}{100}$

现在我们只要简化分数：$\frac{70}{100}=\frac{7}{10}$

又如：

15%等于“100 中的 15”$=\frac{15}{100}$

现在我们只要简化分数：$\frac{15}{100}=\frac{3}{20}$

再如：

26%等于“100 中的 26”$=\frac{26}{100}$

现在我们只要简化分数：$\frac{26}{100}=\frac{13}{50}$

64%等于“100 中的 64”$=\frac{64}{100}$

现在我们只要简化分数：$\frac{64}{100}=\frac{32}{50}=\frac{16}{25}$

20%等于“100 中的 20”$=\frac{20}{100}$

现在我们只要简化分数：$\frac{20}{100}=\frac{2}{10}=\frac{1}{5}$

一个很常见的误解是：孩子们认为 $20\%=\frac{1}{20}$。

这可能源自于以下运算：10% 等于 $\frac{1}{10}$。这可能会导致这种错误的假设：百分数的数额必须作为分数的分母再次出现。我们要经常提醒孩子们百分数符号表示的是什么意思！

熟记下列内容而不必每次都算出来，是非常有价值的：

$25\%=\frac{1}{4}$ （四分之一）

$50\%=\frac{1}{2}$ （二分之一）

$75\%=\frac{3}{4}$ （四分之三）

$100\%=1$ （一个整体）

$10\%=\frac{1}{10}$ （十分之一）

$1\%=\frac{1}{100}$ （百分之一）

所以，分数、小数和百分数都是相关联的。记住这一点对孩子们来说非常重要。

数轴可用来说明这些联系：

0	0.25	0.5	0.75	1
0	$\frac{1}{4}$	$\frac{1}{2}$	$\frac{3}{4}$	1
0	25%	50%	75%	100%

0	0.1	0.2	0.3	0.4	0.5	0.6	0.7	0.8	0.9	1
0	$\frac{1}{10}$	$\frac{2}{10}$	$\frac{3}{10}$	$\frac{4}{10}$	$\frac{5}{10}$	$\frac{6}{10}$	$\frac{7}{10}$	$\frac{8}{10}$	$\frac{9}{10}$	1
0	10%	20%	30%	40%	50%	60%	70%	80%	90%	100%

我们经常需要**求一个数字的百分数**。这是一个非常有价值的生

活技能，而且是一个不需要计算器只用铅笔和纸就可以很容易完成的生活技能。根据我的经验，计算器中的百分数（%）按钮不但没用，反而成了累赘。无论是对孩子还是成年人来说，往往解释不清楚这个功能是怎么工作的，或者你是从哪个数字算出这个百分数的。我觉得最好遵循以下方法。

孩子们会被要求在不使用计算器的情况下求出某个整数的简单百分数。例如：

- 400 的 20%是多少？
- 求：
  60 英镑的 30%，
  220 厘米的 5%，
  80 克的 17.5%，
  300 英镑的 11%。
- 一个无板篮球队打了 20 场比赛。她们赢了 65%的比赛。她们赢了多少场比赛？
- “大减价时，一条牛仔裤减价了 25%，它的原价是 50 英镑。现在买它要花多少钱？”

所有这些问题，以及类似这样的问题，都可以通过一种在一个“表”中记录下各步骤的简单方法来处理。但在我们开始之前，最好记住这一点，无论它是全部总数、整个尺寸、比赛的总场数、原价、全价还是账单总额，其**都等于 100%**。

求：

60 英镑的 30%	220 厘米的 5%	80 克的 17.5%	300 英镑的 11%
↑	↑	↑	↑
这等于 100%	这等于 100%	这等于 100%	这等于 100%

通常，求一个数字的百分之十（10%）是非常简单的，而这正是我们标准的起步点。要求任一数字的10%，只需要用这个数字除以10。为什么？因为百分之一百（100%）被分成完全相同的10份，每份正是10%，而一旦你知道了一个数字的10%是多少，剩下的就很容易了：

- 要求20%，只需要将你求出的10%的答案翻倍。
- 要求5%，将你求出的10%的答案减半。
- 要求2.5%，将你求出的5%的答案减半。
- 要求30%，将你求出的10%的答案和你求出的20%的答案相加。
- 要求35%，将你求出的30%的答案和你求出的5%的答案相加。

以此类推。

当你逐步算出答案时，一个“表”可以帮你记录每一步运算。

- 要回答：“400的20%是多少？”我们可以绘制出像下面这样的一个表：

百分数		数字
100%	等于	400
先求400的10%。		用400除以10。
10%		40
现在通过翻倍求20%。		将40翻倍。
20%		80

所以**答案**是：80

同样，对于下列各题：

● 求：60 英镑的 30%。

百分数		数字
100%	等于	60
先求 60 的 10%。		用 60 除以 10。
10%		6
现在通过翻倍求 20%。		将 6 翻倍。
20%		12
现在将你求出的 10%的“答案”和你求出的 20%的“答案”相加。		(6+12)
30%		18

答案：18 英镑

● 求：220 厘米的 5%。

百分数		数字
100%	等于	220
先求 220 的 10%。		用 220 除以 10。
10%		22
现在通过将 22 减半求 5%。		
5%		11

答案：11 厘米

● 求：80 克的 17.5%。

百分数		数字
100%	等于	80
先求 80 的 10%。		用 80 除以 10。
10%		8
现在通过减半求 5%。		将 8 减半。
5%		4
现在通过减半求 2.5%。		将 4 减半。
2.5%		2
现在将你求出的 10%的、5%的和 2.5%的“答案”相加。		(8+4+2)
17.5%		14

答案：14 克

● 求：300 英镑的 11%。

百分数		数字
100%	等于	300
先求 300 的 10%。		用 300 除以 10。
10%		30
现在通过将 30 除以 10 求 1%。		用 30 除以 10。
1%		3
现在将你求出的 10%的和 1%的“答案”相加。		(30+3)
11%		33

答案：33 英镑

求 10%一直是一个好的起步点。有些孩子确实会很高兴地使用这种“方法”，而不想用其他的方法。这也没关系，不过有些人也许乐于探索其他的起步点。

下一个例子中，先求 50%也许更高效。这是非常容易的，因为 50%正好是 100%的一半。

● 一个无板篮球队打了 20 场比赛，她们赢了 65%的比赛，她们赢了多少场比赛？

百分数		数字
100%	等于	20
先求 20 的 50%。		将 20 减半。
50%		10
现在求 10%。		用 20 除以 10。
10%		2
现在通过将 10%减半求 5%。		将 2 减半。

百分数	数字
5%	1
现在将你求出的 50%的、10%的和 5%的“答案”相加。	(10+2+1)
65%	13

答案： 13 场比赛

- 但如果你的孩子更乐于从求 10%开始，那么……

百分数		数字
100%	等于	20
先求 10%。		
10%		2
现在求 20%。		
20%		4
30%		6
40%		8
50%		10
60%		12
5%		1
现在将你求出的 60%的和 5%的“答案”相加。		(12+1)
65%		13

答案： 13 场比赛

接下来的问题要完成有两步。学生们常常会忘了做第二步，因此没能正确回答这个问题。

- 大减价时，一条牛仔裤减价了 25%，它的原价是 50 英镑。现在买它要花多少钱?

我们会像处理上面那些题一样开始做这道题。求 50 英镑的 25%，同时用表来帮助我们记录每一步的运算。可和上面大多数例子一样，先求 10%。或者可求 50%，然后将其减半求 25%。

两种方法如下所示：

百分数		数字
100%	等于	50
先求 50 的 10%。		用 50 除以 10。
10%		5
现在通过翻倍求 20%。		将 5 翻倍。
20%		10
现在通过将 10%减半求 5%。		将 5 减半。
5%		2.5
现在将你求出的 20%的和 5%的“答案”相加。		(10+2.5)
25%		12.5

或者：

百分数		数字
100%	等于	50
先求 50 的 50%。		将 50 减半。
50%		25
现在通过减半求 25%。		将 25 减半。
25%		12.5
所以，大减价中，价格降低了：12.50 英镑。		

现在是问题的第二步（这是大部分学生都会“忘记”要去做的）：

- 现在买它要花多少钱？

  现在买这条牛仔裤少花 12.50 英镑。所以就是：50 英镑－12.50 英镑＝37.50 英镑

  答案： 37.50 英镑

或者，这个问题可在一步内解答。有些孩子也许会意识到，如果这条牛仔裤减价了 25%，那就是说现在花原价的 75%就可以买到。通过求 75%，他们会得出最终答案。这个方法更有效，所以，如果孩子们熟悉这种方法，应该鼓励他们使用。

有些例子中，数字没那么简单，用计算器是很有帮助的，但方法还是完全一样的，切记**不要**使用"%"按钮。孩子们可能被期望回答的问题——在计算器的帮助下——有：

求：

- 263 英镑的 30%。
- 670 厘米的 75%。
- 782 英镑的 12%。

我们又用一个表开始。使用计算器只是为了帮助进行某些除法运算——现在这些数字没这么简单。

- 263 英镑的 30%：

百分数		数字
100%	等于	263
先求 263 的 10%。		用 263 除以 10，如果需要可使用计算器。
10%		26.3
现在通过翻倍求 20%。		将 26.3 翻倍，如果需要可使用计算器。
20%		52.6

百分数		数字
现在将你求出的10%的和20%的“答案”相加。(26.3+52.6=78.9)		
30%	=	78.9

答案：78.90 英镑

- 670 厘米的 75%：

百分数		数字
100%	等于	670
先求 670 的 50%。		将 670 减半，如果需要可使用计算器。
50%		335
现在通过减半求 25%。		将 335 减半，如果需要可使用计算器。
25%		167.5
现在通过将你求出的 50%的和 25%的“答案”相加求 75%。		
75%	=	502.5

答案：502.5 厘米

- 782 英镑的 12%：

百分数		数字
100%	等于	782
先求 782 的 10%。		用 782 除以 10，如果需要可使用计算器。
10%		78.2
现在通过将 10%除以 10 求 1%。用 78.2 除以 10。		
1%		7.82
现在通过将 1%翻倍求 2%。		将 7.82 翻倍。
2%		15.64

百分数		数字
现在将你求出的10%的和2%的“答案”相加。(78.2+15.64=93.84)		
所以12%	=	93.84

答案：93.84英镑

在不同的学校、不同的课室，讲授百分数的方式是不一样的。但通常，孩子们想要有一个标准的起步点。向他们提供一种他们随时都可以求助的方法，可让他们学起来更自在也更有信心。上述例子中那样一种“表”为他们提供了一种熟悉且一致的方法。它既合乎逻辑又可靠，既简明又高效。最重要的是，孩子们喜欢它。到现在为止，我还没见过一个比它更好的起步方法。

这就是说，对许多学生而言，一个适当的未来目标是要意识到仅通过使用乘法即可求得百分数的效率。

从上述例子中选一个来说明：

- 求670厘米的75%。

因为75%等于0.75，而且措辞“的”可用“×”来替换，所以我们有：0.75×670，这等于502.5

答案：502.5厘米

同样的，如果价格增加了10%，对孩子们来说，意识到新的总额现在是原价的110%是非常重要的（110%等于小数1.1）。

- 汽油的价格升了10%。升价前，汽油价格为每升1.20英镑。现在它的价格是多少？

  答案：1.1×1.20=1.32　现在汽油价格为每升1.32英镑。

同样的，如果价格下降了10%，对孩子们来说，意识到新的总额现在是原价的90%是非常重要的（90%等于小数0.9）。

- 一条牛仔裤原价为70英镑。随后大减价时，减价了10%。新的价格是多少？

  答案：0.9×70=63　现在这条牛仔裤的价格为63英镑。

还有其他一些关于百分数的题型，要我们求的答案不只是一个百分数。孩子们会被问到下述问题：

- 计算百分数：32中的18和60中的24。
- 乔伊在数学测试中，拿了60分中的45分。这个分数所占百分数是多少？
- 梅甘在拼写测试中，拿了60分中的30分，索菲拿了45%，谁考得好？
- 一个班上，42%的孩子是女孩。男孩所占百分数是多少？
- 85%的孩子吃学校的午餐，不吃学校午餐的孩子的百分数是多少？
- 在这个小盒子里，12粒葡萄干占葡萄干总数的20%。这个盒子里共有多少粒葡萄干？

正如我们在其他章节以及本章前几节所见，解题的关键在于正确理解题目。花时间确保你的孩子越来越准确地把握题意是非常值得的。

上述前三个例子完全依赖于我们所掌握的如何将分数转换为百分数的知识。首先，将分数转换为它相应的小数（使用计算器将分子除以分母可求得），然后通过乘以 100%转换为百分数。

- 计算百分数：32 中的 18 和 60 中的 24

  答案：

  32 中的 18＝18/32＝0.562 5＝56.25%

  60 中的 24＝24/60＝0.4＝40%
- 乔伊在数学测试中，拿了 60 中的 45 分。这个分数的百分数是多少？

  60 中的 45＝45/60＝0.75＝75%

  答案： 75%
- 梅甘在拼写测试中，拿了 60 分中的 30 分，索菲拿了 45%，谁考得好？

  60 中的 30＝30/60＝0.5＝50%

  50% 的分数比 45%的高。

  答案： 梅甘考得好。

接下来的两个例子仅依赖我们所掌握的总数量等于 100%的知识。

- 一个班上，42%的孩子是女孩。男孩所占百分数是多少？

  100%－42%＝58%

  答案： 班上 58%的孩子是男孩。
- 85%的孩子吃学校的午餐，不吃学校午餐的孩子的百分数是多少？

  100%－85%＝15%

  答案： 15%的孩子不吃学校的午餐。

最后一个问题仍然依赖我们所掌握的总数量等于100%的知识，但稍微复杂一些，所以一个与我们先前见过的那些表类似的表会非常有用。

- 在这个小盒子里，12 粒葡萄干占葡萄干总数的 20%。这个盒子里共有多少粒葡萄干？

百分数		数字
100%	等于	？（我们还不知道，这是我们要弄清的。）
先写下我们知道的：		
20%		12
现在通过减半求 10%。		将 12 减半。
10%		6
现在通过乘以 10 求 100%：		
100%	等于	60

答案：盒子里一共有 60 粒葡萄干。

比率与比例

从 6 年级起，孩子们将会学习**比率**和**比例**。

比率是把两个数量进行对比的一种方式，而比例则是把一个数量与一个总量进行对比的一种方式。比率和比例都用分数和百分比表示。

比率和比例之间的区别可以概括为：**比例**把一“部分”与整个总量进行对比。**比率**把一“部分”与一“部分”进行对比。

下面我将逐一举例进行说明。

比例

有 4 个女孩和 12 个男孩参加了马修的生日派对。所以，派对

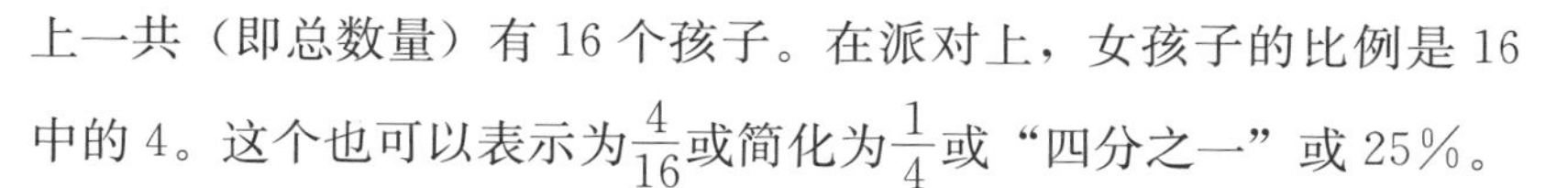
上一共（即总数量）有 16 个孩子。在派对上，女孩子的比例是 16 中的 4。这个也可以表示为$\frac{4}{16}$或简化为$\frac{1}{4}$或“四分之一”或 25%。

同样的，派对上男孩子的比例是 16 中的 12，这也同样可以表示为$\frac{12}{16}$或$\frac{3}{4}$或“四分之三”或 75%。所以，要找出**比例**，就要把每一“部分”——女孩或男孩的数量——与整个总量进行对比。

比率

仍然是 4 个女孩和 12 个男孩参加了马修的生日派对。

女孩与男孩的**比率**是“4 比 12”，这可以用比率表示法写成：4∶12。

比率可被简化，其方式与简化分数的方式类似，即用每“部分”除以同样的数字。因此，在这个例子中，两“部分”都除以 4，女孩与男孩相应的比率是 1∶3。这意味着每 1 个女孩，对应有 3 个男孩。

男孩与女孩的**比率**是“12 比 4”，使用比率表示法可写成：12∶4。

进行约数或简化处理得出的男孩与女孩的相应比率是 3∶1。这意味着每 3 个男孩，对应有 1 个女孩——换个说法，即男孩的人数是女孩的 3 倍。

所以，对于比率而言，每一“部分”——女孩或男孩的数量——是与另一“部分”进行比较。

了解比率和比例之间的关系，意味着给出**比率**，我们可推断出**比例**；给出**比例**，我们可推断出**比率**。

马修的派对上，女孩与男孩的比率是 4∶12。

要求出女孩的**比例**是非常容易的。

我们只需要将比率所有“部分”相加就可以求出总数。

$4+12=16$

因此，女孩的**比例**是“16 中的 4”或$\frac{4}{16}$，这可被简化为$\frac{1}{4}$。

如果我们只知道马修派对上女孩的**比例**，同样可以很容易求出比率。

女孩的**比例**是$\frac{4}{16}$。

所以，男孩的**比例**一定是$\frac{12}{16}$（因为如果 16 个人中有 4 个女孩，那剩下的一定是男孩）。因此，女孩与男孩的比率是 4∶12，这可简化为 1∶3。

- 米娅喜欢用红色、蓝色和白色的颜料按照 3∶4∶1 的比率调一种特别的紫色色调（即每 3 份的红色颜料，她会相应地用 4 份的蓝色颜料和 1 份的白色颜料）。
  米娅使用蓝色颜料的比例是多少？
  所有份的总量是 $3+4+1=8$
  米娅使用 4 份的蓝色颜料。
  蓝色颜料的比例是“8 中的 4”或$\frac{4}{8}$，这可被简化为$\frac{1}{2}$。

  答案：$\frac{1}{2}$

- 班上玩竖笛学生的比例是$\frac{12}{30}$。玩竖笛的学生与不玩竖笛学生的比率是多少？

班上玩竖笛的比例是$\frac{12}{30}$，所以不玩竖笛的比例一定是$\frac{18}{30}$（因为 12 加 18 等于 30，而且只有两个选择："玩"或"不玩"）。

因此，"玩"与"不玩"的比率是 12∶18，这可简化（用每一"部分"除以 6）成 2∶3。

答案： 2∶3

比率常用来解算术题。下面是一些常见的例子：

- 莉莎生日时拿到了 60 英镑，她按 1∶4 的比率花这些钱买了 DVD 和衣服。她买衣服花了多少钱？

DVD		**衣服**
1	∶	4

一共有 5 份　　(1＋4＝5)

60 英镑除以 5 等于 12 英镑　　(60÷5＝12)

因此每份等于 12 英镑，

所以 4 份等于 4×12 英镑　　(4×12＝48)

DVD		**衣服**
1	∶	4
12 英镑	∶	48 英镑

答案： 莉莎花了 48 英镑买衣服。

- 这个 6 年级班里有 36 个学生。男孩与女孩的比率是 5∶4。这个班上有多少个男孩？

男孩		**女孩**
5	∶	4

一共有 9 份　　(5＋4＝9)

36 名学生除以 9 等于 4　　　　　　(36÷9=4)

因此每份等于 4 个学生

所以 5 份等于 5×4 个学生　　　　　(5×4=20)

男孩		**女孩**
5	:	4
20 个学生	:	16 个学生

答案：这个班上有 20 个男孩。

- 一种果汁饮料是由果汁和水按 1∶9 的比率调制而成的。艾萨克想要制作 200 毫升的饮料。他该用多少毫升果汁和多少毫升水呢？

果汁	:	**水**
1	:	9

一共有 10 份　　　　　　(1+9=10)

200 毫升除以 10 等于 20 毫升　　　　　(200 ÷10=20)

因此每一份等于 20 毫升

所以 9 份等于 9×20 毫升　　　　　(9×20=180)

果汁	:	**水**
1	:	9
20 毫升	:	180 毫升

答案：艾萨克需要 20 毫升的果汁和 180 毫升的水。

- 一个三角形的三个角的比率是 1∶2∶3。求出每个角的大小。

为了解这道题目，我们首先必须知道在一个三角形里，三个角加起来等于 180°。

角 1		**角 2**		**角 3**
1	:	2	:	3

一共有 6 份　(1+2+3=6)
180°除以 6 等于 30°　(180÷6=30)
因此每一份等于 30°
所以 2 份等于 2×30°　(2×30°=60°)
所以 3 份等于 3×30°　(3×30°=90°)

角 1		角 2		角 3
1	:	2	:	3
30°	:	60°	:	90°

答案：这三个角分别是 30°、60°和 90°。

正比例将是要求学生们使用的，而我认为它实际并没那么难。下面用一个简单的例子来解释正比例：

- 2 个苹果花了 40 便士，4 个苹果要花多少钱？

非常简单。苹果的数量增加了一倍，所以费用一定也增加了一倍。

答案：80 便士

这里给你介绍的就是正比例：当一个量变化时，另一个数量也一定依照同样的比率发生变化。

- 6 个苹果花多少钱？

苹果的数量增加了两倍，所以费用也一定增加了两倍。

答案：120 便士

我们最常使用正比例来计算食谱的量。我们可能不用想就这样做了，而且很有可能没意识到使用了“正比例”。

例如：

- 2 份肉馅土豆馅饼：

  200 克绞碎的牛肉

  80 克胡萝卜

  500 克土豆泥

  如果你想为 4 个人做这道菜，我们只需要将所有的量翻一倍。

  答案： 400 克绞碎的牛肉、160 克胡萝卜和 1 000 克（即 1 千克）土豆泥。

但是，如果我们想要为 3 个人、5 个人、9 个人，或更多人做这道菜，可能需要思考得更仔细一点。

最常见的技巧是先算出 1 人份食谱所用的量（“单位”方法）。然后用 1 人份的数量乘以人数。

因此，上述例子中，“1 人份食谱”的量是：

- 100 克绞碎的牛肉、40 克胡萝卜和 250 克土豆泥。

那 5 个人的呢？

现在就容易了。我们只需用“1 人份食谱”中的每一种数量乘以 5：

- 500 克绞碎的牛肉、200 克胡萝卜和 1 250 克土豆泥。

我真希望这章减少了你和你的小孩对分数的焦虑。

结 论

非常感谢你投入这么多的时间和精力来阅读这本书。我真心希望它帮到了你和你的小孩，而且在未来的日子里你会继续发现它很有用。

中学生的家长最常做出的评论之一是“……可是我的孩子在小学时已经做过这了”。关于数学非常重要的一点是，这些概念一定会多次地被重新思考和练习。仅仅学习了一个概念和它的运作方式，并不意味着孩子们能熟练地运用这个概念。

把它想象成学习开车。有人会告诉你离合器、加速器、刹车、齿轮是怎么工作的，然后你甚至可能会让那个人坐在你旁边陪你试一试。大量练习和指导以后，你甚至可能让汽车以合理的速度朝着正确的方向行驶。但放手太早，你可能会撞车。在被允许独自驾车之前，你必须练习、练习、再练习。即使如此，在陌生的环境里或在面对繁忙的交通状况时或在恶劣的天气条件下，你还是必须尽力地集中注意力去回想你曾学过的一切内容。

这和孩子们学习数学是完全一样的。他们也许已经学习了如何做长除法——但放手太早，毫无疑问，他们会突然不懂得怎么去计算。通常情况下，就长除法而言，有很多东西是在数学理解相互交织的丝丝缕缕中同时进行的（例如，数数、加、排序、位值的理解等），因此，孩子们需要努力集中注意力。在孩子能真正独立计算之前，练习、练习、再练习是必需的。而有时候这就是如此难以向父母亲表达的原因：数学需要时间！

要对你的孩子有信心。坚持练习、不断鼓励、继续支持。记住这个重要性，不要放弃。不要选择容易的选修课，并断言你的孩子“不擅长数学”。在孩子 7 岁、11 岁或 13 岁时就说你的孩子不适合学数学（或橄榄球、游泳，或其他东西），我认为为时尚早。请保持所有的可能性都敞开着。

同时请记住，数学并非永远都只有一个答案。数学家不断深入研究、实验和质疑。数学现在不是，也从不曾是一个固定不变的学科。人类的大脑可以很快地想出新的问题，所以数学领域也会逐渐发展以找到解决这些问题的方法。

大部分课堂里的大部分孩子都被引导认为数学是固定不变、不再发展的，是一个只关注抽象规则和公式的学科的过时的旧遗物。

他们错过了这种乐趣——他们独立去玩、去尝试、去实验、去发现、去理解数学的乐趣。

没错，它有基本规则可遵循。但就像一种语言，一旦掌握这些基本规则，你就会拥有创造和开拓观念的乐趣。

我祝愿你孩子的数学之旅是充满乐趣、信心满满和富于探索的。

词汇表

这一本书目前还没有能力逐一将所有小学数学的主题囊括在内。尽管省略了这三个主题（图表、测量和统计），但它们的关键术语、定义、规则和公式均已包含在下面的词汇表中。这些术语并不是按字母顺序排序的。相反，是按照在阅读时最合理的顺序列举的。

图　表

2-D（二维的）**图形：**这些图形只有两个维度：长度和宽度。它们都是我们可以在纸上绘制的平面图形，例如：圆形、三角形、正方形和长方形。

3-D（三维的）**图形：**这些图形有三个维度：长度、宽度和高度。它们是我们可以想象出来容纳物品的立体图形，例如：一个球体（想象一个足球）、圆锥体（想象一个冰激凌）、立方体（想象一块固体浓缩汤料）、长方体（想象一个鞋盒）、圆柱体（想象一个罐头）或棱锥体（想象一个埃及的金字塔）。

网：一个 3-D 图形的物品被平展开的形状。

多边形：直线相互连接的 2-D 图形。正多边形有相等长度的边和相等大小的角。不规则多边形则没有！请参见附录（366 页）常见的多边形。

多面体：有**面**（平面/表面）、**边**（手指可以沿着划过的锋利的部分）和**顶点**（角或点）的3-D图形。请参见附录（368页）常见的多面体。

等边三角形：三边相等的三角形。

等腰三角形：两边相等的三角形。

不等边三角形：没有相等的边的三角形。

直角三角形：有一个直角（90°）的三角形。

四边形：有四条直边和四个角的图形。常见的四边形有：长方形、正方形、平行四边形、菱形、梯形。

角度：对旋转部分的测度。

直角：一个四分之一转或90°。

锐角：小于90°的角。

钝角：大于90°而小于180°的角。

优角：大于180°的角。

直线：恰好是180°的角（即等于两个四分之一转或两个直角）。

一整圈（转）：360°的角。

三角板：一件用来准确绘制角的工具。

量角器：一件用来测量角度的工具。

角测量仪：一件用来测量角度的工具，通常是圆形的。

对顶角：两条直线交叉时构成的角，彼此相对的两个角的大小总是相等的。

内角：多边形内部由它的两条边构成的角。如果一个图形是等角的，那它所有的内角将会是恒等的。

外角：多边形外部由它其中一条边与邻边的延长线构成的角。画这个图形有个好办法，那就是想一个角，然后通过旋转它来改变方向——从一边到另一边。（注意：相邻的一个外角和一个内角的和

总是等于 180°，因为它们构成了一条直线。）

平行线：在范围内总保持距离相等的直线。

垂直线：如果两条直线成直角相交，则这两条直线互相垂直。

相交：在该点两条直线相接或互相交叉。

等分线：恰好将一条线段或角切成两半的一条线。

轨迹：一个点根据一定规则移动的路径。一种非常常见的轨迹就是画圆，这里的规则是轨迹上的每一个点离中心的距离都是一样的。轨迹（locus）的复数形式是 **loci**。

圆周：一条被绘制来创建一个圆的线。

直径：穿过一个圆且通过圆心的直线距离。

半径：从圆心到圆周上任意一点的直线距离。半径永远恰好是直径长度的一半。半径（**radius**）的复数形式是 **radii**。

弦：连接圆周上任意两点的直线。直径是通过圆心的一条弦，而且是一个圆最长的弦。

弧：一条弯曲的线。一个圆周的一段是弧。

扇形：一个圆上被两条半径和半径所截之一段弧所“围成”的部分。想象一块馅饼。

弓形：一个圆上由一条弦及一段弧“围成”的部分。想象一瓣橘子。

同心圆：圆的内部同一圆心的不同圆。

半圆：恰好是圆的一半。

坐标：一个点在图表或网格上的位置。坐标表示为一对括号内的数字。第一个数字是 x 坐标，第二个数字是 y 坐标。

原点：图表或网格上的起点，其坐标是（0，0）。如，要找出坐标（1，3），我们从原点开始横跨 1 个方格然后向上移动 3 格。

X 轴：图表的水平轴。（想想：“一条直线！”）

Y 轴：图表的垂直轴。

变化：一个物体图形、大小或位置的改变。例子包括反射、平移、旋转、扩大，定义如下。

反射：将一个图形变换成它的镜像。

平移：通过移动其位置——向上或向下，或从一边到另一边，变换一个图形。物品本身保持不变（即其图形、大小和方向仍然是相同的）。

旋转：通过将其绕一个定点旋转，变换一个图形。

扩大：通过将其放大或——相当奇怪的是——缩小，变换一个图形。

对称性：一个图形的一半是另一半的镜像。或一个图形能被切成两半，且每一半是另一半确切的映像。

全等的：这描述的是大小和形状都一样的物体。

周长：环绕一个图形的外部的距离。

面积：一个图形所覆盖的空间量。所有面积，无论大小，我们都用平方作它们的计量单位。

复合形状：由其他各种图形组成的 2-D 图形。

表面面积（3-D 图形的）：所有面的面积之和。

测　量

标准单位：普遍认同的测量单位，例如：厘米、千克和升。

非标准单位：我们可能用来作比较的自己选的单位。如，可能是我们手的宽度或我们步幅的长度。

长度：某物有多长。与长度相关的词有：距离、长、短、高、低、宽、窄、深、浅、厚、薄、近、接近。（参见 369 页附录。）

重量：某物有多重。与重量有关的词有：分量、重量、重、轻、平

衡。(参见 370 页附录。)

容量：一个容器可以容纳的量。与容量有关的词包括：满、空、容纳。(参见 370 页附录。)

容积：某物占了多大空间。(参见 370 页附录。)

时间：某事需要多少时间发生，计量单位有秒、分钟、小时、天、周、月、年、十年、世纪等。(参见 372 页附录。)

统　计

数据：信息的另一个词［数据（**Data**）的单数形式是 **Datum**］。

数据处理：指的是收集、分类和整理数据；绘制表格、图形和图表；提取和解释表格、图形和图表中的数据；估计可能的概率。另外也被称为**统计**。

频率：某事多久会发生一次。作为一个数学术语，它表示的意思和日常用语的意思是一样的。

表格：记录结果或信息。

计数符号：由成捆的五条线构成的符号：一条对角线交叉穿过四条线构成了第五个符号。它们被用来计数（即计数器）。

频率表：这是通过将每一范畴中所有的计数符号简单相加而创建的。

平均数：平均值、中数、众数：定义如下。

平均值：英语中，“mean”和“average”都有“平均值”的意思，但可能最为人熟知的是“average”，因此提到平均值人们常想到的是“average”这个词。要计算平均值，只需将所有数字相加，然后用这个总数除以数字的个数。只能用作数值数据。运动员称它为“击球手的安打率”(击球手的平均得分数)。

中数：当（且仅当）所有的数据都按照大小（等级）顺序从最

小排到最大时，这组数据中间位置的数字。只能用作数值数据。

众数： 列表中最频繁出现的“东西”。既可用作数值数据，也可用作非数值数据。

值域： 用来测量数据是如何散布（分布）的。只能用作数值数据。要计算值域，只需用最大的数据值减去最小的数据值。

图形、图表和统计图： 用图片显示数据的各种方式。

条形图： 用长条的高度说明每一范畴的频率。

垂直线图（或棒线图）： 除了每一范畴的宽度只是线的宽度之外，这种图与条形图类似。

象形图： 带有用来表示数据的图片的统计图。图片越多，数据越多。

饼图： 另一种用来表示数据的图片或图表。饼图以简单的圆形为基础。整个饼图（或圆形）被“切”成片（或部分），每一切片代表的是一个整体的不同部分。切片越大，则该范畴内的数据越多。

作（图）： 作为一个数学术语，这仅仅意味着“画”。学生可能会被要求作一个计数图、条形图、象形图、曲线图、饼图或任何其他统计图。

分析： 解读数据并得出结论。

维恩图和卡罗尔图： 这些都是被用来分类和显示数据的。

定性数据： 这些都是非数值（非数字）数据。定性数据的例子包括：最喜欢的颜色、食物、电视节目、到达学校的方式、投票倾向等。

定量数据： 这些都是数值（数字）数据。定量数据的例子包括：鞋码、兄弟姐妹的数量、年龄、身高、房价、人口数量、失业数字等。定量数据要么是离散的，要么是连续的，定义如下。

离散数据： 这些数据有着准确的、精密的、具体的值。例子包括：测试成绩、鞋码、宠物的数量、兄弟姐妹的人数、一页上的字数、豆荚中豌豆的数量等。

连续数据：这些构成了数值数据的其余部分，而且往往是与测量相关的。连续数据的例子包括：高度、重量、时间等。

问卷和**调查：**这些是收集数据的常用方法。

数据库：用来存储数据的某个地方，如一个电子表格。

假设：这是为一个测试提供依据的一个简单描述、理论或观念。一旦测试完成，此假设即可被确认为是“真”或“假”。

预测：我们认为可能是真的但仍需进一步检验的某物。

分布：对数据值及与其相关频率的总结。

正态分布：显示为具有一个钟形的曲线信息。它之所以被称为“正态”，是因为在各类数据中，值域内的中间值普遍频率最高，而极端数普遍频率最低。

概率：对某事将如何可能（或不可能）发生的度量。所有的概率都可被放置在从 0 到 1 之间的范围内，其中 0 表示不可能，1 表示肯定。

附　录

常见的多边形

三角形——有三条边和三个角

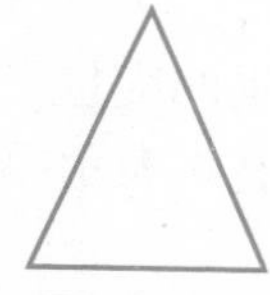

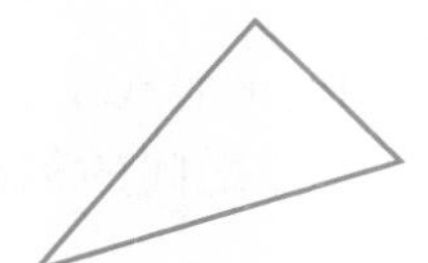

四边形——有四条边和四个角

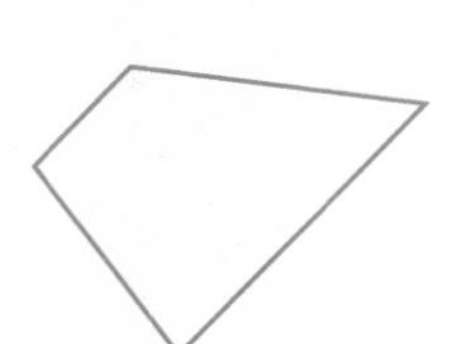

五边形——有五条边和五个角

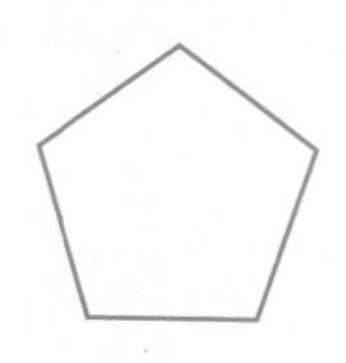

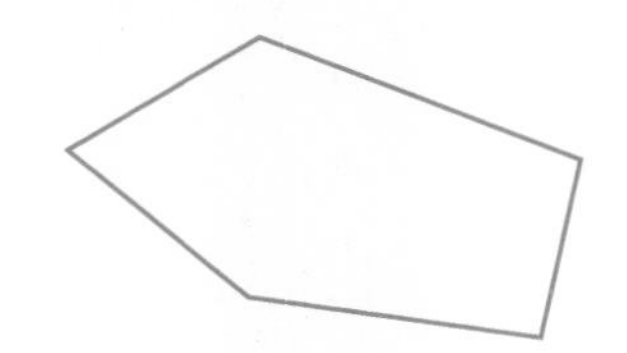

六边形——有六条边和六个角

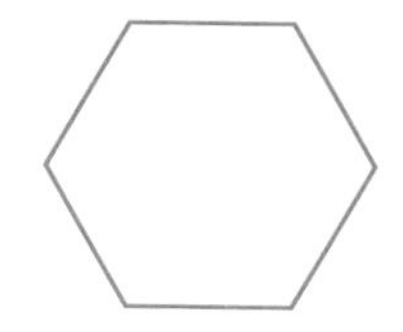
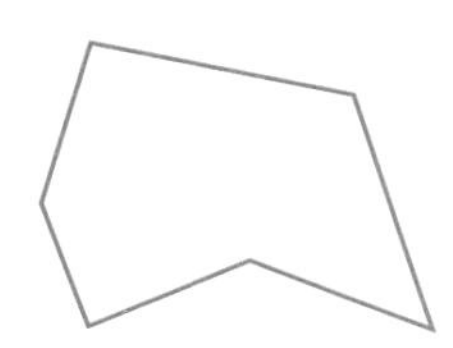

七边形——有七条边和七个角

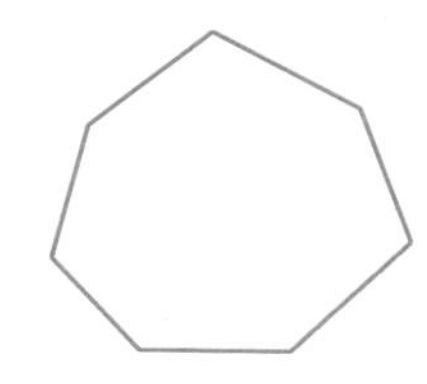
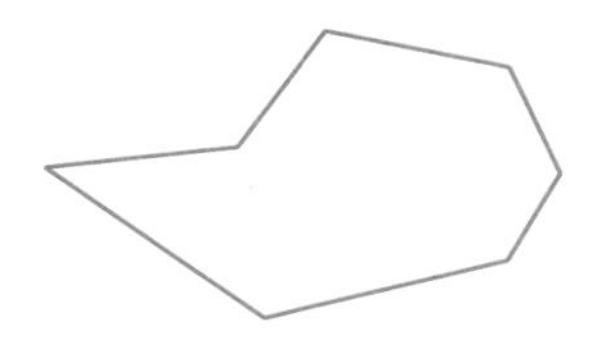

八边形——有八条边和八个角（想想八爪鱼）

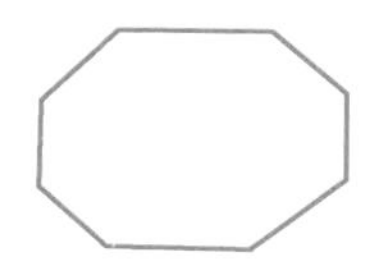

九边形——有九条边和九个角

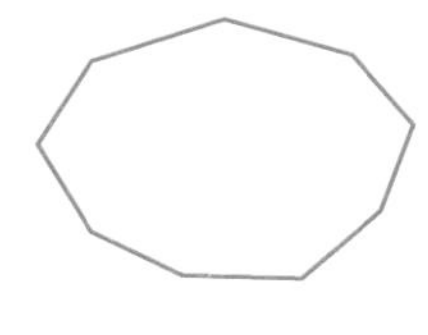
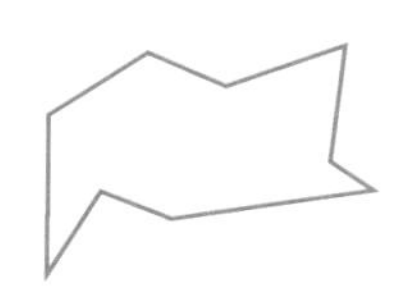

十边形——有十条边和十个角（想想念珠）

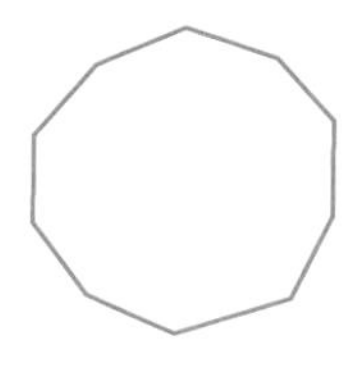
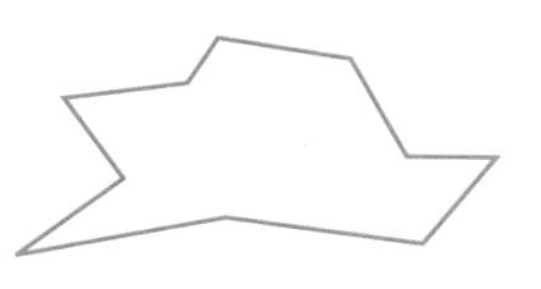

常见的多面体

立方体

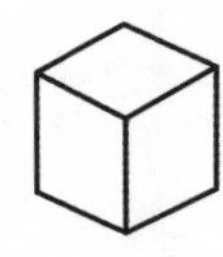

6 个面
12 条边
8 个顶点

长方体

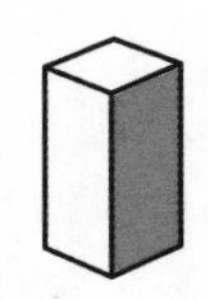

6 个面
12 条边
8 个顶点

方椎体

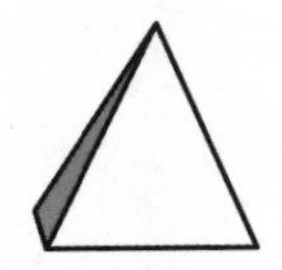

5 个面
8 条边
5 个顶点

四面体
（三角锥体）

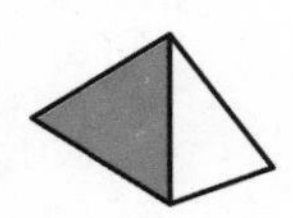

4 个面
6 条边
4 个顶点

三棱柱

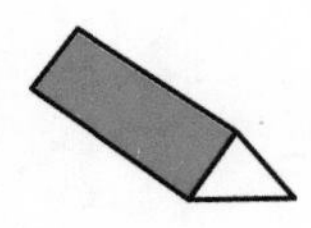

5 个面
9 条边
6 个顶点

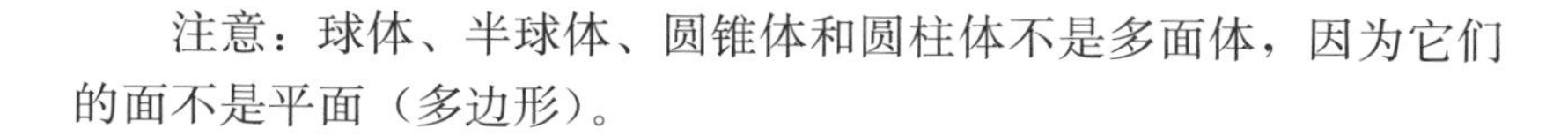

注意：球体、半球体、圆锥体和圆柱体不是多面体，因为它们的面不是平面（多边形）。

长　度

我们经常用毫米（mm）、厘米（cm）、米（m）或千米（km）来测量长度。这些被称为**米制单位**。

1 厘米(cm)＝10 毫米(mm)
1 米(m)＝100 厘米(cm)
1 千米(km)＝1 000 米(m)

有时候，人们仍使用旧的**英制单位**：英寸、英尺、码和英里。

1 英尺＝12 英寸
1 码＝3 英尺
1 英里＝1 760 码

由于我们的历史上一直使用英制单位，因此有些英制单位在英国是很常用的（而且在美国也普遍使用），尤其是“英里”。所以知道这两种单位之间粗略的换算是很有用的：

1 英寸约等于 2.5 厘米
1 英尺约等于 30 厘米
1 码约等于 1 米
1 英里约等于 1.5 千米

（5 英里＝8 千米是一个需要掌握的、有用的而且相当准确的换算。）

重　量

重量是用克（g）、千克（kg）和吨的**米制单位**来计量的。

1 千克(kg)＝1 000 克(g)

1 吨＝1 000 千克(kg)

与测量“长度”相比，我们大部分人计量“重量”的频次可能更少。

由于这个原因，孩子们往往更不了解东西可能有多重这个概念。因此，最好给孩子们几个可供参考和比较的例子，以帮助他们估计：

100 克　　约等于一个小苹果的重量

1 千克　　是一标准袋糖的重量

用来表示重量的旧**英制单位**有：盎司、磅、英石和吨。

16 盎司＝1 磅

1 英石＝14 磅

如今很少在数学课上使用这些英制单位，但知道这两种单位之间粗略的换算仍是很有用的，尤其对食谱来说：

1 盎司约等于 25 克

1 磅约等于 0.5 千克(或精确来说 454 克)

1 千克约等于 2.2 磅

容量和容积

容量和容积都是计量某物占了多大空间的。

术语“容量”和“容积”通常是可互换的。它们计量的东西基本一致，尽管它们可区分为：容量计量的是一个容器可容纳多少东西；而容积计量的是这个容器占的空间量。所以，容量描述的是可以被投入一个容器里的东西的量，而容积描述的是被这个容器占据的空间量。我知道，它们的区别很细微，这就是为什么在实践中“容积”和“容量”往往是同义词。

容量是用毫升、厘升和升的**米制单位**来计量的。

1 厘升(cl)＝10 毫升(ml)
1 升(l)＝100 厘升(cl)＝1 000 毫升(ml)

在估计容量时，有一些例子供参考：

5 毫升(ml)	约等于一标准茶匙可容纳的液体量(并且是一标准药匙的准确计量)
1 升(l)	等于超市一标准盒果汁

用来表示容量的旧**英制单位**有：液量盎司、品脱和加仑。

20 液量盎司＝1 品脱
1 加仑＝8 品脱

如今很少在数学课上使用这些英制单位，但知道这两种单位之间粗略的换算仍是很有用的：

1 品脱约等于 0.5 升
1 加仑约等于 4.5 升

容积是用立方单位，如立方毫米、立方厘米和立方米，来计量的。

1 立方厘米纯粹是一个每边是 1 厘米长的立方体。

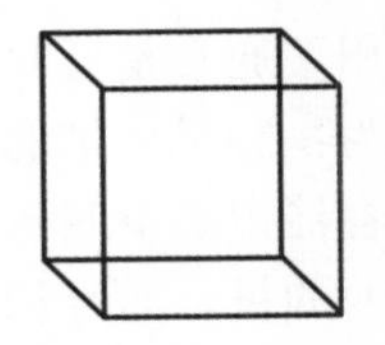

为了测量容积，我们需要考虑多少个这样的立方体能放入这个三维图形。孩子们常常通过观察多少个边长 1 厘米的多重链接立方体能放入一个容器，来动手计量这个容器的容积。

1 立方厘米＝1 000 立方毫米

1 立方米＝1 000 000 立方厘米

时　间

1 分钟＝60 秒

1 小时＝ 60 分钟

1 天＝24 小时

1 周＝7 天

两星期＝14 天

1 年＝12 个月＝52 周*＝365 天

1 闰年＝366 天

*365 天不能被 7 整除，因此一年实际上是 52 周加 1 天——这就是为什么每一年你的生日往后推一天，即同一周的第二天。如果碰上是闰年而且你的生日是在二月后，那就往后推两天。

1 月＝28、29、30 或 31 天

有一首押韵诗记载了每个月的天数：

请记住30天的有九月、四月、六月和十一月。剩下的全是31天，除了独特的二月，它只有28天整但碰上闰年则有29天。

对我来说，这个真的没什么用，因为我永远都不可能记得住这首押韵诗。

相反，我经常用我的指关节！如果你从来没听说过，那么下面会告诉你怎么用。

双手握拳，然后把它们并排放一起，以便所有指关节都朝上。紧握双手，这样两个拳头之间就没有空隙（或凹陷）。一个指关节代表31天，指关节之间的凹陷代表30天。从一月开始，然后从左往右读：

一月 — 指关节 — 31天
二月 — 凹陷 — 28天*［或29天（闰年）］
三月 — 指关节 — 31天
四月 — 凹陷 — 30天
五月 — 指关节 — 31天
六月 — 凹陷 — 30天
七月 — 指关节 — 31天
八月 — 指关节 — 31天**
九月 — 凹陷 — 30天
十月 — 指关节 — 31天
十一月 — 凹陷 — 30天
十二月 — 指关节 — 31天

*二月是凹陷处，但它是例外，因为它只有28天或29天。

**双手之间没有凹陷，所以七月和八月都是“指关节”，因此都有31天。

每十年＝10年
每世纪＝100年

每千年=1 000 年

将带 am/pm 的 12 小时制转换为 24 小时制

时间段：

午夜 12 点 至上午 12:59 分之间	上午 1:00 至下午 12:59 之间	下午 1:00 至下午 11:59 之间
减 12 小时	**直接转换**	**加 12 小时**

例如：

午夜 12 时→00:00	上午 1:00→01:00	下午 1:00→13:00
上午 12:04→00:04	上午 2:30→02:30	下午 4:30→16:30
上午 12:15→00:15	上午 7:00→07:00	下午 1:00→13:00
上午 12:20→00:20	上午 11:45→11:45	下午 4:30→16:30
上午 12:31→00:31	上午 11:59→11:59	下午 7:00→19:00
上午 12:40→00:40	正午 12 时→12:00	下午 10:10→22:10
上午 12:52→00:52	下午 12:15→12:15	下午 11:45→23:45
上午 12:59→00:59	下午 12:59→12:59	下午 11:59→23:59

计算面积

下列公式中的字母“a”和“b”指的是形状的对边和平行边，而字母 x 和 y 是菱形的对角线的长度。

长方形的面积=长度×宽度

三角形的面积=$\frac{1}{2}$垂直高度×底

平行四边形的面积=底×垂直高度

菱形的面积=$\frac{1}{2}\times x\times y$

（或者——因为菱形完全是一种特殊类型的平行四边形——可以使用平行四边形的公式。）

不规则四边形的面积$=\frac{1}{2}\times(a+b)\times$垂直高度

（不规则四边形在美国被称为梯形，因此有些教材提的是梯形）

立方体的容积＝长度×长度×长度

长方体的容积＝长度×宽度×高度

棱锥体的容积$=\frac{1}{3}\times$底面积×高度

使用 PI

一个圆形的周长与直径之比叫作“圆周率”（pi），一般用希腊符号“π”表示。圆周率被用于圆、球体和圆柱体的计算。圆周率始于 3.141 592 653 589 793 238 462 643 383 279 502 884 197 169 399……然后显然永远不断产生未知的序列或模式。

计算器一般都标有“π”按钮，显示的圆周率（pi）值是至小数点后 7 位（3.141 592 6）或 7 位以上的数字。这个圆周率值是计算中最常用到的。

要记住至小数点后 7 位数的圆周率值，有一个很简单的方法，那就是记住这句话：“May I have a large container of coffee?”每个单词中字母的数量代表的是圆周率中的数字，从“may”（3）开始。①

① 在英语中会使用英文字母的数量/长度作为数字来记忆，在中文普通话中则用谐音记忆，如“山巅一寺一壶酒，尔乐苦煞吾，把酒吃，酒杀尔，杀不死，乐而乐”（即 3.141 592 653 589 793 238 462 6）或“山巅一石一壶酒，二侣舞仙舞，罢酒去旧衫，握扇把市溜”（即 3.141 592 653 589 793 238 46）。——译者注

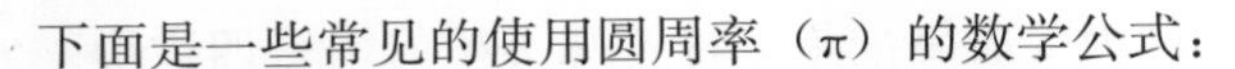

下面是一些常见的使用圆周率（π）的数学公式：

圆的周长$=2\times\pi\times r$（$2\times$圆周率$\times$圆的半径）

圆的面积$=\pi\times r^2$（圆周率$\times$半径$\times$半径）

圆柱体的容积$=\pi\times r^2\times h$（圆周率$\times$半径$\times$半径$\times$圆柱体的高度）

圆锥体的容积$=\frac{1}{3}\times\pi\times r^2\times h$（$\frac{1}{3}\times$圆周率$\times$半径$\times$半径$\times$圆锥体的高度）

球体的容积$=\frac{4}{3}\times\pi\times r^3$（$\frac{4}{3}\times$圆周率$\times$半径$\times$半径$\times$半径）

新增款项和旧款项中针对不同年龄和不同阶段的简易备查表！

类别	年级	阶段	年龄
婴幼儿	学前（初次入学年龄较小儿童）	基础阶段	3～4 岁 4～5 岁
	1 年级 2 年级	关键阶段 1	5～6 岁 6～7 岁
初等的（7～11 岁儿童）	3 年级 4 年级 5 年级 6 年级	关键阶段 2	7～8 岁 8～9 岁 9～10 岁 10～11 岁
中等的	7 年级（第 1 年） 8 年级（第 2 年） 9 年级（第 3 年）	关键阶段 3	11～12 岁 12～13 岁 13～14 岁
	10 年级（第 4 年） 11 年级（第 5 年）	关键阶段 4	14～15 岁 15～16 岁

中学6年级	12年级（比第6年水平低）	关键阶段5	16～17岁
	13年级（比第6年水平高）		17～18岁

评定阶段	年级	评定
基础阶段	学前	（有时被称为基础1）
	（初次入学年龄较小儿童）	（基础2）
关键阶段1	1年级	
	2年级	2年级结束时，学生将参加关键阶段1的学习能力测验（SATs）。这些不是正式的坐堂测试，学生们应该很开心地没有意识到有任何测试在进行。一个达到平均水平的孩子将有望达到2级。*
关键阶段2	3年级	
	4年级	
	5年级	
	6年级	6年级结束时，学生将参加关键阶段2的学习能力测验（SATs）。目前这包括正式的数学、英语和科学测试。一个达到平均水平的孩子将有望达到4级。*

阶段	年级	评定
关键阶段 3	7 年级	
	8 年级	
	9 年级	9 年级结束时，学生将参加关键阶段 3 的学习能力测验（SATs）。正式的测试被教师的评定所取代。一个达到平均水平的孩子将有望达到 5 级。*（嗯，确切地说，是 $5\frac{1}{2}$）。
关键阶段 4	10 年级	
	11 年级	11 年级结束时，学生们将参加（英国）普通中等教育证书考试（GCSE）或相应的考试。

* 一个达到平均水平的孩子将有望每两年升一级。（是的，两年升一个级别。）

资源

国家小学教学策略（Primary National Strategy），2006
小学数学教学大纲（Primary framework for mathematics）

国家算术课程策略（The National Numeracy Strategy），1999
从小班到 6 年级的数学教学大纲

关键阶段 3 国家教学策略（Key Stage 3 National Strategy），2001
数学教学大纲：7、8 及 9 年级

关键阶段 3 国家教学策略（Key Stage 3 National Strategy），2003
针对 7 年级的 4 级水平：数学

让数学发挥作用（Making Mathematics Count），2004
阿德里安·史密斯（Adrian Smith）教授对 14 岁后的数学教育进行调查的报告

数学教学创新中心（Centre for Innovation in Mathematics Teaching，CIMT）
www. cimt. plymouth. ac. uk

数学强化规划（Maths Enhancement Programme，MEP）小学示范项目（Primary Demonstration Project）

www. bbc. co. uk/schools/ks2bitesize/maths
www. bbc. co. uk/schools/ks3bitesize/maths
www. nrich. maths. org

鸣 谢

衷心感谢所有鼓励过我撰写本书的热心的朋友。特别要感谢的是露丝·凯利（Ruth Keily），她从一开始就对本书的意义深信不疑，并运用其卓越的编辑能力指导我，使我在整本书的写作过程中充满自信。她的专业指导对我来说是无价之宝。

我要感谢我教过的所有孩子：你们使我的生活变得更加精彩；感谢激励过我的所有老师：你们的教学非常出色。还要感谢巴斯维克·圣玛利亚小学（Bathwick St Mary Primary School）的所有老师的支持和关注。

感谢戴维·伯格思（David Burghes）教授以及普利茅斯大学的“数学教学创新中心”的其他成员，他们始终坚持数学的启迪方法研究，并不断地提高数学教学水平，这些一直激励着我。

我要感激菲米隆（Vermillion）出版公司的编辑朱莉娅·凯拉韦（Julia Kellaway）给我大力的支持直至本书出版。

还要感谢我两个聪明的儿子奥利弗和马修，他们经常给我提出关于小孩子如何学习数字和掌握计算的真知灼见。最后要感激我的丈夫菲尔，没有他自始至终的信赖、几年如一日的支持和承担更多的家务，这本书是难以完成的。

译后记

《帮助孩子学习数学》共七章，第一章“数字工具箱”介绍有关数字的普通的概念和观点；第二章到第五章分别具体讨论加法、减法、乘法和除法的运算方法及技巧；第六章“数字模式和代数”讨论数字的特殊模式及其规律、与代数的联系；第七章介绍分数、小数和百分数之间的联系及转换方法。每章分为三节：第一节是理解基础部分，适合 1、2 年级的小孩及家长；第二节是发展提升部分，适合 3、4 年级的小孩及家长；第三节是追求卓越部分，适合 5、6 年级甚至初中的小孩及家长。在前言部分简明阐述了使用本书的方法。

审视着《帮助孩子学习数学》的译稿，仔细回想翻译的过程，仿佛又回到小学的数学课堂，但现在的教学同我们过去学习数学的情景、计算加减乘除的方法大不相同，就连列式计算的方式都不一样。然而，这些差异只是表面形式的不同而已。本书强调小孩子对数字的理解及整个思维过程，而不是简单记忆数字的运算公式和规则。下面几点特别值得关注：

第一，内容的安排恰当，符合小孩子的认知规律。每一章都分为三节，由浅到深，循序渐进，而且每一节的内容之间逻辑联系紧密，发展提升部分既能巩固对基础部分的理解，又能拓展出更多的运算方法。

第二，书中的例子真实可信。作者所列举的例子能结合小孩子

的生活实际，既能培养小孩的学习兴趣，又能激发他们思考从而使其深化对数字的理解。

第三，运算方法灵活多样。书中提出的运算方法灵活，方式多样，且运算的每一过程非常清晰，有助于学生的理解和掌握。

第四，理念自始至终保持一致。整个辅导侧重小孩的理解过程及思考的方式方法。

第五，把小学的数学学科作为一个有机整体。小学的加减乘除相互联系，只要学生能完全理解和掌握一项就能掌握其他几项。例如，加法能贯穿减法，连续加法与乘法相通，连续减法能解决除法等；数字分解的方法既能运用在整数中，也能运用在小数中，不但可以用于加法，同时也可以用于其他的计算——减法、乘法和除法中。

这是一本小学生家长和小学数学老师都会喜欢的辅导书，值得我们关注的地方很多，在这里就不一一列举了。前言到第三章由王琼常翻译，第四章到第七章由蔡秋文翻译，辅文由王琼常和蔡秋文共同翻译，最后由王琼常校对整理。在翻译的过程中，我们得到程可拉教授的悉心指导，还得到我校和湛江市许多中小学数学老师的帮助，在此深表感谢。由于我们水平有限，翻译过程中难免出现错误，敬请批评指正。

十年树木，百年树人，要建造数学辉煌的金字塔，依然离不开最基本的小学数学的宽厚基础。让小孩从小热爱数学，愉快地接触数字，了解数字，认真地学习数学，是我们最大的心愿。

湛江师范学院外国语学院

王琼常　蔡秋文

2015 年 8 月 30 日

How to Do Maths so Your Children Can Too: The Essential Parents' Guide by Naomi Sani

This edition was first published by Vermilion, an imprint of Ebury Publishing, a Random House Group Company.

图书在版编目（CIP）数据

帮助孩子学习数学/（英）萨尼著；王琼常，蔡秋文译. —北京：中国人民大学出版社，2016. 3

（陪孩子成长系列丛书）

ISBN 978-7-300-22412-1

Ⅰ. ①帮… Ⅱ. ①萨… ②王… ③蔡… Ⅲ. ①教学-学习方法-青少年读物 Ⅳ. ①01-4

中国版本图书馆 CIP 数据核字（2016）第 019490 号

陪孩子成长系列丛书

帮助孩子学习数学

［英］娜奥米·萨尼（Naomi Sani） 著

王琼常 蔡秋文 译

程可拉 胡庆芳 校

Bangzhu Haizi Xuexi Shuxue

出版发行	中国人民大学出版社			
社　　址	北京中关村大街 31 号	**邮政编码**	100080	
电　　话	010－62511242（总编室）		010－62511770（质管部）	
	010－82501766（邮购部）		010－62514148（门市部）	
	010－62515195（发行公司）		010－62515275（盗版举报）	
网　　址	http://www.crup.com.cn			
	http://www.ttrnet.com（人大教研网）			
经　　销	新华书店			
印　　刷	北京鑫丰华彩印有限公司			
规　　格	170 mm×210 mm　16 开本	**版　　次**	2016 年 3 月第 1 版	
印　　张	25. 75 插页 1	**印　　次**	2017 年 2 月第 2 次印刷	
字　　数	302 000	**定　　价**	58. 00 元